中国特色高水平高职院校建设成果

高职高专电气自动化技术专业系列教材

MCGS 组态技术应用

主　编　楼蔚松

副主编　金浙良　陈华凌　李时辉

西安电子科技大学出版社

内 容 简 介

本书共分为三大模块十项任务。模块一主要介绍了 MCGS 工控组态软件的基本知识及 MCGS 组态软件的安装。模块二主要介绍了 MCGS 工控组态软件的仿真应用,对 MCGS 的相关理论知识、窗口画面组态、实时数据库、动画连接、脚本程序设计等方面做了详细介绍,内容包括按钮指示灯控制系统、交替闪烁指示灯控制系统、自动售货机控制系统、日历时间显示系统、车库自动出入库控制系统和混料罐控制系统等九项任务。模块三主要介绍了 MCGS 与三菱 FX3U 型 PLC 的联合控制,通过一项任务讲述了 PLC 控制三菱 E740 变频器进行电机变频的控制系统。

本书可作为高等职业院校电气自动化技术、机电一体化技术、计算机控制技术等专业的教材,也可作为相关专业工程技术人员的参考资料。

图书在版编目(CIP)数据

MCGS 组态技术应用/楼蔚松主编. —西安:西安电子科技大学出版社,2020.8(2024.9 重印)
ISBN 978-7-5606-5754-7

Ⅰ. ①M… Ⅱ. ①楼… Ⅲ. ①工业控制系统—应用软件—高等职业教育—教材
Ⅳ. ①TP273

中国版本图书馆 CIP 数据核字(2020)第 112896 号

策　　划　高 樱
责任编辑　郑一锋　南景
出版发行　西安电子科技大学出版社(西安市太白南路 2 号)
电　　话　(029)88202421　88201467　　邮　　编　710071
网　　址　www.xduph.com　　　　　　电子邮箱　xdupfxb001@163.com
经　　销　新华书店
印刷单位　广东虎彩云印刷有限公司
版　　次　2020 年 8 月第 1 版　　2024 年 9 月第 7 次印刷
开　　本　787 毫米×1092 毫米　1/16　印　张　20
字　　数　475 千字
定　　价　54.00 元

ISBN 978-7-5606-5754-7

XDUP 6056001-7

***** 如有印装问题可调换 *****

前　言

在现代工业控制领域内，随着计算机技术、网络技术、工业控制器技术的发展，组态控制技术以其画面丰富多彩、人机交互直观、强大的数据处理能力和良好的可扩展性等特点，在先进工业控制与自动化控制系统中取得了飞速的发展与应用。本书以昆仑通态MCGS 组态软件为例，系统介绍了组态软件中的画面组态设计、数据采集与处理、动画连接、流程控制、策略操作、安全机制、数据报表与曲线、配方与报警等内容。

本书将 MCGS 组态软件所要掌握的各个技能点和知识点进行分析，并将这些知识点、技能点分解到各个实践任务中。通过一个个可见的、可操作的任务训练，来达到掌握相应的理论知识的目的。本书共分为三大模块，设计了十个任务。在教学项目安排上，根据MCGS 组态软件的特点，各个任务由浅入深、由单一到综合进行编排，每个任务功能相对独立，同时又为后续任务提供一些技术准备。每个任务按照"任务目标""任务设计""知识学习""任务实施""同步训练"五大结构体系进行设计。"任务目标"和"任务设计"明确每个任务的知识点、技能点及任务实施后应取得的实际效果。"知识学习"提供了该任务中用到的重要理论知识。"任务实施"环节提供了详细的任务实施步骤，全部案例都进行了实际测试，保证按本书的步骤操作能得到相应的运行效果。大部分案例都可以在计算机中仿真实现，降低了对专业设备的要求，加强了整个任务的可操作性。"同步训练"环节通过不同的项目要求可以检验学生对相关知识的掌握情况。

模块一介绍了 MCGS 工控组态软件的基本知识及 MCGS 组态软件的安装。

模块二通过九个仿真应用任务，详细地介绍了 MCGS 工控组态软件的各项知识点与技能点的应用。

模块三介绍了 MCGS 与三菱 FX3U 型 PLC 的设备通信，通过 MCGS 的设备构件控制实际的 PLC 系统，并由 PLC 通过 RS485 控制三菱 E740 变频器进行电机变频控制，为各位读者提供 MCGS 组态软件与外部设备连接的属性设置参考案例。

本书由金华职业技术学院楼蔚松担任主编，浙江工业职业技术学院金浙良、杭州职业技术学院陈华凌、义乌工商职业技术学院李时辉担任副主编。本书的编写得到了编者所在学院的领导、教师及合作企业浙江京飞航空部件制造有限公司相关技术人员的大力支持，在此表示感谢。

本书在纸质主教材的基础上，提供了 PPT 课件、微课、项目工程文件、理论知识讲解视频、运行动画、参数设置图片等数字化资源，为读者构建线上线下自主学习的环境，有兴趣的读者可通过书中二维码或在出版社网站进行下载。为相关教师还提供了项目测试库，包括测试项目、详细的评分标准、评分表格等测试资料，方便教师检验学习情况。

由于编者水平有限且时间仓促，书中错误和不妥之处在所难免，敬请读者批评指正。

编　者

2020 年 3 月

目　　录

模块一　初识 MCGS 组态软件

一、组态软件概述

随着工业自动化水平的提高，计算机科学的飞速发展，人们对工业自动化的要求越来越高，种类繁多的控制设备和过程监控装置在工业领域的应用，使得传统的工业控制软件已无法满足用户的各种需求。在开发传统的工业控制软件时，针对每一个特定对象，由于控制项目各不相同，每个项目都需要单独开发一套软件系统，所以导致其存在开发周期长、程序通用率低、开发费用高昂等问题。通用工业自动化组态软件的出现为解决上述实际工程问题提供了一种崭新的方法，因为它能够很好地解决传统工业控制软件存在的种种问题，使用户能根据自己的控制对象和控制目的任意组态，通过类似"搭积木"的简单方式来完成自己所需要的软件功能，最终完成自动化控制工程。

(一) 组态软件

组态软件也称监控组态软件，是数据采集与过程控制的专用软件，译自英文 SCADA，即 Supervisory Control And Data Acquisition(数据采集与监视控制)。它们是在自动控制系统监控层一级的软件平台和开发环境，使用灵活的组态方式，为用户提供快速构建工业自动控制系统监控功能和通用层次的软件工具。组态软件应用领域很广，可以应用于电力、冶金、石油、化工、燃气、铁路等行业的数据采集与监视控制以及过程控制等诸多领域。

组态是"Configuration"的英文翻译，就是用应用软件中提供的工具、方法，完成工程中某一具体任务的过程。在组态概念出现之前，要实现某一任务，都是通过编写程序(如使用 C、C#、JAVA 等编程语言)来实现的，编写程序不但工作量大、周期长，而且容易犯错误，难度非常大。组态软件的出现，解决了这个问题，过去需要几个月才能完成的工作，通过组态几天就可以完成。

(二) 常用组态软件

监控组态软件是在信息化社会的大背景下，随着工业计算机技术的不断发展而诞生并逐渐发展起来的。在整个工业自动化软件大家庭中，监控组态软件属于基础型工具平台。监控组态软件给工业自动化、信息化以及社会信息化带来的影响是深远的，它带动着整个工业控制过程、计算机数据采集、人机界面的变化，这种变化仍在继续发展。因此组态软件作为新生事物尚处于高速发展时期。

近年来，一些与监控组态软件密切相关的技术如 OPC、OPC-XML、现场总线等技术也取得了飞速的发展，为监控组态软件的发展提供了有力的支撑。

世界上有不少专业厂商生产和提供各种组态软件产品，市面上的软件产品种类繁多，各有所长。几乎每个大型 PLC 生产厂商都会提供和自己硬件相匹配的监控组态软件。也有相当多的一些厂商提供了通用型的监控组态软件。

国外的组态软件主要有以下几种。

世界上第一个真正意义的组态软件是由 Wonderware 公司出品的 InTouch 工业自动化组态软件。Wonderware 公司成立于 1987 年，是在制造运营系统率先推出基于 Microsoft Windows 平台的人机界面(HMI)自动化软件的先锋。

InTouch 包括三个主要程序，它们是 InTouch 应用程序管理器、Window Maker 和 Window Viewer。此外，InTouch 还包括诊断程序 Wonderware Logger。InTouch 应用程序管理器用于组织用户所创建的应用程序，也可以用于将 Window Viewer 配置成一个 NT 服务程序，基于客户机和基于服务器的结构(C/S 结构)。Window Maker 是 InTouch 的开发环境，在这个开发环境中可以使用面向对象的图形来创建富于动画感的触控式显示窗口。这些显示窗口可以连接到工业 I/O 系统和其他 Microsoft Windows 应用程序。Window Viewer 是用来显示在 Window Maker 中创建的图形窗口的运行环境。Window Viewer 显示 InTouch Quickscript 执行的历史数据的记录和报告，处理报警记录和报告，并且可以充当 DDE 和 SuiteLink 通信协议的客户机和服务器。

WinCC 组态软件是德国西门子公司的产品，具有强大的脚本编程功能，包括从图形对象上单个的动作到完整的功能以及独立于单个组件的全局动作脚本。WinCC 在使用 Windows API 函数时，可以在动作脚本中完成调用。脚本的应用使得 WinCC 软件具有很强的开放性。WinCC 内嵌 OPC 支持，并可对分布式系统进行组态。

iFix 是 Intellution 公司的组态软件，目前隶属于美国 GE 公司。Intellution 将自己最新的产品系列命名为 iFiX，iFiX 提供了强大的组态功能，原有的 Script 语言改为 VBA(Visual Basic For Application)，并且在内部集成了微软的 VBA 开发环境。在 iFiX 中，Intellution 的产品与 Microsoft 的操作系统、网络进行了紧密的集成。Intellution 也是 OPC(OLE for Process Control)组织的发起成员之一。

自 2000 年以来，国内监控组态软件也得到了飞快的发展，应用领域日益拓展，用户和应用工程师数量不断增多。国内的组态软件相比国外组态软件，价格非常便宜，可以使用中文进行变量定义，符合中国人编程习惯。国内的组态软件主要有以下几种。

组态王(Kingview)是由北京亚控科技发展有限公司提供的一个监控组态软件。该公司是国内最早成立的专业自动化软件厂商。组态王提供了资源管理器式的操作主界面，并且提供了以汉字作为关键字的脚本语言支持。组态王是一个具有丰富功能的 HMI/SCAD 软件，它提供了集成、灵活、易用的开发环境和广泛的功能，能够快速建立、测试和部署自动化应用，来连接、传递和记录实时信息，使用户可以实时查看和控制工业生产过程。组态王目前能连接 PLC、智能仪表、板卡、模块、变频器等上千种工业自动化设备。组态王通过驱动程序和这些工控设备进行通信。

力控(ForceControl)是北京三维力控科技有限公司开发的一款基于 32 位 Windows 的监控组态软件。其在体系结构上有较为明显的先进性，最大的特征之一就是其基于真正意义的分布式实时数据库的三层结构，而且其实时数据库结构为可组态的活结构。

MCGS 是北京昆仑通态自动化软件科技有限公司研发的一套基于 Windows 平台的，用于快速构造和生成上位机监控系统的组态软件系统，主要完成现场数据的采集与监测、前端数据的处理与控制，可运行于 Microsoft Windows 7/8/10 等操作系统。MCGS 组态软件包括三个版本，分别是网络版、通用版、嵌入版，具有功能完善、操作简便、可视性好、可维护性强的突出特点。通过与其他相关的硬件设备结合，可以快速、方便地开发各种用于现场采集、数据处理和控制的设备。用户只需要通过简单的模块化组态就可构造自己的应用系统。

二、MCGS 组态软件概述

MCGS(通用监控系统，Monitor and Control Generated System)是一套用于快速构造和生成计算机监控系统的组态软件，它能够在基于 Microsoft 的各种 32 位 Windows 平台上运行，通过对现场数据的采集处理，以动画显示、报警处理、流程控制和报表输出等多种方式向用户提供解决实际工程问题的方案。它充分利用了 Windows 图形功能完备、界面一致性好、易学易用的特点，比以往使用专用机开发的工业控制系统更具有通用性，在自动化领域有着更广泛的应用。

MCGS 目前包括网络版 6.2、通用版 6.2、嵌入版 7.7 三个版本。

1. 嵌入版和通用版的相同点

嵌入版和通用版组态软件有以下很多相同之处。

(1) 相同的操作理念。嵌入版和通用版一样，组态环境是简单直观的可视化操作界面，通过简单的组态实现应用系统的开发，无需具备计算机编程的知识，就可以在短时间内开发出一个运行稳定的具备专业水准的计算机应用系统。

(2) 相同的人机界面。嵌入版的人机界面的组态和通用版人机界面基本相同，可通过动画组态来反映实时的控制效果，也可进行数据处理，形成历史曲线、报表等，并且可以传递控制参数到实时控制系统。

(3) 相同的组态平台。嵌入版和通用版的组态平台是相同的，都是运行于 Windows 7/8/10 等操作系统。

(4) 相同的硬件操作方式。嵌入版和通用版都是通过挂接设备驱动来实现和硬件的数据交互，这样用户不必了解硬件的工作原理和内部结构，通过设备驱动的选择就可以轻松地实现计算机和硬件设备的数据交互。嵌入版的设备驱动程序可以直接应用于通用版组态软件。

2. 嵌入版和通用版的不同点

由于嵌入版和通用版是适用于不同控制要求的，所以二者之间又有着明显的不同。

(1) 功能作用不同。虽然嵌入版中也集成了人机交互界面，但嵌入版是专门针对实时控制而设计的，应用于实时性要求高的控制系统中，而通用版组态软件主要应用于实时性要求不高的监测系统中，它的主要作用是监测和数据后台处理，比如动画显示、报表等。

(2) 运行环境不同。嵌入版运行于嵌入式实时多任务操作系统 Windows CE；通用版运行于 Microsoft Windows 7/8/10 等操作系统。

(3) 体系结构不同。嵌入版的组态和通用版的组态都是在通用计算机环境下进行的，但嵌入版的组态环境和运行环境是分开的，在组态环境下组态好的工程要下载到嵌入式系统中运行，而通用版的组态环境和运行环境是在一个系统中。

(4) 与通用版相比，嵌入版新增了许多功能：

① 模拟环境的使用。嵌入式版本的模拟环境 CEEMU.exe 的使用，解决了用户组态时，必须将 PC 机与嵌入式系统相连的问题，用户在模拟环境中就可以查看组态的界面美观性、功能的实现情况以及性能的合理性。

② 嵌入式系统函数的调用。通过函数的调用，可以对嵌入式系统进行内存读写、串口参数设置、磁盘信息读取等操作。

(5) 与通用版相比，嵌入版不能使用一些功能，包括：

① 动画构件中的文件播放、存盘数据处理、多行文本、格式文本、设置时间、条件曲线、相对曲线、通用棒图。

② 策略构件中的音响输出、Excel 报表输出、报警信息浏览、存盘数据拷贝、存盘数据浏览、修改数据库、存盘数据提取、设置时间范围构件。

③ 部分脚本函数不能使用。

3. 网络版

MCGS 网络版是在通用版的基础上增加了强大的网络功能，客户端只需要使用标准的 IE 浏览器就可以实现对服务器的浏览和控制，整个网络系统只需一套网络版软件，客户端不需装 MCGS 的任何软件，即可完成整个网络监控系统。

这 3 个版本的基本功能都是一样的，编程方法基本没有区别。本文讲述的项目都是采用通用版 6.2 版本进行开发的。

(一) MCGS 组态软件系统构成

MCGS 系统包括组态环境和运行环境两个部分。

用户的所有组态配置过程都在组态环境中进行，组态环境相当于一套完整的工具软件，它帮助用户设计和构造自己的应用系统。用户组态生成的结果是一个数据库文件，称为组态结果数据库。

运行环境是一个独立的运行系统，它按照组态结果数据库中用户指定的方式进行各种处理，完成用户组态设计的目标和功能。运行环境本身没有任何意义，必须与组态结果数据库一起作为一个整体，才能构成用户应用系统。一旦组态工作完成，运行环境和组态结果数据库就可以离开组态环境而独立运行在监控计算机上。

组态结果数据库完成了 MCGS 系统从组态环境向运行环境的过渡，它们之间的关系如图 1-1-1 所示。

MCGS 组态环境是生成用户应用系统的工作环境，由可执行程序 McgsSet.exe 支持，其存放于 MCGS 目录的 Program 子目录中。用户在 MCGS 组态环境中完成动画设计、设备连接、编写控制流程、编制工程打印报表等全部组态工作后，生成扩展名为 .mcg 的工程文件，又称为组态结果数据库，其与 MCGS 运行环境一起，构成了用户应用系统，统称为"工程"。

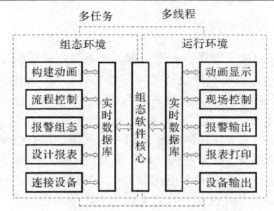

图 1-1-1 MCGS 组态软件构成图

MCGS 运行环境是用户应用系统的运行环境，由可执行程序 McgsRun.exe 支持，其存放于 MCGS 目录的 Program 子目录中。在运行环境中完成对工程的控制工作。

MCGS 组态软件所建立的工程由主控窗口、设备窗口、用户窗口、实时数据库和运行策略五部分构成，如图 1-1-2 所示。每一部分分别进行组态操作，完成不同的工作，具有不同的特性。

• 主控窗口：是工程的主窗口或主框架。在主控窗口中可以放置一个设备窗口和多个用户窗口，负责调度和管理这些窗口的打开或关闭。主要的组态操作包括定义工程的名称，编制工程菜单，设计封面图形，确定自动启动的窗口，设定动画刷新周期，指定数据库存盘文件名称及存盘时间等。

• 设备窗口：是连接和驱动外部设备的工作环境。在本窗口内配置数据采集与控制输出设备，注册设备驱动程序，连接驱动设备用的数据变量。

• 用户窗口：本窗口主要用于设置工程中人机交互的界面，如生成各种动画显示画面、报警输出、数据与曲线图表等。

• 实时数据库：是工程各个部分的数据交换与处理中心，它将 MCGS 工程的各个部分连接成有机的整体。在本窗口内定义不同类型和名称的变量，作为数据采集、处理、输出控制、动画连接及设备驱动的对象。

• 运行策略：本窗口主要完成工程运行流程的控制。包括编写控制程序(if … then 脚本程序)，选用各种功能构件，如数据提取、历史曲线、定时器、配方操作、多媒体输出等。

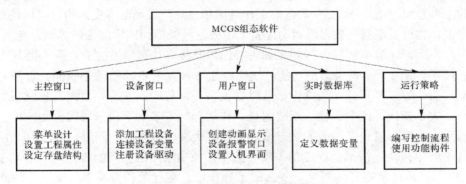

图 1-1-2 MCGS 组态软件结构图

(二) MCGS 组态软件功能特点

(1) 概念简单，易于理解和使用。普通工程人员经过短时间的培训就能正确掌握、快速完成多数简单工程项目的监控程序设计和运行操作。用户可避开复杂的计算机软硬件问题，集中精力解决工程本身的问题，按照系统的规定，组态配置出高性能、高可靠性、高度专业化的上位机监控系统。

(2) 功能齐全，便于方案设计。MCGS 为解决工程监控问题提供了丰富多样的手段，从设备驱动(数据采集)到数据处理、报警处理、流程控制、动画显示、报表输出、曲线显示等各个环节，均有丰富的功能组件和常用图形库可供选用，用户只需根据工程作业的需要和特点，进行方案设计和组态配置，即可生成用户应用软件系统。

(3) 实时性与并行处理。MCGS 充分利用了 Windows 操作平台的多任务、按优先级分时操作的功能，使 PC 机广泛应用于工程测控领域成为可能。工程作业中，大量的数据和信息需要及时收集，即时处理，在计算机测控技术领域称其为实时性关键任务，如数据采集、设备驱动和异常处理等。另外许多工作则是非实时性的，或称为非时间关键任务，如画面显示，可在主机运行周期时间内插空进行。而像打印数据一类的工作，可运行于后台，称为脱机作业。MCGS 是真正的 32 位系统，以线程为单位进行分时并行处理。

(4) 建立实时数据库，便于用户分步组态，保证系统安全可靠运行。MCGS 组态软件由主控窗口、设备窗口、用户窗口、实时数据库和运行策略五部分构成。其中的"实时数据库"是整个系统的核心。在生成用户应用系统时，每一部分均可分别进行组态配置，独立建造，互不相干；而在系统运行过程中，各个部分都通过实时数据库交换数据，形成互相关联的整体。实时数据库是一个数据处理中心，是系统各个部分及其各种功能性构件的公用数据区。各个部件独立地向实时数据库输入和输出数据，并完成自己的差错控制。

(5) 设立"设备工具箱"。针对外部设备的特征，用户从中选择某种"构件"，设置于设备窗口内，赋予相关的属性，建立系统与外部设备的连接关系，即可实现对该种设备的驱动和控制。不同的设备对应于不同的构件，所有的设备构件均通过实时数据库建立联系，而建立时又是相互独立的，即对某一构件的操作或改动，不影响其他构件和整个系统的结构，从这一意义上讲，MCGS 是一个"设备无关"的系统，用户不必因外部设备局部改动，而影响整个系统。

(6) "面向窗口"的设计方法，增加了可视性和可操作性。以窗口为单位，构造用户运行系统的图形界面，使得 MCGS 的组态工作既简单直观，又灵活多变。用户可以使用系统的缺省构架，也可以根据需要自己组态配置，生成各种类型和风格的图形界面，包括 DOS 风格的图形界面、标准 Windows 风格的图形界面以及带有动画效果的工具条和状态条。

(7) 利用丰富的"动画组态"功能，快速构造各种复杂生动的动态画面。以图元、图符、数据、曲线等多种形式，为操作员及时提供系统运行中的状态、品质及异常报警等有关信息。用大小变化、改变颜色、明暗闪烁、移动翻转等多种手段，增强画面的动态显示效果。图元、图符对象定义相应的状态属性，即可实现动画效果。同时，MCGS 为用户提供了丰富的动画构件，模拟工程控制与实时监测作业中常用的物理器件的动作和功能。

(8) 引入"运行策略"的概念。复杂的工程作业，运行流程都是多分支的。用户可以选用系统提供的各种条件和功能的"策略构件"，用图形化的方法构造多分支的应用程序，实现自由、精确地控制运行流程，按照设定的条件和顺序，操作外部设备，控制窗口的打开或关闭，与实时数据库进行数据交换。同时，也可以由用户创建新的策略构件，扩展系统的功能。

(9) MCGS 系统由五大功能部件组成，主要的功能部件以构件的形式来构造。不同的构件有着不同的功能，且各自独立。三种基本类型的构件(设备构件、动画构件、策略构件)完成了 MCGS 系统三大部分(设备驱动、动画显示和流程控制)的所有工作。用户也可以根据需要，定制特定类型构件，使 MCGS 系统的功能得到扩充。这种充分利用"面向对象"的技术，大大提高了系统的可维护性和可扩充性。

(10) 支持 OLE Automation 技术。MCGS 允许用户在 Visual Basic 中操作 MCGS 中的对象，并提供了一套开放的可扩充接口，用户可根据自己的需要用 VB 编制特定的功能构件来扩充系统的功能。

(11) MCGS 中数据的存储使用数据库来进行管理。组态时，系统生成的组态结果是一个数据库；运行时，数据对象、报警信息的存储也是一个数据库。利用数据库来保存数据和处理数据，提高了系统的可靠性和运行效率，同时，也使其他应用软件系统能直接处理数据库中的存盘数据。

(12) 设立"对象元件库"，解决了组态结果的积累和重新利用问题。所谓对象元件库，实际上是分类存储各种组态对象的图库。组态时，可把制作完好的对象(包括图形对象、窗口对象、策略对象以及位图文件等等)以元件的形式存入图库中，也可把元件库中的各种对象取出，直接为当前的工程所用。随着工作的积累，对象元件库将日益扩大和丰富，组态工作将会变得越来越简单方便。

(13) 提供对网络的支持。考虑到工控系统今后的发展趋势，MCGS 充分运用现今发展的 DCCW(Distributed Computer Cooperator Work)技术，即分布式计算机协同工作方式，来使分散在不同现场之间的采集系统和工作站之间协同工作。通过 MCGS，不同的工作站之间可以实时交换数据，实现对工控系统的分布式控制和管理。

(三) 组态工程的一般过程

(1) 工程项目系统分析。分析工程项目的系统构成、技术要求和工艺流程，弄清系统的控制流程和测控对象的特征，明确监控要求和动画显示方式，分析工程中的设备采集及输出通道与软件中实时数据库变量的对应关系，分清哪些变量是要求与设备连接的，哪些变量是软件内部用来传递数据及动画显示的。

(2) 工程立项搭建框架。MCGS 称为建立新工程。主要内容包括定义工程名称、封面窗口名称和启动窗口(封面窗口退出后接着显示的窗口)名称，指定存盘数据库文件的名称以及存盘数据库，设定动画刷新的周期。经过此步操作，即在 MCGS 组态环境中，建立了由五部分组成的工程结构框架。封面窗口和启动窗口也可等到建立了用户窗口后，再行建立。

(3) 设计菜单基本体系。为了对系统运行的状态及工作流程进行有效的调度和控制，通常要在主控窗口内编制菜单。编制菜单分两步进行，第一步首先搭建菜单的框架，第二步再对各级菜单命令进行功能组态。在组态过程中，可根据实际需要，随时对菜单的内容进行增加或删除，不断完善工程的菜单。

(4) 制作动画显示画面。动画制作分为静态图形设计和动态属性设置两个过程。前一部分类似于"画画",用户通过 MCGS 组态软件中提供的基本图形元素及动画构件库,在用户窗口内"组合"成各种复杂的画面。后一部分则设置图形的动画属性,与实时数据库中定义的变量建立相关性的连接关系,作为动画图形的驱动源。

(5) 编写控制流程程序。在运行策略窗口内,从策略构件箱中,选择所需功能策略构件,构成各种功能模块(称为策略块),由这些模块实现各种人机交互操作。MCGS 还为用户提供了编程用的功能构件(称之为"脚本程序"功能构件),可以使用简单的编程语言,编写工程控制程序。

(6) 完善菜单按钮功能。包括对菜单命令、监控器件、操作按钮的功能组态;实现历史数据、实时数据、各种曲线、数据报表、报警信息输出等功能;建立工程安全机制等。

(7) 编写程序调试工程。利用调试程序产生的模拟数据,检查动画显示和控制流程是否正确。

(8) 连接设备驱动程序。选定与设备相匹配的设备构件,连接设备通道,确定数据变量的数据处理方式,完成设备属性的设置。此项操作在设备窗口内进行。

(9) 工程完工综合测试。测试工程各部分的工作情况,完成整个工程的组态工作,实施工程交接。

三、MCGS 组态软件的安装

MCGS 组态软件是专为标准 Microsoft Windows 系统设计的 32 位应用软件。因此,它必须运行在 Microsoft Windows XP、Windows 7或以上版本的 32 位操作系统中。MCGS 通用版 6.2 版本的具体安装步骤如下:

MCGS 组态软件
获取与安装

(1) 从 MCGS 官网(http://www.mcgs.com.cn)下载通用版 6.2 版本。

(2) 鼠标双击 MCGS 安装包内的"Setup.exe"安装程序,启动系统安装,该安装程序包括 MCGS 主应用程序安装与所有硬件驱动的安装。弹出的画面如图 1-1-3 所示。

(3) 点击"继续"按钮,开始 MCGS 组态软件的安装过程,如图 1-1-4 所示。

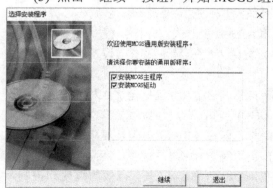

图 1-1-3　MCGS 组态软件安装启动界面

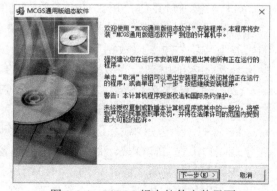

图 1-1-4　MCGS 组态软件安装界面

(4) 点击"下一步"按钮,进入安装目录选择界面。默认安装到系统的 D 盘根目录下,安装软件会自动新建一个 MCGS 目录,如图 1-1-5 所示。按"下一步"按钮,系统即开始

MCGS 组态软件的安装过程，如图 1-1-6 所示。

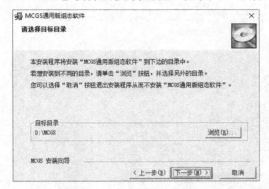

图 1-1-5 MCGS 组态软件目录选择界面　　　　图 1-1-6 MCGS 组态软件安装进程界面

（5）在安装过程中，如果是用笔记本电脑进行 MCGS 组态软件的安装，则会弹出一个"此计算机没有并口或并口被禁用！不能安装并口狗驱动"的提示信息，只需点击"确定"按钮即可。

（6）等系统安装进度条全部完成，会弹出一个系统安装成功的对话框，如图 1-1-7 所示。

（7）完成主程序安装后，系统会自动弹出 MCGS 驱动程序安装界面，如图 1-1-8 所示。

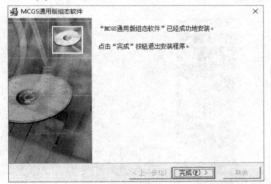

图 1-1-7 MCGS 组态软件主程序安装完成界面　　　图 1-1-8 MCGS 组态软件驱动安装界面

（8）点击"下一步"，进入驱动选择界面图，如图 1-1-9 所示。在本界面中，初始时系统只选中了一部分驱动(所有的厂商驱动没有选择，只有通用驱动)，如果需要全部驱动，则需要点击其中的 √，将其颜色变深，即选中所有驱动程序。如图 1-1-10 所示。

图 1-1-9 MCGS 组态软件驱动选择界面

驱动部分
选中图片

驱动部分全
部选中图片

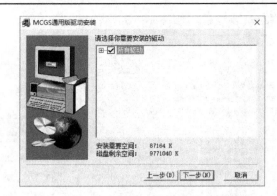

图 1-1-10　MCGS 组态软件驱动全选界面

(9) 勾选驱动后, 点击"下一步"按钮, 即可进行驱动程序的安装过程。如图 1-1-11 所示, 在驱动的安装过程中, 某些驱动程序可能无法安装, 如果出现提示信息, 则可以选择忽略, 让系统完成其他驱动程序的安装过程。

(10) 驱动安装的最后界面如图 1-1-12 所示, 点击"完成"按钮后, 系统会弹出如图 1-1-13 所示的重启计算机提示界面。按"确定"按钮, 重启计算机后, 即可使用 MCGS 组态软件进行工程项目组态设计。

图 1-1-11　MCGS 组态软件驱动安装进程界面

图 1-1-12　MCGS 组态软件驱动安装完成界面

安装完成后, 计算机桌面上自动添加了如图 1-1-14 所示的两个图标, 一个为 MCGS 组态环境, 另外一个为 MCGS 运行环境。如果没有购买软件狗驱动, 则运行环境只能运行 30 分钟的试用时间。

图 1-1-13　MCGS 驱动安装完成界面

图 1-1-14　MCGS 组态环境与运行环境图标

四、同步训练

完成 MCGS 组态软件的安装。

模块二　MCGS 组态基础应用

任务一　按钮指示灯控制系统

一、任务目标

(1) 掌握 MCGS 组态软件工程建立的方法；

(2) 掌握窗口画面属性设置方法；

(3) 掌握实时数据库建立方法；

(4) 掌握 MCGS 组态软件的位元件输入、位指示灯显示输出、文本标签等构件的组态方法。

仿真运行

二、任务设计

设计两个按钮 SB1、SB2，两个指示灯 LED1、LED2，如图 2-1-1 所示。当按下按钮 SB1 时，指示灯 LED1 点亮，松开按钮 SB1 时，指示灯 LED1 熄灭，即实现点动控制。当按下按钮 SB2 时，指示灯 LED2 点亮，再按一次按钮 SB2，指示灯 LED2 熄灭，即每按一下 SB2 按钮，LED2 状态改变一次。实现长动(自锁)控制。

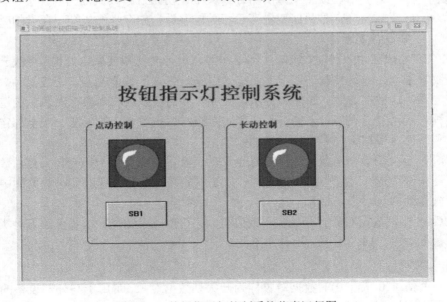

图 2-1-1　按钮指示灯控制系统仿真运行图

三、知识学习

(一) 实时数据库及数据对象类型

1. 实时数据库

实时数据库是 MCGS 系统的核心，也是应用系统的数据交换和数据处理中心，系统各部分均以实时数据库为数据公用区，进行数据交换、数据处理和实现数据的可视化处理。设备窗口通过设备构件驱动外部设备，将采集的数据送入实时数据库；由用户窗口组成的图形对象，与实时数据库中的数据对象建立连接关系，以动画形式实现数据的可视化；运行策略通过策略构件，对数据进行操作和处理。如图 2-1-2 所示。

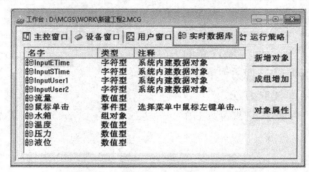

图 2-1-2　实时数据库页面图

2. 数据对象类型

数据对象是构成实时数据库的基本单元，建立实时数据库的过程也就是定义数据对象的过程。定义数据对象的内容主要包括：

(1) 指定数据变量的名称、类型、初始值和数值范围；

(2) 确定与数据变量存盘相关的参数，如存盘的周期、存盘的时间范围和保存期限等。

在 MCGS 生成应用系统时，应对实际工程问题进行简化和抽象化处理，将代表工程特征的所有物理量作为系统参数加以定义，定义中不只包含了数值类型，还包括参数的属性及其操作方法，这种把数值、属性和方法定义成一体的数据就称为数据对象。构造实时数据库的过程，就是定义数据对象的过程。在实际组态过程中，一般无法一次全部定义所需的数据对象，而是根据情况需要逐步增加。

MCGS 中定义的数据对象的作用域是全局的，像通常意义的全局变量一样，数据对象的各个属性在整个运行过程中都保持有效，系统中的其他部分都能对实时数据库中的数据对象进行操作处理。

在 MCGS 中，数据对象有开关型、数值型、字符型、事件型和组对象等五种类型。不同类型的数据对象，属性不同，用途也不同。

1) 开关型

保存开关信号(0 或非 0)的数据对象称为开关型数据对象，常用于与外部设备的数字量输入输出通道连接，比如连接 PLC 设备的数字量输入输出端口的数据。用来表示某一设备的某端口当前所处的状态。开关型数据对象也用于表示 MCGS 中某一对象的状态,如对应于一个图形对象的可见度状态。

开关型数据对象没有工程单位和最大、最小值属性,没有限值报警属性,只有状态报警属性。开关型数据对象的属性设置对话框如图 2-1-3 所示。

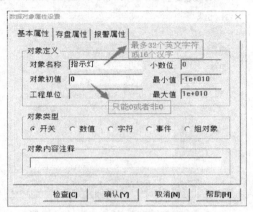

图 2-1-3 开关型数据对象属性设置图

2) 数值型

在 MCGS 中,数值型数据对象的数值范围是:负数是从 $-3.402823E38$ 到 $-1.401298E-45$,正数是从 $1.401298E-45$ 到 $3.402823E38$。数值型数据对象除了存放数值及参与数值运算外,还提供报警信息,并能够与外部设备的模拟量输入输出通道相连接。

数值型数据对象有最大值和最小值属性,其值不会超过设定的数值范围,如图 2-1-4 所示。当对象的值小于最小值或大于最大值时,对象的值分别取为最小值或最大值。

数值型数据对象有限值报警属性,可同时设置下下限、下限、上限、上上限、上偏差、下偏差等六种报警限值,当对象的值超过设定的限值时,产生报警;当对象的值回到限值之内时,报警结束。数值型数据对象的属性设置对话框如图 2-1-5 所示。

图 2-1-4 数值型数据对象属性设置图

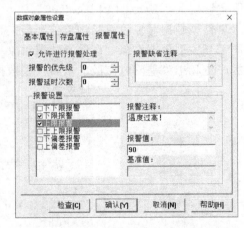

图 2-1-5 数值型数据对象报警属性设置图

3) 字符型

字符型数据对象是存放文字信息的单元,用于描述外部对象的状态特征,其值为多个字符组成的字符串，字符串长度最长可达 64 KB。字符型数据对象没有工程单位和最大、最小值属性，也没有报警属性。字符型数据对象的属性设置对话框如图 2-1-6 所示。

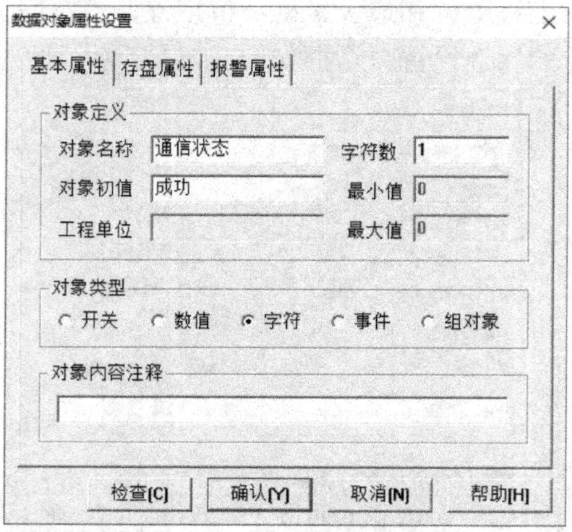

图 2-1-6　字符型数据对象属性设置图

4) 事件型

事件型数据对象用来记录和标识某种事件产生或状态改变的时间信息。例如，开关量的状态发生变化，鼠标左键有键按下的动作，有报警信息产生等，都可以看作是一种事件发生。事件发生的信息可以直接从某种类型的外部设备获得，也可以由内部对应的策略构件提供。

事件型数据对象的值是 19 个字符组成的定长字符串，用来保留当前最近一次事件所产生的时刻："年，月，日，时，分，秒"。年用四位数字表示，月、日、时、分、秒分别用两位数字表示，之间用英文输入法下的逗号分隔。如 "2019,06,30,15,45,56"，即表示该事件产生于 2019 年 6 月 30 日 15 时 45 分 56 秒。当相应的事件没有发生时，该对象的初值固定设置为 "1970,01,01,08,00,00"。

事件型数据对象没有工程单位和最大、最小值属性，没有限值报警，只有状态报警，不同于开关型数据对象，事件型数据对象对应的事件产生一次，其报警也产生一次，且报警的产生和结束是同时完成的。事件型数据对象的属性设置对话框如图 2-1-7 所示。

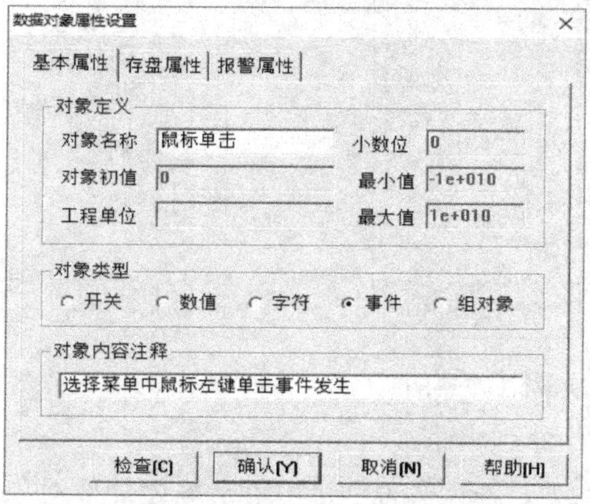

图 2-1-7　事件型数据对象属性设置图

5) 组对象

数据组对象是 MCGS 引入的一种特殊类型的数据对象,类似于一般编程语言中的数组和结构体,用于把相关的多个数据对象集合在一起,作为一个整体来定义和处理。例如在实际工程中,描述一个水箱控制系统的工作状态有液位、温度、压力、流量等多个物理量,为便于处理,定义"水箱"为一个组对象,用来表示"水箱"这个实际的物理对象,其内部成员则由上述物理量对应的数据对象组成,这样,在对"水箱"对象进行处理(如进行组态数据存盘处理、实时曲线历史曲线显示、上下限报警显示)时,只需指定组对象的名称"水箱",就包括了对其所有成员的处理。组对象属性设置对话框如图 2-1-8 所示。

组对象只是在组态时对某一类对象的整体表示方法,实际的操作则是针对每一个成员进行的。如在报警显示动画构件中,指定要显示报警的数据对象为组对象"水箱",则该构件显示组对象包含的各个数据对象在运行时产生的所有报警信息。

数据组对象是多个数据对象的集合,应包含两个以上的数据对象,但不能包含其他的数据组对象。一个数据对象可以是多个不同组对象的成员。

把一个对象的类型定义成组对象后,还必须定义组对象所包含的成员。如图 2-1-9 所示,在"组对象属性设置"对话框内,专门有"组对象成员"窗口页,用来定义组对象的成员。图中左边为所有数据对象的列表,右边为组对象成员列表。利用属性页中的"增加"按钮,可以把左边指定的数据对象增加到组对象成员中;"删除"按钮则把右边指定的组对象成员删除。组对象没有工程单位、最大值、最小值属性,组对象本身没有报警属性。

图 2-1-8　组对象属性设置图

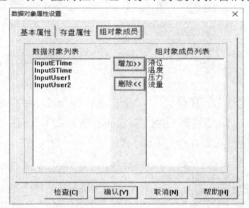

图 2-1-9　组对象成员添加属性设置图

(二) 用户窗口及图形对象

1. 用户窗口及基本属性设置

MCGS 系统组态的一项重要工作就是用生动的图形界面、逼真的动画效果来表现实际工程问题。在用户窗口中,通过对多种图形对象的组态设置,建立相应的动画连接,用清晰生动的画面反映工业控制过程。

1) 用户窗口

用户窗口是用来定义、构成 MCGS 图形界面的窗口。用户窗口是组成 MCGS 图形界面的基本单位,所有的图形界面都是由一个或多个用户窗口组合而成的,它的显示和关闭由各种策略构件和菜单命令来控制。

用户窗口相当于一个"容器"，用户窗口中可以放置三种不同类型的图形对象，分别是图元、图符和动画构件。通过对图形对象的组态设置，建立与实时数据库的连接，来完成图形界面的设计工作。所有复杂的图形界面都由用户窗口来绘制。窗口的属性可以设置成多种窗口类型。例如：把一个用户窗口指定为工具条，运行时，该用户窗口就以工具条的形式出现；把一个用户窗口指定为状态条，运行时，该用户窗口就以状态条的形式出现；把一个用户窗口指定为有边界、有标题栏并且带控制框的标准 Windows 风格的窗口，运行时，该窗口就以标准的 Windows 窗口出现。

一个组态项目中可以建立多个用户窗口，多个用户窗口可以同时打开运行。系统最多可定义 512 个用户窗口。

如图 2-1-10 所示，在 MCGS 组态环境的"工作台"窗口内，选择用户窗口页，鼠标单击"新建窗口"按钮，即可以定义一个新的用户窗口。

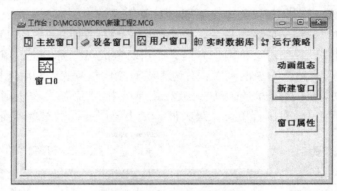

图 2-1-10　用户窗口页面图

在用户窗口页中，可以像在 Windows 系统的文件操作窗口中一样，以大图标、小图标、列表、详细资料四种方式显示用户窗口，也可以剪切、拷贝、粘贴指定的用户窗口，还可以直接修改用户窗口的名称。

2) 用户窗口基本属性设置

用户窗口基本属性

在 MCGS 中，用户窗口也是作为一个独立的对象而存在的，它包含的许多属性需要在组态时正确设置。鼠标单击选中的用户窗口，可以用下列方法之一打开用户窗口属性设置对话框：

■　直接单击鼠标右键，在出现的弹出式菜单中，选择"属性(P)…"菜单项；

■　单击工具条中的"显示属性"按钮(▣)；

■　执行"编辑"菜单中的"属性"命令；

■　按快捷键"Alt + Enter"；

■　进入窗口后，鼠标双击用户窗口的空白处；

■　进入窗口后，点击鼠标右键，在弹出的右键菜单中单击"属性(P)…"项。

在对话框弹出后，可以分别对用户窗口的"基本属性""扩充属性""启动脚本""循环脚本"和"退出脚本"等属性进行设置。

　　在窗口的基本属性设置页中包括"窗口名称""窗口标题""窗口背景""窗口位置""窗口边界"以及"窗口内容注释"等内容。如图 2-1-11 所示。

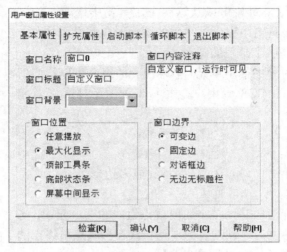

图 2-1-11　用户窗口基本属性设置图

　　系统组态时各个部分对用户窗口的操作是根据窗口名称进行的,因此,每个用户窗口的名称都是唯一的。在建立窗口时,系统赋予窗口的缺省名称为"窗口 0""窗口 1""窗口 2"……

　　窗口标题是系统运行时在用户窗口标题栏上显示的标题文字。

　　窗口背景一栏用来设置窗口背景的颜色。

　　窗口位置决定了窗口的显示方式:当窗口的位置设定为"顶部工具条"或"底部状态条"时,系统运行时窗口没有标题栏和控制框,窗口宽度与主控窗口相同,形状同于工具条或状态条;当窗口位置设定为"屏幕中间显示"时,则运行时用户窗口始终位于主控窗口的中间(窗口处于打开状态时);当设定为"最大化显示"时,用户窗口充满整个屏幕;当设定为"任意摆放"时,窗口的当前位置即为运行时的位置。窗口边界决定了窗口的边界形式。当窗口无边无标题栏时,则窗口的标题与控制栏都不存在。

2. 图元、图符和动画构件

　　用户窗口内的图形对象是以"所见即所得"的方式来构造的,也就是说,组态时用户窗口内的图形对象是什么样,运行时就是什么样,同时打印出来的结果也不变。因此,用户窗口除了构成图形界面以外,还可以作为报表中的一页来打印。把用户窗口视区的大小设置成对应纸张的大小,就可以打印出由各种复杂图形组成的报表。

　　图形对象放置在用户窗口中,是组成用户应用系统图形界面的最小单元。MCGS 中的图形对象包括图元对象、图符对象和动画构件三种类型,不同类型的图形对象有不同的属性,所能完成的功能也各不相同。图元和图符对象为用户提供了一套完善的设计制作图形画面和定义动画的方法。动画构件对应于不同的动画功能,它们是从工程实践经验中总结出的常用的动画显示与操作模块,用户可以直接使用。通过在用户窗口内放置不同的图形对象,搭制多个用户窗口,用户可以构造各种复杂的图形界面,用不同的方式实现数据和流程的"可视化"。

1) 图元

MCGS 提供了两个工具箱：放置图元和动画构件的绘图工具箱和常用图符工具箱。图形对象可以从这两个工具箱中选取，如图 2-1-12 所示，在绘图工具箱中提供了常用的图元对象和动画构件，在常用图符工具箱中提供了常用的图形。

图元是构成图形对象的最小单元。多种图元的组合可以构成新的、复杂的图形对象。MCGS 为用户提供了 8 种图元对象(工具箱中第 2～9 种)：

＼	——直线；	⌒	——弧线；
▢	——矩形；	▢	——圆角矩形；
◯	——椭圆；	↺	——折线或多边形；
A	——标签；	🖼	——位图

折线或多边形图元对象是由多个线段或点组成的图形元素，当起点与终点的位置不相同时，该图元为一条折线；当起点与终点的位置相重合时，就构成了一个封闭的多边形。

图 2-1-12　工具箱图

标签图元对象是由多个字符组成的一行字符串，该字符串显示于指定的矩形框内。MCGS 把这样的字符串称为标签图元。标签图元既可以显示静态的文本信息，也可以显示由字符型数据对象提供的一些动态的文本信息。

位图图元对象是后缀为“.bmp”的图形文件中所包含的图形对象。也可以是一个空白的位图图元。

MCGS 的图元是以向量图形的格式而存在的，根据需要可随意移动图元的位置和改变图元的大小。对于文本图元，只改变显示矩形框的大小，文本字体的大小并不改变。对于位图图元，也只是改变显示区域的大小，对位图轮廓进行缩放处理，而位图本身的大小并无变化。

图符对象——
凹凸平面

2) 图符对象

多个图元对象按照一定规则组合在一起所形成的图形对象称为图符对象。图符对象是作为一个整体而存在的，可以随意移动和改变大小。多个图元可构成图符，图元和图符又可构成新的图符，新的图符可以分解，还原成组成该图符的图元和图符。常用图符对象如图 2-1-13 所示。

MCGS 系统内部提供了 27 种常用的图符对象，放在常用图符工具箱中，称为系统图符对象，为快速构图和组态提供方便。系统图符是专用的，不能分解，以一个整体参与图形的制作。系统图符可以和其他图元、图符一起构成新的图符。

MCGS 提供的系统图符如下所示：

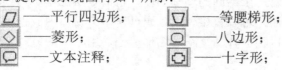

▱	——平行四边形；	▽	——等腰梯形；
◇	——菱形；	◯	——八边形；
💬	——文本注释；	⬡	——十字形；

图 2-1-13　常用图符对象图

　　──立方体；　　　　　──楔形；　　　　　　　──六边形；
　　──等腰三角形；　　──直角三角形；　　　　──五角星形；
　　──星形；　　　　　──弯曲管道；　　　　　──罐形；
　　──粗箭头；　　　　──细箭头；　　　　　　──三角箭头；
　　──凹槽平面；　　　──凹平面；　　　　　　──凸平面；
　　──横管道；　　　　──竖管道；　　　　　　──管道接头；
　　──三维锥体；　　　──三维球体；　　　　　──三维圆环

　　其中，凹槽平面及其后面的图符为具有三维立体效果的图符构件，为快速布设形象的管道图形提供了方便。

　　3) 动画构件

　　所谓动画构件，实际上就是将工程监控作业中经常操作或观测用的一些功能性器件软件化，做成外观相似、功能相同的构件，存入 MCGS 的"工具箱"中，供用户在图形对象组态配置时选用，完成一个特定的动画功能，如图 2-1-14 所示。工具箱中除了前面 9 种基本图元外，后面的构件都是动画构件。

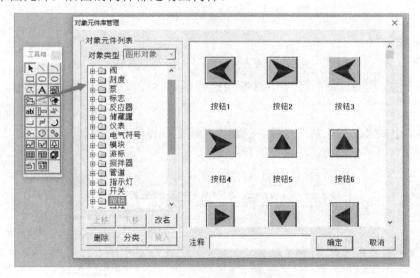

标准按钮构件

图 2-1-14　对象元件库管理器

　　动画构件本身是一个独立的实体，它比图元和图符包含有更多的特性和功能，它不能和其他图形对象一起构成新的图符。

　　MCGS 目前提供的动画构件有：

　　■ 输入框构件：用于输入和显示数据；

　　■ 流动块构件：实现模拟流动效果的动画显示；

　　■ 百分比填充构件：实现按百分比控制颜色填充的动画效果；

　　■ 标准按钮构件：接受用户的按键动作，执行不同的功能；

　　■ 动画按钮构件：显示内容随按钮的动作变化；

　　■ 旋钮输入构件：以旋钮的形式显示输入数据对象的值；

滑动输入器构件：以滑动块的形式显示输入数据对象的值；

旋转仪表构件：以旋转仪表的形式显示数据；

动画显示构件：以动画的方式切换显示所选择的多幅画面；

实时曲线构件：显示数据对象的实时数据变化曲线；

历史曲线构件：显示历史数据的变化趋势；

报警显示构件：显示数据对象所产生的报警信息；

自由表格构件：以表格的形式显示数据对象的值；

历史表格构件：以表格的形式显示历史数据，可以用来制作历史数据报表；

存盘数据浏览构件：用表格形式浏览存盘数据；

文件播放构件：用于播放 BMP、JPG 格式的图像文件和 AVI 格式的动画文件；

选择框：以下拉框的形式，选择打开选定窗口、运行指定的策略或在一组字符串中选择其中之一；

四、任务实施

(一) 建立工程

双击"组态环境"快捷图标，打开 MCGS 组态软件，然后按如下步骤建立工程。

1. 新建工程

选择"文件"菜单中的"新建工程"命令，弹出"新建工程设置"对话框，如图 2-1-15 所示。

建立工程　　　　　　　　　　图 2-1-15 "新建工程设置"对话框

2. 保存工程

选择"文件"菜单中的"工程另存为"命令，弹出"文件保存"窗口，在文件名一栏内输入"按钮指示灯控制系统"，单击"保存"按钮，完成工程创建。

(二) 窗口组态

1. 新建窗口

在工作台中选择"用户窗口"，单击"新建窗口"新建一个用户窗口，右键选中该窗口，在弹出的菜单中选择"属性"，弹出"用户窗口属性设置"对话框。在"基本属性"页面中，将"窗口名称""窗口标题"都改成"按钮指示灯控制系统"，"窗口位置"设置成"最大化显示"，"窗口边界"设置成"可变边"。单击"确认"按钮。完成用户窗口属性设计，如图 2-1-16 所示。

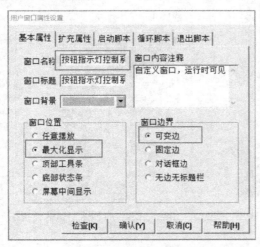

图 2-1-16　"窗口属性设置"对话框

窗口组态

2. 设置启动窗口

在工作台的"用户窗口"中，左键选择该窗口，右键弹出菜单项，选择"设置为启动窗口"，如图 2-1-17 所示。这样系统启动的时候，该窗口会自动运行。

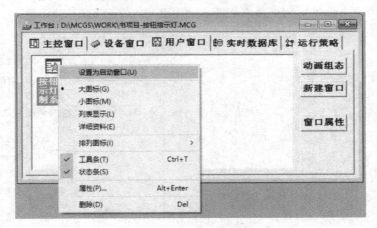

图 2-1-17　启动窗口设置图

3. 绘制窗口标题

鼠标左键双击"按钮指示灯控制系统"窗口，进行用户窗口组态，如图 2-1-18 所示，打开工具箱，单击"标签"构件 **A**，鼠标变成"+"形，在窗口的编辑区按住左键拖动出一个一定大小的文本框。然后在该文本框内输入文字"按钮指示灯控制系统"，在空白处左键单击鼠标结束输入。如果文字输入错误，可以通过鼠标右键单击该标签，在弹出的菜单中选择"改字符"菜单，即可修改文字信息。文字输入完成后，通过鼠标右键单击该标签，选择"属性"修改该标签的文字属性。在"属性设置"对话框中，如图 2-1-19 所示，将"边线颜色"选择成"无边线颜色"。将"字符颜色"修改为蓝色，然后点击边上的 ，修改其字号大小，将其改成 60，其余保持默认设置。

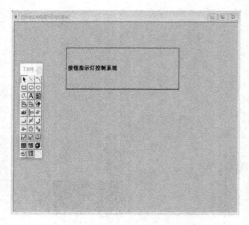

图 2-1-18　标签绘制组态设计图

图 2-1-19　标签属性设置图

4．绘制按钮

单击工具箱中的"标准按钮"构件 ▔，在用户窗口编辑区左键拖放出一定大小的按钮后，松开鼠标左键，这样一个按钮构件就绘制在用户窗口中，如图 2-1-20 所示。然后鼠标双击该按钮构件，弹出"标准按钮构件属性设置"对话框，在"基本属性"选项卡中将"按钮标题"修改为"SB1"，如图 2-1-21 所示，单击"确认"按钮保存。用相同的方法绘制另外一个按钮，将"按钮标题"修改为"SB2"。

图 2-1-20　按钮绘制组态设计图

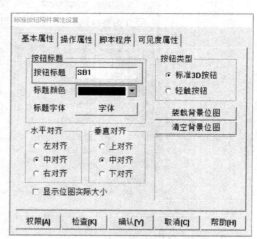

图 2-1-21　按钮标题设置图

5．绘制指示灯

单击工具箱中"插入元件"构件 ，在弹出的对话框中选择"指示灯"目录下的"指示灯 16"，然后单击"确定"按钮，如图 2-1-22 所示。在用户窗口左上角将自动插入一个指示灯。按住鼠标左键将其拉动到一个合适的位置后，松开鼠标左键，通过该构件边上显示的8个调整小框调整其大小。这样一个指示灯构件就绘制在用户窗口中，如图2-1-23所示。用相同的方法绘制另外一个指示灯构件。

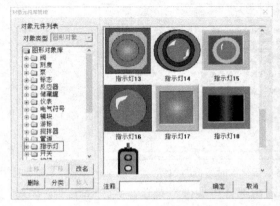

图2-1-22 指示灯对象元件选择图

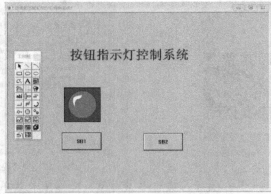

图2-1-23 插入指示灯元件组态设计图

6. 绘制圆角矩形

单击工具箱中的"圆角矩形"构件 ▭ ，按住鼠标左键拖动改变其大小，将其包住按钮SB1和对应的指示灯。然后点击鼠标右键，在弹出的菜单中选择"排列"，选择"最后面"。这样按钮SB1和对应的指示灯即可以看见。再在该圆角矩形左上角位置添加一个"点动控制"标签。方法与前述"按钮指示灯控制系统"标签的添加方法一致。用同样的方法对SB2和对应的指示灯也添加一个"圆角矩形"构件，并在左上角位置添加一个"长动控制"标签。最终效果如图2-1-24所示。至此该项目的静态画面组态过程已经完成，单击"保存"按钮将画面的组态信息进行保存并关闭画面。接下来将进行"实时数据库"的建立工作。

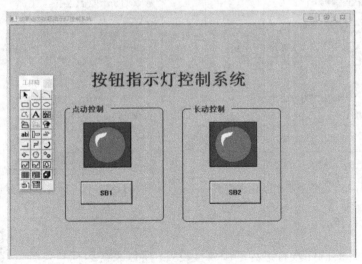

图2-1-24 圆角矩形绘制组态设计图

(三) 建立实时数据库

点击工作台中"实时数据库"选项卡，并在没有选中任何数据对象的情况下(如有选中某对象，可以在空白处单击，系统即处于没有选中任何数据对象的状态)，单击"新增对象"按钮，新建一个数据对象，默认新建的对象为"Data1"。如图 2-1-25 所示。

建立实时
数据库

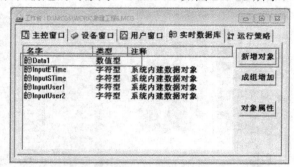

图 2-1-25　新建实时数据对象图

点击鼠标右键选中该对象，在弹出的菜单项中选择"属性"菜单。系统弹出"数据对象属性设置"对话框，在"基本属性"页中，将"对象名称"属性修改为"Y0"。"对象类型"修改为"开关"型，表示该数据对象为位变量。"对象内容注释"中可以写入"点动控制"。"对象初值"为"0"，表示系统启动时，该位变量数值是"0"而非"1"。其他属性保持默认状态，单击"确认"按钮，保存该数据对象，这样就新建了一个名称为"Y0"的位变量，如图 2-1-26 所示。用同样的方法再新建一个 Y1 位变量。在新建 Y1 变量时，可以先选中 Y0 变量，然后单击"新增对象"，系统自动会新建 Y1 变量，并且"对象类型"也和 Y0 对象相同，这样当系统需要建立多个类似变量时，可以快速建立多个类似的数据对象。在本例中只需修改"对象内容注释"为"长动控制"即可，如图 2-1-27 所示。

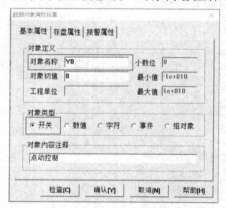

图 2-1-26　Y0 位变量基本属性设置图

图 2-1-27　Y1 位变量基本属性设置图

(四) 动画连接

前面组态设计的画面没有进行动画属性设置，所以系统运行起来后没有任何动画显示，接下来应对画面进行操作属性的设置。让系统设计的画面能直观地进行点动、长动动画显示。这也是组态软件非常重要的一个属性——可以让操作员非常直观地观察系统中的某些工程量的状态信息。

动画连接

1. 按钮操作属性设置

在工作台中选择"用户窗口"页，鼠标双击打开"按钮指示灯控制系统"用户窗口，双击SB1按钮，打开"标准按钮构件属性设置"对话框。在第二页"操作属性"页中，对SB1按钮的操作属性进行设置。选中"数据对象值操作"前面的√，然后选择后面的"按1松0"操作属性，通过单击"？"按钮，在弹出的对话框中选择Y0数据对象。具体设计如图2-1-28所示。这样SB1按钮按下时，Y0数据对象就被置1。松开的时候Y0数据对象就被清除成0。实现了对Y0数据对象的点动控制。SB2按钮也进行同样的操作属性设置，只不过SB2按钮在操作属性中需选择"取反"操作，数据对象选择"Y1"。这样就对Y1数据对象实现了取反控制。具体设置如图2-1-29所示。

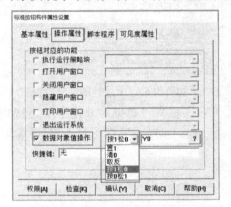
　　　　　　图 2-1-28　SB1 按钮操作属性设置图

　　　　　　图 2-1-29　SB2 按钮操作属性设置图

2. 指示灯操作属性设置

在"按钮指示灯控制系统"用户窗口中双击LED1指示灯，打开"单元属性设置"对话框，在"数据对象"页中，点击"？"按钮，在弹出的对话框中选择Y0数据对象，如图2-1-30所示。这样该指示灯即受Y0数据对象控制，当Y0=1时，对应指示灯点亮(显示绿色)，Y0=0时，对应指示灯熄灭(显示红色)。

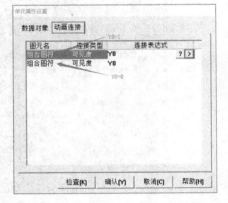

指示灯
动画连接

　图 2-1-30　指示灯 1 数据对象设置图　　　图 2-1-31　指示灯 1 动画连接设置图

这个显示控制实际是通过"动画连接"页面中的两个组合图符的可见度实现的。如图2-1-31所示，图中第一个组合图符对应的是绿色指示灯，它的可见度设置是在Y0为非零时, 对应图符可见, 如图 2-1-32 所示。而第二个组合图符对应的是红色指示灯, 它的可见度设置是 Y0 为非零时, 对应图符不可见, 如图 2-1-33 所示。相应设置可以通过点击图中的 ▷ 按钮进行查看。

图 2-1-32　指示灯 1 绿灯可见度设置图　　　　图 2-1-33　指示灯 1 红灯可见度设置图

用同样的方法完成第二个指示灯的操作属性设置, 将其"数据对象连接"连接到 Y1 数据对象。这样第二个指示灯即受 Y1 数据控制, 当 Y1 = 1 时, 对应指示灯点亮(显示绿色), Y1 = 0 时, 对应指示灯熄灭(显示红色)。

(五) 仿真运行

系统全部组态完成后, 即可以进行仿真运行。单击工具栏中的"进入运行环境"按钮 国 即可进行仿真运行。仿真运行效果如图 2-1-34 所示。鼠标移动到 SB1 按钮上, 鼠标会变成手型, 表示该构件可以进行操作。当 SB1 按钮被按下时, 对应的指示灯 1 点亮, 松开 SB1 按钮, 对应的指示灯 1 熄灭, 即实现点动控制。而按下 SB2 按钮松开后, 对应的指示灯 LED2 继续亮着, 当再次按下 SB2 按钮松开后, 对应的指示灯 LED2 才熄灭, 即实现长动控制。

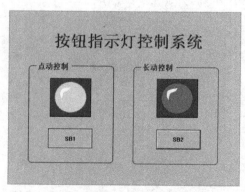

图 2-1-34　按钮指示灯仿真运行效果图

五、同步训练

(1) 用两个按钮控制一盏指示灯, 其中一个按钮的作用为点亮, 另外一个按钮的作用为熄灭，如图 2-1-35 所示。

(2) 用一个转换开关控制两盏指示灯，以示控制系统的运行状态"运行"或"停止"。向左旋转转换开关，左边这盏灯点亮表示控制系统当前处于"运行"状态；向右旋转转换开关，右边这盏灯点亮表示控制系统当前处于"停止"状态，如图 2-1-36 所示。

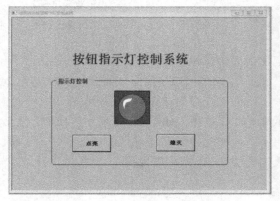　　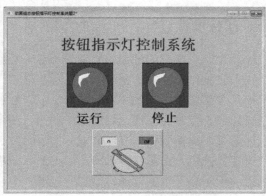

图 2-1-35　同步训练(1)仿真图　　　　　　图 2-1-36　同步训练(2)仿真图

(3) 设计一个地铁站点指示灯控制系统，已经运行过去的站点用红色显示，未运行到的站点用绿色灯指示。画面下方用按钮控制车辆运行站点，如图 2-1-37 所示。(按"启动"按钮后，第一站到站变红色，按"下一站"按钮后，下一站指示灯变红色，按"停止"按钮，全部重新开始)

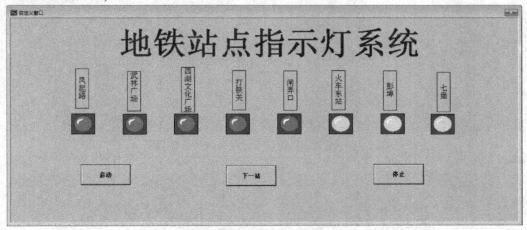

图 2-1-37　同步训练(3)仿真图

任务二　交替闪烁指示灯控制系统

一、任务目标

(1) 掌握 MCGS 组态软件工程建立的方法；

(2) 掌握组态画面设计方法；

(3) 掌握实时数据库建立方法；

(4) 掌握定时器构件使用方法；

(5) 掌握图形元件的可见度设置方法；

(6) 掌握脚本程序撰写方法。

仿真运行

二、任务设计

设计一个交替闪烁指示灯控制系统，系统包括 2 个按钮，2 个指示灯 LED1、LED2 和 2 个时间显示标签，按钮名称命名为"开灯""关灯"，如图 2-2-1 所示。系统初始状态为 2 个指示灯都熄灭，2 个时间标签都显示为 0 秒。按下"开灯"按钮后，指示灯 LED1 马上点亮，过 5 秒钟后，指示灯 LED1 熄灭，指示灯 LED2 点亮，如图 2-2-2 所示。LED2 亮 4 秒后熄灭，重新回到 LED1 点亮，如图 2-2-3 所示。如此往复循环进行。在任何情况下按"关灯"按钮，指示灯 LED1、LED2 都熄灭，两边的时间都回归到零。重新按"开灯"按钮，指示灯又重复开始运行以上动作。

图 2-2-1　交替闪烁指示灯控制系统初始仿真图

图 2-2-2　交替闪烁指示灯控制系统左灯点亮仿真图

图 2-2-3　交替闪烁指示灯控制系统右灯点亮仿真图

三、知识学习

(一) 定时器

在 MCGS 系统中，为了方便地实现某些功能，MCGS 提供了辅助的系统功能函数。功能函数主要包括以下几类：运行环境函数、数据对象函数、系统函数、用户登录函数、定时器操作、文件操作、ODBC 函数、配方操作函数等。组态时，可在表达式中或用户脚本程序中直接使用这些函数。为了与其他名称相区别，系统内部函数的名称一律以 "!" 符号开头。

定时器函数法

在 MCGS 系统中，有两种定时的方法，分别是系统函数法和构件法。

1. 系统函数法

定时器函数提供了 MCGS 内建定时器的操作。包括对内建时钟的启动、停止、复位、时间读取等操作。MCGS 系统内嵌 127 个系统定时器，系统定时器的序号为 1～127，系统定时器以秒为定时单位。但是可以设置成小数，可以处理毫秒级别的时间。

MCGS 组态系统提供了强大的定时器操作函数，在脚本程序中调用这些系统提供的定时器操作函数，可以非常方便地实现各种定时功能。系统提供的定时器函数总共有 11 个。

1) 设置定时器上限值函数

• !TimerSetLimit(定时器号, 上限值, 参数 3)

函数意义：设置定时器的最大值，即设置定时器的上限。

返 回 值：数值型。返回值为 0，调用成功；返回值非 0，调用失败。

参　　数：定时器号(1～127)；上限值；参数 3，1 表示运行到上限值后停止；0 表示运行到上限值后重新回到零循环运行。

实　　例：!TimerSetLimit(1, 60, 1)，设置 1 号定时器的上限为 60 秒，运行到 60 秒后停止。

2) 设置定时器当前值的输出连接函数

该函数只需设置一次即可。设置完成后系统自动将当前定时器号的定时时间给到对应的数值型变量。

- !TimerSetOutput(定时器号，数值型变量)

函数意义：设置定时器的当前值输出连接的数值型变量。

返 回 值：数值型。返回值为 0，调用成功；返回值非 0，调用失败。

参　　数：定时器号(1～127)；数值型变量，定时器的当前值输出连接的数值型变量。

实　　例：!TimerSetOutput(1, Data0)，将 1 号定时器的当前值数据连接到 Data0。

3) 启动定时器工作函数

- !TimerRun(定时器号)

函数意义：启动定时器开始工作。

返 回 值：数值型。返回值为 0，调用成功；返回值非 0，调用失败。

参　　数：定时器号(1～127)。

实　　例：!TimerRun(1)，启动 1 号定时器工作。

4) 停止定时器工作函数

- !TimerStop(定时器号)

函数意义：停止定时器工作。

返 回 值：数值型。返回值为 0，调用成功；返回值非 0，调用失败。

参　　数：定时器号(1～127)。

实　　例：!TimerStop(1)，停止 1 号定时器工作。

5) 复位定时器当前值函数

- !TimerReset(定时器号, 数值)

函数意义：设置定时器的当前值，由第二个参数设定，第二个参数可以是常量或者 MCGS 变量。

返 回 值：数值型。返回值为 0，调用成功；返回值非 0，调用失败。

参　　数：定时器号(1～127)；数值。

实　　例：!TimerReset(1, 12)，设置 1 号定时器的当前值为 12。

6) 取定时器的当前值函数

每次脚本程序运行到该函数时，系统将定时器的当前值给到对应的数值型变量。

- !TimerValue(定时器号, 0)

函数意义：取定时器的当前值。

返 回 值：将定时器的值以数值型的方式输出(数值格式)。

参　　数：定时器号(1～127)。

实　　例：Data0 = !TimerValue(1, 0)，取定时器 1 的值给 Data0。

7) 断开定时器的数据输出连接函数

该函数与!TimerSetOutput()函数的含义刚好相反。

- !TimerClearOutput(定时器号)

函数意义：断开定时器的数据输出连接。

返 回 值：数值型。返回值为 0，调用成功；返回值非 0，调用失败。

参　　数：定时器号(1～127)。

实　　例：!TimerClearOutput(1)，断开 1 号定时器的数据输出连接。

8) 在计时器当前值上加/减指定值函数

每执行一次该脚本，定时器当前值将加上参数 2 中的"步长值"。

· !TimerSkip(定时器号，步长值)

函数意义：在计时器当前时间数上加/减指定值。

返 回 值：数值型。返回值为 0，调用成功；返回值非 0，调用失败。

参　　数：定时器号(1～127)；步长值。

实　　例：!TimerSkip(1, 3)，1 号定时器当前值 +3。例如原 1 号定时器当前值已经运行在 2.5 秒，执行该脚本后，当前值将 +3 变成 5.5 秒(无论定时器是运行还是停止状态，当前值都将进行增减)。

9) 取定时器的工作状态函数

· !TimerState(定时器号)

函数意义：取定时器的工作状态。

返 回 值：数值型。返回值为 0，定时器停止；返回值为 1，定时器运行。

参　　数：定时器号(1～127)。

实　　例：data1 = !TimerState(1)，取定时器 1 的工作状态给 data1。

10) 取当前定时器的值函数

· !TimerStr(定时器号，转换类型)

函数意义：以时间类字符串的形式返回当前定时器的值。

返 回 值：字符型，将定时器的值以字符型的方式输出(时间格式)。

参　　数：定时器号(1～127)。

转换类型值：开关型。

= 0：取定时器的值以"00:00"形式输出。

= 1：取定时器的值以"00:00:00"形式输出。

= 2：取定时器的值以"0 00:00:00"形式输出。

= 3：取定时器的值以"0 00:00:00.000"形式输出。

实　　例：Time=!TimerStr(1, 1)，取定时器的值以"00:00:00"形式输出给 Time。

11) 等待定时工作一定时间函数

当脚本语句运行到该语句时，如果当前值没有达到参数 2 中的"数值"，则脚本语句停止在此处等待，直到定时器工作到参数 2 中的"数值"为止。

· !TimerWaitFor(定时器号，数值)

函数意义：等待定时器工作到"数值"指定的值后，脚本程序才向下执行。

返 回 值：数值型。返回值为 0，调用成功；返回值非 0，调用失败。

参　　数：定时器号(1～127)；数值，等待定时器工作到指定的值。

实　　例：!TimerWaitFor(1, 60)，等定时器工作到 60 秒后再执行其他操作。

2. 构件法

在 MCGS 中除了提供系统定时函数外，还提供了一种定时器构件，如图 2-2-4 所示。利用该构件同样可以实现定时功能。该构件包含设定值、当前值、计时条件、复位条件、计时状态等功能。定时器功能构件通常用于循环策略块的策略行中。

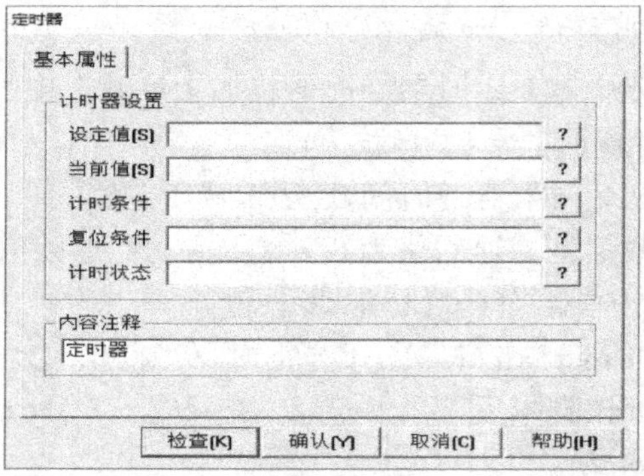

定时器构件法

图 2-2-4　定时器构件基本属性图

定时器构件各个属性的含义如下。

设定值：定时器设定值对应于一个表达式，用表达式的值作为定时器的设定值。当定时器的当前值大于等于设定值时，本构件中的计时状态属性框会被置 1。定时器的时间单位为秒，但可以设置成小数，以处理毫秒级的时间。如设定值没有建立连接或把设定值设为 0，则构件的条件永远不成立。

当前值：当前值和一个数值型的数据对象建立连接，循环策略中每次运行到本构件时，把定时器的当前值赋给对应的数据对象。如没有建立连接则不处理。

计时条件：计时条件对应一个表达式，当表达式的值为非 0 时，定时器进行计时，为 0 时停止计时。如没有建立连接则认为时间条件永远成立。

复位条件：复位条件对应一个表达式，当表达式的值为非 0 时，对定时器进行复位，使其从 0 开始重新计时，当表达式的值为 0 时，定时器一直累计计时，到达最大值 65 535 后，定时器的当前值一直保持该数，直到复位条件成立。如复位条件没有建立连接则认为定时器计时到设定值、构件条件满足一次后，自动复位重新开始计时。

计时状态：计时状态和开关型数据对象建立连接，把计时器的计时状态赋给数据对象。当当前值小于设定值时，计时状态为 0，当当前值大于等于设定值时，计时状态为 1。

(二) 特殊动画连接

在 MCGS 中，特殊动画连接包括可见度和闪烁效果两种方式，如图 2-2-5 所示。用于实现图元、图符对象的可见与不可见交替变换和图形闪烁效果，图形的可见度变换也是闪烁动画的一种。MCGS 中每一个图元、图符对象都可以定义特殊动画连接的方式。

特殊动画
(可见度闪烁)

1. 可见度动画连接

可见度连接的属性窗口页如图 2-2-6 所示。在"表达式"栏中，将图元、图符对象的可见度和数据对象(或者由数据对象构成的表达式)建立连接，在"当表达式非零时"的选项栏中，根据表达式的结果来选择图形对象的可见度方式。当指定的可见度表达式被满足时，该构件将呈现可见状态，否则，处于不可见状态。如图 2-2-6 的设置方式，将图形对象和数据对象 Data1 建立了连接，当 Data1 的值为 1 时，指定的图形对象在用户窗口中显示出来，当 Data1 的值为 0 时，图形对象消失，处于不可见状态。

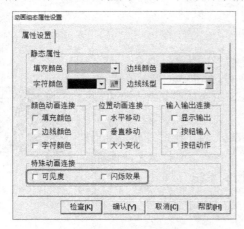 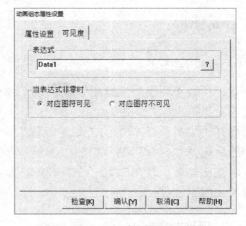

图 2-2-5　特殊动画类型　　　　　　　　图 2-2-6　可见度属性设置图

　　通过这样的设置，就可以利用数据对象值(或者表达式值)的变化，来控制图形对象的可见状态。

2. 闪烁效果特殊动画连接

　　在 MCGS 中，实现闪烁的动画效果有两种方法：一种是通过改变图元、图符对象的可见度来实现闪烁效果，属性设置方式如图 2-2-7 所示；而另一种是通过改变图元、图符对象的填充颜色、边线颜色或者字符颜色来实现闪烁效果，属性设置方式如图 2-2-8 所示。

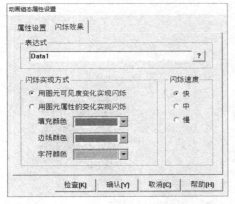 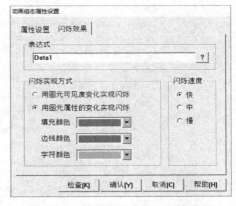

图 2-2-7　图元可见度实现闪烁设置图　　　　图 2-2-8　图元属性实现闪烁设置图

　　图形对象的闪烁速度是可以调节的，MCGS 系统给出了快、中和慢三档的闪烁速度来供调节。

　　闪烁属性设置完毕，在系统运行状态下，当所连接的数据对象(或者由数据对象构成的表达式)的值为非 0 时，图形对象就以设定的速度开始闪烁，而当表达式的值为 0 时，图形对象就停止闪烁。图 2-2-7 中用图元可见度变化设置时，当 Data1 的值为 1 时，对应的图符构件将以一会儿可见，一会儿不可见的状态来实现闪烁效果。图 2-2-8 中用图元属性变化来实现闪烁效果时，当 Data1 的值为 1 时，对应图符构件的填充颜色、边线颜色、字符颜色将在用户设置的颜色与原来的颜色间交替变化，从而达到闪烁的效果。其中"字符颜色"的闪烁效果设置是只对"标签"图元对象有效的。

四、任务实施

(一) 建立工程

双击"组态环境"快捷图标 ，打开 MCGS 组态软件，然后按如下步骤建立工程：

选择"文件"菜单中的"新建工程"命令，弹出"新建工程"工作台，然后选择"文件"菜单中的"工程另存为"命令，弹出"文件保存"窗口，在文件名一栏内输入"交替闪烁指示灯控制系统"，单击"保存"按钮，完成工程创建。

建立工程

(二) 窗口组态

1. 新建窗口

在工作台中选择"用户窗口"，单击"新建窗口"新建一个用户窗口，右键选中该窗口，在弹出的菜单中选择"属性"菜单项，在弹出的"用户窗口属性设置"对话框的"基本属性"页面中，将"窗口名称""窗口标题"都改成"交替闪烁指示灯"，"窗口位置"设置成"最大化显示"，"窗口边界"设置成"可变边"。具体设计如图 2-2-9 所示，单击"确定"按钮。完成用户窗口属性设计。

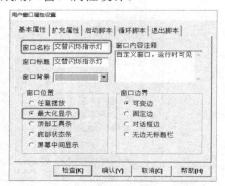

图 2-2-9   "用户窗口属性设置"对话框

窗口组态

2. 设置启动窗口

在工作台中的"用户窗口"页中，再次右键选择该窗口，在弹出的菜单中选择"设置为启动窗口"。这样系统启动时，该窗口会自动运行。

3. 绘制窗口标题

鼠标左键双击"交替闪烁指示灯"窗口，进行用户窗口组态，打开工具箱，单击"标签"构件 **A**，鼠标变成"+"形，在窗口的编辑区按住左键拖动出一个一定大小的文本框。然后在该文本框内输入文字"交替闪烁指示灯控制系统"，在空白处左键单击鼠标结束输入。文字输入完成后，通过鼠标右键单击该标签，在弹出的菜单中选择"属性"菜单项，修改该标签的文字属性。在"属性设置"对话框中，将"边线颜色"选择成"无边线颜色"。

选择"字符颜色"将其修改为蓝色，然后点击边上的 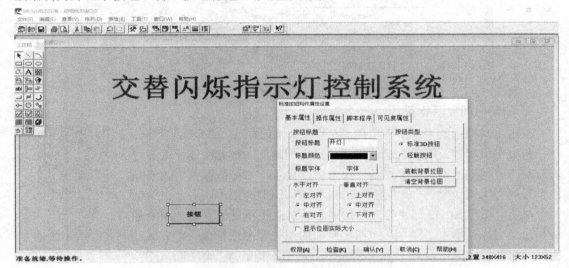，修改其字号大小，将其改成60，其余保持默认设置。

4. 绘制"开灯""关灯"按钮

单击工具箱中的"标准按钮"构件 ⌐，在用户窗口编辑区放置一个标准按钮。然后鼠标双击该按钮构件，弹出"标准按钮构件属性设置"对话框，在"基本属性"选项卡中将"按钮标题"修改为"开灯"，如图2-2-10所示，单击"确认"按钮保存。用相同的方法绘制另外一个按钮。将"按钮标题"修改为"关灯"。

图2-2-10 按钮绘制组态设计图

5. 绘制交替显示的指示灯 LED1、LED2

单击工具箱中"插入元件"构件 ，在弹出的对话框中选择"指示灯"目录下的"指示灯10"，然后点击"确定"按钮，如图2-2-11所示。在用户窗口最左上角将自动插入一个指示灯。按住鼠标左键将其拖动到一个合适的位置后，松开鼠标左键，通过该构件边上显示的8个调整小框调整其大小。这样一个指示灯构件就绘制在用户窗口中。用相同的方法绘制另外一个指示灯构件。绘制完成后的效果如图2-2-12所示。

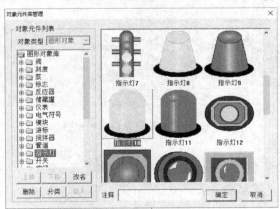

图2-2-11 选择指示灯元件图

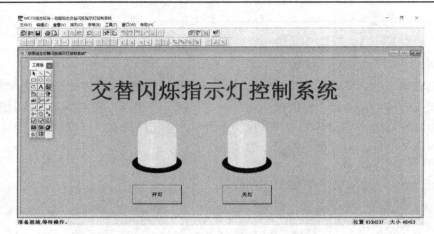

图 2-2-12　插入指示灯元件组态设计图

6. 绘制时间显示标签

单击工具箱中的"标签"构件，在指示灯 LED1 左边的区域绘制一个一定大小的标签，用于显示该指示灯点亮的时间。然后在该标签旁边再绘制一个标签，输入文字"秒"作为单位显示，并将该标签的边线颜色设置成"无边线颜色"。用同样的方法，在 LED2 指示灯边上也绘制两个标签。用于 LED2 灯点亮时间的显示。至此该项目的静态画面组态

标签构件

过程已经完成，单击"保存"按钮将画面的组态信息进行保存，并关闭画面。组态画面完成的效果如图 2-2-13 所示。接下来将进行"实时数据库"的建立工作。

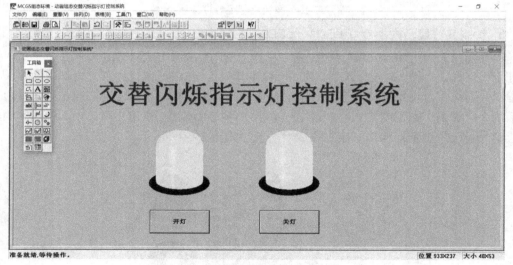

图 2-2-13　绘制时间显示标签组态设计图

(三) 建立实时数据库

点击工作台中的"实时数据库"选项卡，并在没有选中任何数据对象的情况下(如有选中某对象，可以在空白处单击，系统即处于没有选中任何数据对象的状态)，单击"新增对

象"按钮，新建一个数据对象，默认新建的对象为"Data1"，如图 2-2-14 所示。

建立实时数据库

图 2-2-14　实时数据库

　　鼠标右键选中该对象，在弹出的菜单中选择"属性"菜单项。然后在弹出的"数据对象属性设置"对话框的"基本属性"页中，将"对象名称"属性修改为"LED1"。"对象类型"修改为"开关"型，表示该数据对象为位变量。"对象内容注释"中可以写入"LED1指示灯状态"。"对象初值"为"0"，表示系统启动时，该位变量数值是"0"而非"1"。其他属性保持默认状态即可，单击"确认"按钮保存该数据对象，这样就新建了一个名称为"LED1"的位变量。具体设计如图 2-2-15 所示。用同样的方法再新建一个 LED2 位变量。在新建 LED2 变量时，可以先选中 LED1 变量，然后单击"新增对象"，系统会自动新建 LED2 变量，并且"对象类型"也和 LED1 对象相同，这样当系统需要建立多个类似变量时，可以快速建立多个类似的数据对象。

　　本项目中，指示灯的定时时间采用脚本程序法进行设计，所以在定义实时数据库时需定义 1 个数值型数据对象"T0"，用于存储定时器的当前时间值。另外再定义两个数值型数据对象 T1、T2，分别用于 LED1 指示灯点亮时间的显示和 LED2 指示灯点亮时间的显示。最后定义 1 个开关型变量"总开关"，用于开灯、关灯按钮的控制。具体实时数据库设计如图 2-2-16 所示。

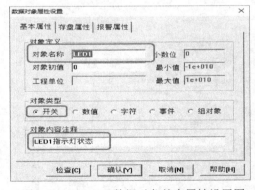

图 2-2-15　LED1 数据对象基本属性设置图

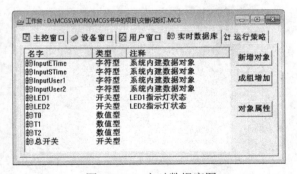

图 2-2-16　实时数据库图

（四）动画连接

1. 按钮操作属性设置

　　在工作台中选择"用户窗口"页，鼠标双击打开"交替闪烁指示灯"用户窗口，双击

"开灯"按钮，打开"标准按钮构件属性设置"对话框。在第二页"操作属性"页中，对"开灯"按钮的操作属性进行设置。选中"数据对象值操作"前面的√，选择后面的"置1"操作属性，然后通过单击"？"按钮，在弹出的对话框中选择"总开关"数据对象，如图 2-2-17 所示。这样"开灯"按钮按下时，"总开关"数据对象就被置 1，同样将"关灯"按钮属性设置成"清0""总开关"变量操作，具体设置如图 2-2-18所示。

动画连接

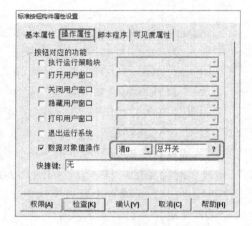

图 2-2-17　开灯按钮基本属性设置图　　　图 2-2-18　关灯按钮操作属性设置图

2. 指示灯属性设置

在"交替闪烁指示灯"用户窗口中双击 LED1 指示灯，打开"单元属性设置"对话框，在"数据对象"页面中，点击"？"按钮，在弹出的对话框中选择"LED1"数据对象，如图 2-2-19 所示。这样该指示灯即受 LED1 数据对象控制，由图 2-2-20 亦可知，当 LED1 = 1时，对应指示灯点亮(显示绿色)，LED1 = 0 时，对应指示灯熄灭(显示红色)。

图 2-2-19　LED1 指示灯数据对象设置图　　　图 2-2-20　LED1 指示灯动画连接设置图

用同样的方法完成第二个指示灯的操作属性设置，将其"数据对象连接"连接到 LED2 数据对象。这样第二个指示灯即受 LED2 数据控制，当 LED2 = 1 时，对应指示灯点亮(显示绿色)，LED2 = 0 时，对应指示灯熄灭(显示红色)。

3. 时间显示标签设置

在"交替闪烁指示灯"用户窗口中双击 LED1 指示灯旁空白的标签，打开"动画组态属性设置"对话框，在"输入输出连接"中选择"显示输出"，如图 2-2-21 所示。表示该标签将显示某个变量或表达式的值。在"显示输出"页的"表达式"中点击"？"，选择"T1"变量，"输出值类型"中选择"数值量输出"，如图 2-2-22 所示。这样该标签将显示"T1"这个变量内的时间值。用同样的方法将 LED2 指示灯右边空白的标签连接到"T2"变量。具体设计如图 2-2-23 和图 2-2-24 所示。

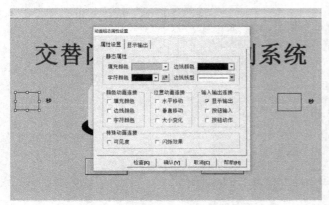

图 2-2-21　T1 时间显示属性设置图

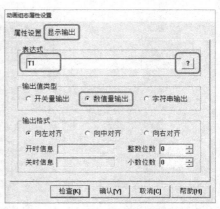

图 2-2-22　T1 时间显示输出设置图

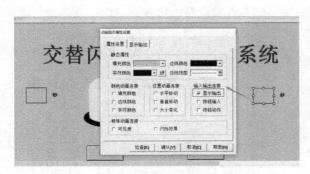

图 2-2-23　T2 时间显示属性设置图

图 2-2-24　T2 时间显示输出设置图

(五) 脚本程序设计

本例中系统的定时采用脚本程序法进行定时。在脚本中调用系统自带的"定时器函数"来进行定时，本项目中定时器函数将使用到如下五个系统定时函数。

设置定时器上限值：!TimerSetLimit(定时器号，上限值，参数 3)；
设置定时器输出值：!TimerSetOutput(定时器号，数值型变量)；
启动定时器：!TimerRun(定时器号)；

脚本程序设计

停止定时器：!TimerStop(定时器号)；

复位定时器：!TimerReset(定时器号，数值)。

在窗口运行后，系统启动前，需将定时器的上限值进行设置，本例中总的循环时间为5秒＋4秒＝9秒，如果定时器的上限值设置成9秒的话，定时器一旦到9秒会马上清零。那样脚本中如果需要在大于9秒进行某些操作时将无法进行操作，所以可以将定时器的上限值设置成10。"参数3"设置成0，让其到10秒后重新回到0秒开始运行。所以在页面的启动脚本中可以设置如下脚本，具体设计如图2-2-25所示。

　　　　!TimerSetLimit(1, 10, 0)

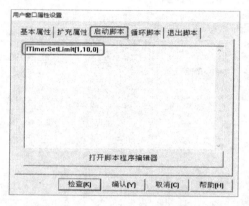

图 2-2-25　启动脚本程序设计图

双击"交替闪烁指示灯"用户窗口的空白处，弹出"用户窗口属性设置"页面，在其中的"启动脚本"处，打开"脚本程序编辑器"。双击右侧"系统函数"下的"定时器操作"函数集下的"!TimerSetLimit"函数，然后在脚本编辑器中将参数填入。具体操作如图2-2-26所示。

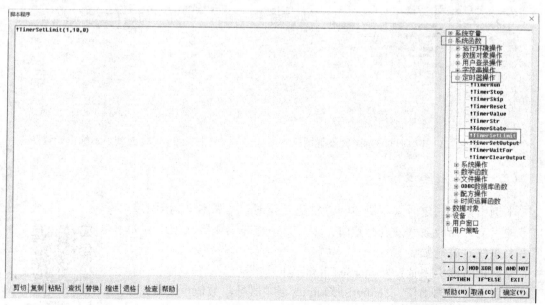

图 2-2-26　启动脚本函数插入法

　　系统启动后，当用户单击窗口中的"开灯"按钮后，变量"总开关"被置 1，此时 1
号定时器需要启动运行，所以调用 !TimerRun(1)函数来启动 1 号定时器。通过设定定时器
的输出值函数——!TimerSetOutput(1，T0)；将定时器的当前值送给 T0 变量。在系统运行
时不断检测输出值 T0，通过 T0 值的不同来判断哪个灯需要点亮，哪个灯需要熄灭。当 0
秒＜T0≤5 秒时，LED1 点亮，LED2 熄灭。当 5 秒＜T0≤9 秒时，LED1 熄灭，LED2 点
亮。当 T0＞9 秒后，系统需调用定时器复位函数——!TimerReset(1，0)，将 1 号定时器的
当前值复位成 0。T1、T2 两个变量也都重新清零，从而开始新的一轮循环。

　　在 1 号定时器开始运行后，0 秒＜T0≤5 秒时，需将 T0 的值赋给 T1，用于 LED1 灯点
亮时间的显示。5 秒＜T0≤9 秒时，可以将 T0-5 的值赋给 T2，用于 LED2 灯点亮时间
的显示。

　　当用户单击窗口中的"关灯"按钮时，变量"总开关"清零，调用定时器停止函数!Timer
Stop(1)，来停止定时器的运行。调用!TimerReset(1，0)将定时器复位为 0。另外还需要将两
个定时时间变量 T1、T2 清零，两盏指示灯 LED1、LED2 关闭。

　　在系统的"循环脚本"选项页中输入以下脚本程序。具体设计如图 2-2-27 所示。

```
!TimerSetOutput(1,T0)


IF  总开关=1 THEN

!TimerRun(1)

ENDIF


IF T0>0 AND T0<=5 THEN

LED1=1

LED2=0

T1=T0

ENDIF
```

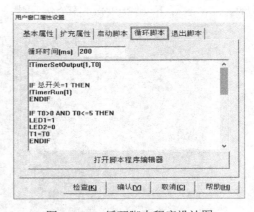

图 2-2-27　循环脚本程序设计图

```
IF T0>5 AND T0<=9 THEN

LED1=0

LED2=1

T2=T0-5

ENDIF


IF T0>=9 THEN

!TimerReset(1,0)

T1=0

T2=0

ENDIF


IF  总开关=0 THEN
```

```
!TimerStop(1)
LED1=0
LED2=0
!TimerReset(1,0)
T1=0
T2=0
ENDIF
```

脚本程序有没有语法错误可以通过单击"脚本程序编辑器"中的"检查"按钮进行检查。如果没有语法错误，则会显示"组态设置正确，没有错误！"。

(六) 仿真运行

系统全部组态完成后，单击工具栏中的"进入运行环境"按钮 即可进行仿真运行。初始时，LED1、LED2 两盏指示灯都熄灭，边上的两个计时器都显示 0 秒。单击"开灯"按钮后，LED1 指示灯点亮，同时 LED1 边上的时间开始计时，等 T1 计时到 5 秒后，LED1 指示灯熄灭，LED2 指示灯点亮，LED2 边上的时间开始计时，等 T2 计时到 4 秒后，所有全部复位，进行下一轮循环。各个仿真状态如图 2-2-28、图 2-2-29、图 2-2-30 所示。

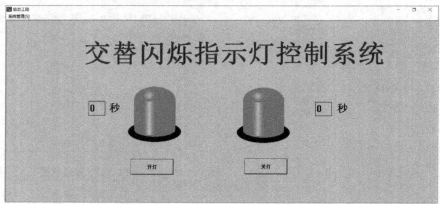

图 2-2-28　系统初始仿真运行效果图

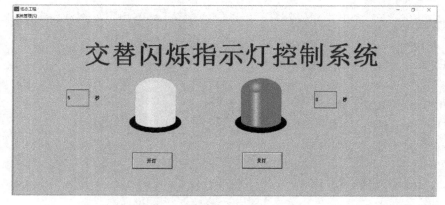

图 2-2-29　系统左灯亮仿真运行效果图

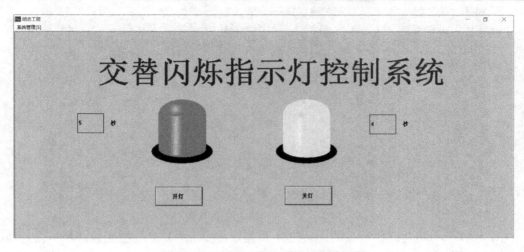

图 2-2-30　系统右灯亮仿真运行效果图

五、同步训练

(1) 用 1 个按钮控制一盏指示灯，实现延时熄灭楼道灯控制。当按下按钮后，指示灯马上点亮，过 5 秒后指示灯自动熄灭，如图 2-2-31 所示。

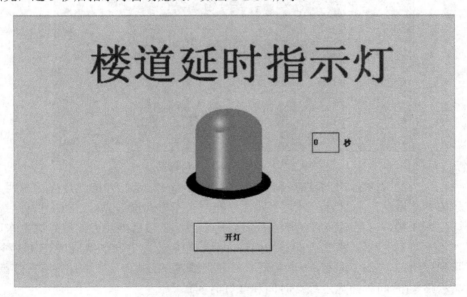

图 2-2-31　同步练习(1)仿真图

(2) 设计一个指示灯控制系统，系统包括 2 个按钮、1 个指示灯和 2 个时间显示标签，按钮名称命名为"开灯""关灯"。系统初始状态为指示灯熄灭，2 个时间标签都显示为 0 秒。按下"开灯"按钮后，指示灯以亮 5 秒，灭 3 秒的状态交替点亮与熄灭。指示灯处于亮灯状态时还需要进行闪烁(闪烁频率不做要求)。在任何情况下按"关灯"按钮，指示灯马上熄灭，两边的时间都回归到零。重新按"开灯"按钮，指示灯又重复开始运行以上动作，如图 2-2-32 所示。

图 2-2-32　同步练习(2)仿真图

(3) 设计一个跑马灯控制系统。系统有 8 盏灯，按下"启动"按钮后，第一盏灯马上点亮，亮 1 秒后第二盏灯点亮，以此类推每盏灯以亮 1 秒的速度匀速点亮，当第 8 盏灯点亮 1 秒后，所有灯同时熄灭 2 秒钟。然后重复开始动作运行。在任何情况下按"停止"按钮，所有灯都熄灭，时间显示归零，如图 2-2-33 所示。

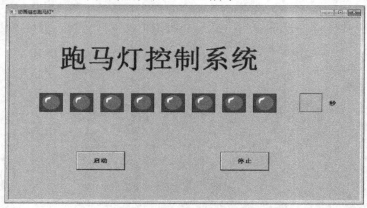

图 2-2-33　同步练习(3)仿真图

(4) 设计一个十字路口交通灯控制系统。系统初始时，南北方向红灯亮，东西方向也红灯亮。按下"启动"按钮后，南北方向红灯亮，东西方向绿灯亮，过 10 秒钟后，东西方向绿灯闪烁 3 秒，然后东西方向切换成黄灯亮 3 秒。3 秒后南北方向绿灯亮，东西方向红灯亮。同样过 10 秒后，南北方向绿灯闪烁 3 秒，然后南北方向切换成黄灯亮 3 秒。3 秒后重新回到初始工作状态继续下一轮循环。在任何情况下按"停止"按钮，所有灯都熄灭，各时间显示归零(时间只需显示绿灯时间和红灯时间)。

任务三　自动售货机控制系统

一、任务目标

(1) 掌握 MCGS 组态软件工程建立的方法；

(2) 掌握 MCGS 组态软件子窗口画面组态的方法；

(3) 掌握 MCGS 组态软件的数值输入、数值显示、文本显示、可见度、位图等构件的组态方法；

(4) 掌握 MCGS 组态软件字符变量使用方法；

(5) 掌握 MCGS 组态软件循环脚本的编写方法。

二、任务设计

仿真运行

设计一个如图 2-3-1、图 2-3-2 所示的自动售货机控制系统，页面中的货物可以通过货物图标下对应的按钮进行选择。选中的货物会显示在右侧"选中的饮料"栏中。投入的货币通过"输入的金额"栏进行输入，按"购买"按钮后，系统自动弹出出货子界面，在出货子界面中会显示找零数额与出货的货物信息。

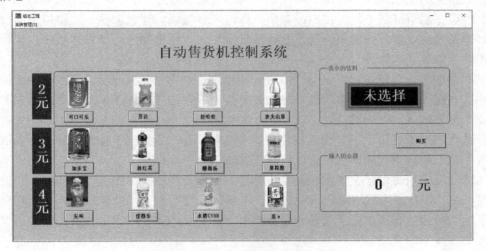

图 2-3-1　自动售货机仿真运行图

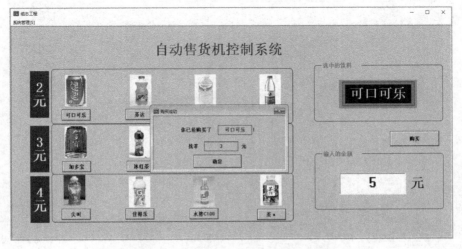

图 2-3-2　自动售货机购物成功运行图

三、知识学习

(一) 脚本编辑器

脚本编辑器

脚本程序是组态软件中的一种内置编程语言引擎。当某些控制和计算任务通过常规组态方法难以实现时，通过使用脚本语言，能够增强整个系统的灵活性，解决其常规组态方法难以解决的问题。

MCGS 脚本程序为有效地编制各种特定的流程控制程序和操作处理程序提供了方便的途径。它被封装在一个功能构件(称为脚本程序功能构件)里，在后台由独立的线程来运行和处理，能够避免由于单个脚本程序的错误而导致整个系统的瘫痪。

在 MCGS 中，脚本语言是一种语法上类似 Basic 的编程语言。可以应用在运行策略中，把整个脚本程序作为一个策略功能块执行，也可以在菜单组态中作为菜单的一个辅助功能运行，更常见的用法是应用在动画界面的事件中。MCGS 引入的事件驱动机制，与 VB 或 VC 中的事件驱动机制类似，比如：对用户窗口，有装载，卸载事件；对窗口中的控件，有鼠标单击事件，键盘按键事件等。这些事件发生时，就会触发一个脚本程序，执行脚本程序中的操作。

脚本程序编辑环境是用户书写脚本语句的地方，如图 2-3-3 所示。脚本程序编辑环境主要由脚本程序编辑区、编辑功能按钮、脚本语句和表达式、MCGS 操作对象列表和函数列表 4 个部分构成，分别说明如下：

脚本程序编辑区用于书写脚本程序和脚本注释，用户必须遵照 MCGS 规定的语法结构和书写规范书写脚本程序，否则语法检查不能通过。

编辑功能按钮提供了文本编辑的基本操作，用户使用这些操作可以方便操作和提高编辑速度。比如，在脚本程序编辑框中选定一个函数，然后按下帮助按钮，MCGS 将自动打开关于这个函数的在线帮助，或者如果函数拼写错误，MCGS 将列出与所提供的名字最接近函数的在线帮助。

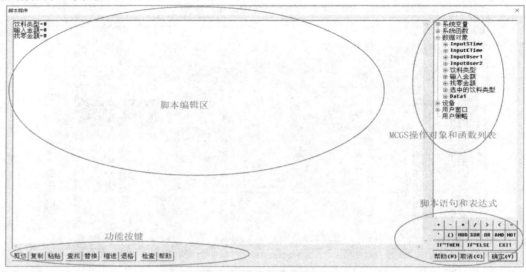

图 2-3-3　脚本编辑器说明图

脚本语句和表达式列出了 MCGS 使用的三种语句的书写形式和 MCGS 允许的表达式类型。用鼠标单击要选的语句和表达式符号，在脚本编辑区光标所在的位置填上语句或表达式的标准格式。比如，用鼠标单击 if～then 按钮，则 MCGS 自动提供一个 if…then…结构，并把输入光标停到合适的位置上。

MCGS 操作对象和函数列表以树结构的形式，列出了工程中所有的窗口、策略、设备、变量、系统支持的各种方法、属性以及各种函数，以供用户快速查找和使用。例如可以在用户窗口树中选定一个窗口："子窗口 1"，打开子窗口 1 下的"方法"，然后双击 open 函数，则 MCGS 自动在脚本程序编辑框中添加了一行语句：用户窗口.子窗口 1.open( )，通过这行语句，就可以完成窗口打开的工作。

(二) 脚本程序语言要素

在 MCGS 中，脚本程序在编写时使用的语言非常类似普通的 Basic 语言。

1. 数据类型

MCGS 脚本程序语言使用的数据类型只有三种：
- 开关型：表示开或者关的数据类型，通常 0 表示关，非 0 表示开。也可以作为整数使用；
- 数值型：值在 3.4E ± 38 范围内；
- 字符型：最多 512 个字符组成的字符串；

2. 常量、变量及系统函数

1) 常量

MCGS 脚本程序语言使用的常量主要有以下三种：
- 开关型常量：0 或非 0 的整数，通常 0 表示关，非 0 表示开；
- 数值型常量：带小数点或不带小数点的数值，如 12.50, 100；
- 字符型常量：双引号内的字符串，如"OK""正常"。

2) 变量

在脚本程序设计中，用户不能定义子程序和子函数，其中数据对象可以看作是脚本程序中的全局变量，在所有的程序段中可以共用。可以用数据对象的名称来读写数据对象的值，也可以对数据对象的属性进行操作。

开关型、数值型、字符型三种数据对象分别对应于脚本程序中的三种数据类型。在脚本程序中不能对组对象和事件型数据对象进行读写操作，但可以对组对象进行存盘处理。

3) 系统变量

MCGS 系统定义的内部数据对象作为系统内部变量，在脚本程序中可自由使用，在使用系统变量时，变量的前面必须加"$"符号，如 $Date。即所有系统变量的变量名都是以"$"开始的，如图 2-3-4 所示。

系统变量

MCGS 系统变量多数用于读取系统内部设定的参数，它们只有值的属性，没有最大值、最小值及报警属性。

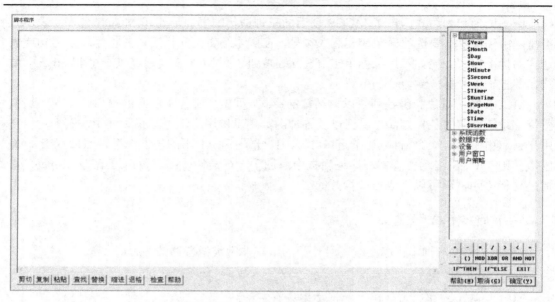

图 2-3-4　系统变量图

常用的系统变量主要有：

- $Year

对象意义：读取计算机系统内部的当前时间："年"（1111～9999）。

对象类型：数值型。

读写属性：只读。

- $Month

对象意义：读取计算机系统内部的当前时间："月"（1～12）。

对象类型：数值型。

读写属性：只读。

- $Day

对象意义：读取计算机系统内部的当前时间："日"（1～31）。

对象类型：数值型。

读写属性：只读。

- $Hour

对象意义：读取计算机系统内部的当前时间："小时"（0～24）。

对象类型：数值型。

读写属性：只读。

- $Minute

对象意义：读取计算机系统内部的当前时间："分钟"（0～59）。

对象类型：数值型。

读写属性：只读。

- $Second

对象意义：读取当前时间："秒数"（0～59）。

对象类型：数值型。

读写属性：只读。

· $Week

对象意义：读取计算机系统内部的当前时间："星期"(1～7)。

对象类型：数值型。

读写属性：只读。

· $Date

对象意义：读取当前时间："日期"，字符串格式为(年-月-日)，年用四位数表示，月日用两位数表示，如 1997-01-09。

对象类型：字符型。

读写属性：只读。

· $Time

对象意义：读取当前时间："时刻"，字符串格式为(时:分:秒)，时、分、秒均用两位数表示，如 20:12:39。

对象类型：字符型。

读写属性：只读。

· $Timer

对象意义：读取自午夜以来所经过的秒数。

对象类型：数值型。

读写属性：只读。

· $RunTime

对象意义：读取应用系统启动后所运行的秒数

对象类型：数值型。

读写属性：只读。

· $PageNum

对象意义：表示打印时的页号，当系统打印完一个用户窗口后，$PageNum 值自动加1。用户可在用户窗口中用此数据对象来组态打印页的页号。

对象类型：数值型。

读写属性：读写。

· $UserName

对象意义：在程序运行时记录当前用户的名字。若没有用户登录或用户已退出登录，"$UserName"为空字符串。

对象类型：内存字符串型变量。

读写属性：只读。

4) 系统函数

MCGS 系统内部已经定义了一些系统函数，在脚本程序中可自由使用，所有的系统函数都是以"!"开头的，如 !abs( )。

系统函数主要包括以下几类：

系统函数

运行环境函数、数据对象函数、系统函数、用户登录函数、定时器操作、文件操作、ODBC 函数、配方操作函数等。如图 2-3-5 所示。

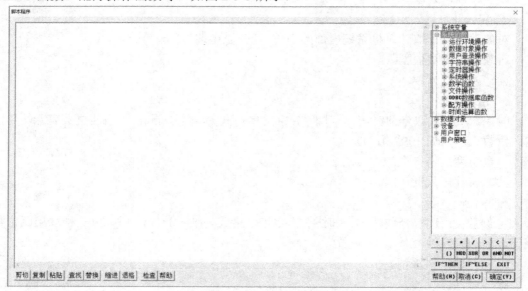

图 2-3-5　系统函数图

运行环境函数和数据对象函数主要是提供了对 MCGS 内部各个对象操作的方法。

系统函数提供了系统功能，包括播放声音、启动程序、发出按键信息等。

用户登录函数提供了用户登录和管理的功能。包括打开登录对话框、打开用户管理对话框等。

定时器提供了 MCGS 内建定时器的操作，包括对内建时钟的启动、停止、复位、时间读取等操作。

文件操作提供了对文件的操作，包括删除、拷贝文件，把文件拆开、合并，寻找文件，和循环语句一起，可以遍历文件，在文件中进行读写操作，对 CSV(逗号分割的文本文件)进行读写操作等。

ODBC 数据库函数提供了对 ODBC 数据源访问的机制。配方操作函数提供了访问配方数据的机制。这两类函数使用了类似的编程机制。首先，为了访问一个 ODBC 数据源或配方数据，需要建立一个有名字的连接，这个连接的名字在创建这个连接时指定，在进行数据操作以及关闭连接时，需要指定这个名字。其次，在连接中，规定了一个当前行的概念，当前行使用捆绑函数绑定到一组变量上，在连接中使用位置移动函数上下移动当前行到需要的位置上，就可以把需要位置上的数据从绑定的变量中读出来。通过添加函数(AddNew)，可以把当前绑定变量中的值作为一组新的数据加入到连接中。通过删除函数(Delete)，可以把当前行删除。通过编辑函数，可以按照绑定变量中的值来修改连接中当前行的值。通过查找函数，可以把当前行定位到符合要求的位置上，如序号为 8，或者操作员为负责人等。

3. MCGS 对象

MCGS 的对象形成一个对象树，树根从"MCGS"开始，MCGS 对象的属性就是系统变量，MCGS 对象的方法就是系统函数。MCGS 对象下面有"用户窗口"对象，"设备"对象，"数据对象"等子对象，如图 2-3-6 所示。"用户窗口"以各个用户窗口作为子对象，每个用户窗口对象以及这个窗口里的动画构件作为子对象。

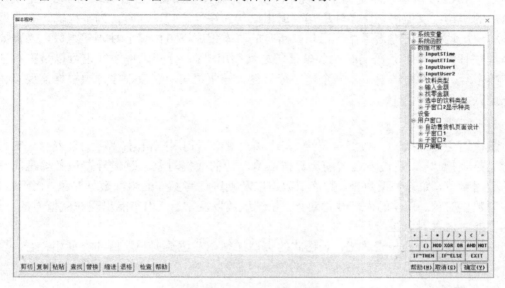

图 2-3-6　用户定义数据对象图

　　使用对象的方法和属性，必须要引用对象，然后使用"点操作"来调用这个对象的方法或属性。为了引用一个对象，需要从对象根部开始引用，这里的对象根部是指可以公开使用的对象。MCGS 对象，用户窗口、设备和数据对象都是公开对象，因此，语句 InputETime = $Time 是正确的，而语句 InputETime = MCGS.$Time 也是正确的，同样，调用函数 !Beep()时，也可以采用 MCGS.!Beep()的形式。如要打开窗口 0 可以写"窗口 0.Open()"，也可以写"MCGS.用户窗口.窗口 0.Open()"，还可以写"用户窗口.窗口 0.Open()"。但是，如果要使用控件，就不能只写"控件 0.Left"，而必须写"窗口 0.控件 0.Left"，或："用户窗口.窗口 0.控件 0.Left"。在脚本程序中要添加对象或者对象的方法与属性，只需要在对象列表框中，双击需要的方法和属性，MCGS 将自动生成最小可能的表达式。

4. 事件

　　在 MCGS 的动画界面组态中，可以组态处理动画事件。动画事件是在某个对象上发生的，可能带有参数也可能没有参数的动作驱动源。如用户窗口上可以发生的事件：Load和 Unload 分别在用户窗口打开和关闭时触发。可以对这两个事件组态一段脚本程序，当事件触发时(用户窗口打开或关闭时)被调用。

　　例如用户窗口的 Load 和 Unload 事件是没有参数的，但是 MouseMove 事件有，在组态这个事件时，可以在参数组态中，选择把 MouseMove 事件的几个参数连接到数据对象上，这样，当 MouseMove 事件被触发时，就会把 MouseMove 的参数，包括鼠标位置，按键信息等送到连接的数据对象，然后，在事件连接的脚本程序中，就可以对这些数据对象进行处理。

(三) 脚本程序基本语句

由于 MCGS 脚本程序是为了实现某些多分支流程的控制及操作处理,因此包括了几种最简单的语句:赋值语句、条件语句、退出语句和注释语句,同时,为了提供一些高级的循环和遍历功能,还提供了循环语句。所有的脚本程序都可由这五种语句组成,当需要在一个程序行中包含多条语句时,各条语句之间须用":"分开,程序行也可以是没有任何语句的空行。大多数情况下,一个程序行只包含一条语句,赋值程序行中根据需要可在一行上放置多条语句。

1. 赋值语句

赋值语句的形式为:数据对象 = 表达式。赋值语句用赋值号("=")来表示,它具体的含义是:把 "=" 右边表达式的运算值赋给左边的数据对象。赋值号左边必须是能够读写的数据对象,如开关型数据、数值型数据以及能进行写操作的内部数据对象,而组对象、事件型数据对象、只读的内部数据对象、系统函数以及常量,均不能出现在赋值号的左边,因为不能对这些对象进行写操作。

赋值号的右边为一表达式,表达式的类型必须与左边数据对象值的类型相符合,否则系统会提示 "赋值语句类型不匹配" 的错误信息。

2. 条件语句

条件语句有如下三种形式:

(1) If 〖表达式〗 Then 〖赋值语句或退出语句〗

(2) If 〖表达式〗 Then

　　　〖语句〗

　　EndIf

(3) If 〖表达式〗Then

　　　〖语句〗

　　Else

　　　〖语句〗

　　EndIf

条件语句中的四个关键字 "If" "Then" "Else" "Endif" 不分大小写。如拼写不正确,检查程序会提示出错信息。

条件语句允许多级嵌套,即条件语句中可以包含新的条件语句,MCGS 脚本程序的条件语句最多可以有 8 级嵌套,为编制多分支流程的控制程序提供了可能。

"IF" 语句的表达式一般为逻辑表达式,也可以是值为数值型的表达式,当表达式的值为非 0 时,条件成立,执行 "Then" 后的语句,否则,条件不成立,将不执行该条件块中包含的语句,开始执行该条件块后面的语句。

值为字符型的表达式不能作为 "IF" 语句中的表达式。

3. 循环语句

循环语句为 While 和 EndWhile,其结构为:

　　While 〖条件表达式〗

...

EndWhile

当条件表达式成立时(非零)，循环执行 While 和 EndWhile 之间的语句。直到条件表达式不成立(为零)，退出。

4. 退出语句

退出语句为"Exit"，用于中断脚本程序的运行，停止执行其后面的语句。一般在条件语句中使用退出语句，以便在某种条件下，停止并退出脚本程序的执行。

5. 注释语句

以单引号"'"开头的语句称为注释语句，注释语句在脚本程序中只起到注释说明的作用，实际运行时，系统不对注释语句作任何处理。

四、任务实施

(一) 建立工程

双击"组态环境"快捷图标 ，打开 MCGS 组态软件，然后按如下步骤建立工程。

1. 新建工程

选择"文件"菜单中的"新建工程"命令，弹出"新建工程"对话框，如图 2-3-7 所示。

图 2-3-7 新建工程设置图   建立工程

2. 保存工程

选择"文件"菜单中的"工程另存为"命令，弹出"文件保存"窗口，在文件名一栏内输入"自动售货机控制系统"，单击"保存"按钮，完成工程创建。

(二) 窗口组态

1. 新建窗口

在工作台中选择"用户窗口"页面，单击"新建窗口"，新建一个用户名窗口，右键选中该窗口，在弹出的菜单项中选择"属性"菜单，在"用户窗口属性设置"对话框的"基本属性"页面中，将"窗口名称""窗口标题"都改成"自动售货机控制系统"，其中窗口名称指的是该窗口在用户窗口中显示的名称。窗口标题指的是当该窗口运行起来后窗口左上角显示的标题

窗口组态

名称。"窗口位置"设置成"最大化显示","窗口边界"设置成"可变边"。具体设置如图 2-3-8 所示,单击"确定"按钮,完成用户窗口属性设计。

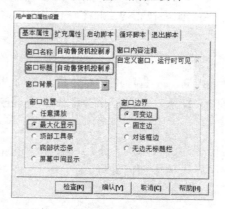

图 2-3-8　窗口属性设置图

2. 设置启动窗口

在工作台中的"用户窗口"页面中,右键选择该窗口,在弹出的菜单中选择"设置为启动窗口"。这样系统启动时,该窗口会自动运行。

3. 窗口标题绘制

鼠标左键双击"自动售货机控制系统"窗口,进行用户窗口组态,打开工具箱,单击"标签"构件,鼠标变成"+"形,在窗口的编辑区按住左键拖动出一个一定大小的文本框。然后在该文本框内输入文字"自动售货机控制系统",在空白处左键单击鼠标结束输入。如果文字输入错误,可以通过鼠标左键单击该标签,然后按回车键修改文字信息。文字输入完成后,通过鼠标右键单击该标签,在弹出的菜单中选择"属性"菜单,修改该标签的文字属性。在"属性设置"对话框中,将"边线颜色"选择成"无边线颜色"。选择"字符颜色"将其修改为蓝色,然后点击边上的 🔠,修改其字号大小,将其改成 60,其余保持默认设置即可。

4. 货物图片绘制

单击工具箱中的"位图"构件 ,鼠标变成"+"形,在窗口的编辑区按住左键拖出一个一定大小的位图区。在保持该构件选中的情况下,鼠标右键在弹出的菜单中选择"装载位图",出现如图 2-3-9 所示的画面,然后单击"文件名称"后面的"…"图标,从电脑中选择一个可口可乐的图标。单击"确认"即完成了一个可售货物位图的组态工作。可以用同样的方法完成"芬达""酸梅汤""尖叫""冰红茶""水溶 C100""佳

位图构件

得乐""果粒橙""茶 π""农夫山泉""娃哈哈矿泉水"的位图装载工作。也可以将"可口可乐"位图构件选中,通过右键复制粘贴的方法复制出第一行的其余 3 个位图。一般情况下,这个 4 个位图不能很好地上下左右对齐,所以这里要用到图标排列对齐工具。具体操作方法如下:首先将第一行的四个位图中最左边和最右边 2 个位图放置到合适的位置,通过鼠标框选中第一行的 4 个位图,右键选择"排列"→"对齐"→"横向等间距"和"上对齐",这样第一行的 4 个位图就均匀地分布在同一水平线上。然后选中第一行的 4 个位

图，复制粘贴出第二行的 4 个位图。如果第二行的这 4 个位图与第一行的 4 个位图纵向间距不合适，那么在第二行 4 个位图构件选中的情况下可以通过键盘上下左右按钮进行微调，使其与第一行纵向对齐且间距合适。用同样的方法放置第三行的 4 个位图并对齐。再对每个位图装载不同的饮料图片，完成自动售货机位图构件的组态工作。

图 2-3-9　位图绘制组态设计图

5. 货物选择按钮绘制

单击工具箱中的"标准按钮"构件 ，在每个位图下方左键拖放出一定大小的按钮，将"按钮标题"修改为对应的饮料名称，如"可口可乐"等。完成后的组态如图 2-3-10 所示。

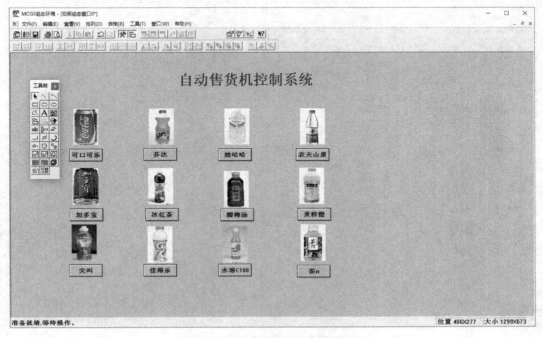

图 2-3-10　饮料选择按钮组态设计图

6. 饮料的价格框绘制

在第一行 4 个位图上绘制一个"圆角矩形"构件，并将其"排列"到"最后层"。在该圆角矩形构件的左侧绘制一个价格标签。标签的内容为"2 元"。标签的填充属性为紫色，字符颜色为白色，字体大小为 30 号，如图 2-3-11 所示。但是这样设置的标签内容"2 元"是横向排布的，如图 2-3-12 所示，不是我们所希望的纵向排布。如要实现纵向排布，需在打入"2"后，按住 CTRL 键和回车键，再输入"元"字，这样文字就成了纵向排布，如图 2-3-12 所示。但是文字都是靠左边竖排下来，没有中心对齐。如要实现中心对齐，需先选中该标签内容，然后单击"对齐"工具中的"中心对齐"按钮，如图 2-3-13 所示的操作设置。这样该标签即实现了"2 元"竖向对齐。将该圆角矩形和价格框复制到下面两行中，并更改价格为"3 元""4 元"。使用对齐工具将其对齐。最终实现的效果如图 2-3-14 所示。

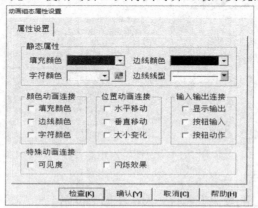

图 2-3-11　饮料价格属性设置图

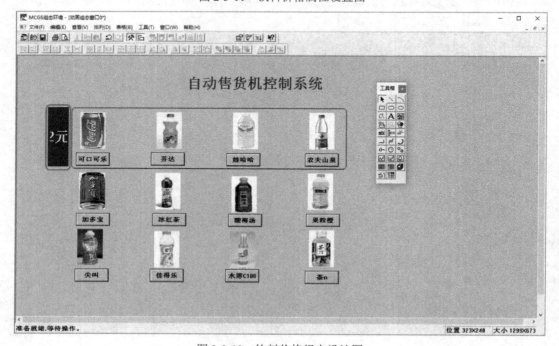

图 2-3-12　饮料价格组态设计图

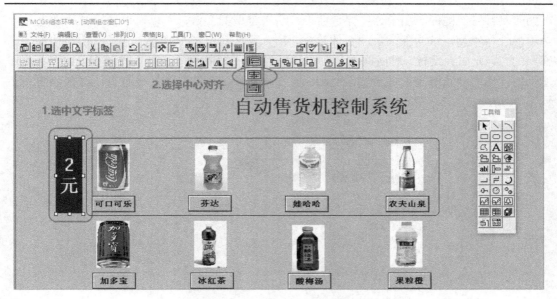

图 2-3-13 饮料价格居中属性设置图

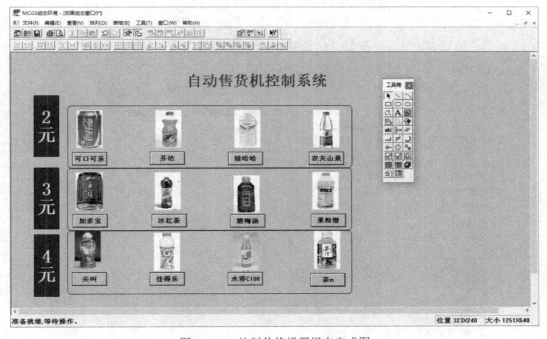

图 2-3-14 饮料价格设置组态完成图

7. 选中的饮料画面绘制

单击工具箱中的"圆角矩形"构件，在位图的右边按住鼠标左键拖出一个合适的大小，在该圆角矩形左上角位置添加一个"选中的饮料"标签。该标签的属性为字体红色，字号大小为 18 号，无边框颜色。然后在该圆角矩形内增加一个显示标签构件，用于显示目前选中的饮料类型。具体方法如下：单击工具箱中的"插入元件"构件，选择"时钟"目录

下的"时钟 5"构件。由于该构件是用于显示字符型的变量，所以可以使用该构件来显示
选中的饮料类型。该构件显示的字体较小，所以需要对其进行修改，通过双击该构件，在
弹出的"单元属性设置"对话框中，选中"动画连接"标签页，点击">"按钮，如图 2-3-15
所示。弹出"动画组态属性设置"对话框，在该对话框中选择属性设置页，将字体的大小
设置成 30，如图 2-3-16 所示，其余均为默认状态。

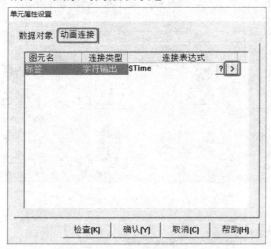

图 2-3-15　选中饮料显示属性设置图

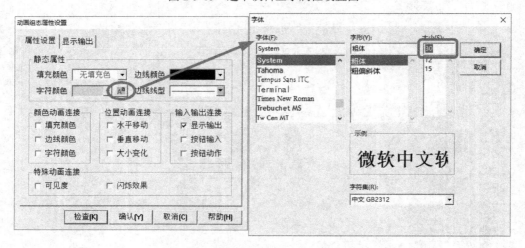

图 2-3-16　选中饮料显示字体属性设置图

8. 购买按钮和输入金额画面绘制

在"选中的饮料"圆角矩形构件下面绘制一个标准按钮，将按钮标题改成"购买"。
再用前述同样的方法在主画面的右下角也绘制一个"圆角矩形"构件，并在左上角位置添
加一个"输入的金额"标签。单击工具箱中"输入框"构件 **abl**，在该圆角矩形内绘制一个
输入框和一个标签。最终效果如图 2-3-17 所示。至此该项目主画面的静态画面组态过程已
经完成，单击"保存"按钮，将画面的组态信息进行保存并关闭画面。接下来将进行子画
面的组态工作。

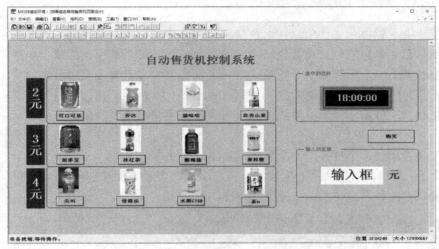

输入框构件

图 2-3-17　金额设置组态设计图

9. 弹出子窗口画面绘制

单击"购买"按钮后，完成购物操作，弹出的子窗口画面需显示是否购物成功，找零的金额等信息。如果购物成功，子窗口中显示的信息为"你已经购买了***！""找零**元"。如果购物不成功，则需判断是由于没有选中饮料类型，还是输入的金额不足。如果是没有选中任何一款饮料，则子窗口显示"哦哦，你还没选择饮料呢！""请重新选择饮料！"，如果是输入的金额不够，则子窗口显示"糟糕，你输入的金额不够！""请重新输入金额！"。由于购买成功与购买失败两种类型需要显示的信息截然不同，而购买不成功的两种类型显示的信息基本相同，所以我们可以采用建立两个属性设置一样的子窗口分别用来显示购买成功和购买失败的信息。

1) 子窗口 1(购买成功)属性设置

由于子窗口不需要很大，所以在设置用户窗口时，需在"用户窗口属性设置"的"基本属性"中，更改窗口名称为：子窗口 1，标题为：购买成功。在"扩充属性"页中设置窗口坐标为左边 400，顶边 230，即让子窗口显示在整个画面的中间位置。窗口大小设置为宽度 400、高度 200。"窗口外观"项中，选定"锁定窗口位置""显示标题栏""显示控制框"三项。属性设置图如图 2-3-18 所示。

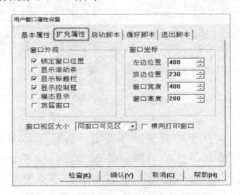

图 2-3-18　子窗口 1 属性组态设置图

2) 子窗口 1 画面组态

子窗口 1 画面设计中需要显示 2 个信息，而且信息的部分内容是会有变化的，所以在设计的过程中，可以将不会变化的信息设置成一个标签。会变化的部分单独设置成一个标签。因此在子窗口 1 中需要 4 个标签和 1 个按钮。第一个标签的内容设置成"你已经购买了　　　　　　!"。把中间信息会变动的地方进行预留，如图 2-3-19 所示。在该空白处，继续添加一个标签，如图 2-3-20 所示，该标签的内容会根据某个字符型变量的值，自动显示不一样的信息。

用同样的方法，继续添加 2 个标签，一个标签的内容为"找零　　　　元"，另一个标签的信息也是可变的，所以标签的内容也是空白。再在子窗口 1 最下面添加一个"确定"按钮，用于关闭子窗口 1 的显示。完成的效果图如图 2-3-21 所示。

图 2-3-19　子窗口 1 购买　　　　图 2-3-20　子窗口 1 购买饮料　　　图 2-3-21　子窗口 1 效果
　　　标签组态设计图　　　　　　　　标签组态设计图　　　　　　　　组态设计图

3) 子窗口 2(购买失败)画面组态

子窗口 2 的窗口属性设置与子窗口 1 的窗口属性设置基本一样。只是将窗口的名称改为：子窗口 2，窗口标题改为：未购买成功。子窗口 2 中显示的信息总体是类似的，只是显示的字符不同。可以用可见度来实现显示不同的信息。所以系统只需要设置 4 个标签和 1 个按钮即可。在第一行中放置 2 个标签，标签的内容分别是"糟糕，你输入的金额不够!"和"哦哦，你还没选择饮料呢!"，组态效果如图 2-3-22 所示。同样，在第二行也输入 2 个标签，标签的内容分别是"请重新选择饮料!"和"请重新输入金额!"，组态完成后的画面如图 2-3-23 所示。最后加一个确定按钮。

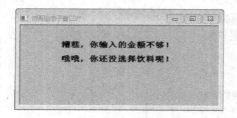
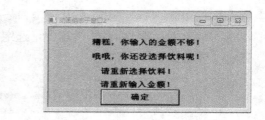

图 2-3-22　子窗口 2 标签 1 组态设计图　　　图 2-3-23　子窗口 2 标签 2 组态设计图

(三) 建立实时数据库

本例中需要使用到的变量有 3 种类型：开关型、数值型和字符型。开关型变量有：子窗口 2 显示种类。数值型变量有：饮料类型、输入金额、找零金额。字符型变量有：选中的饮料类型。所以在工作台"实时数据库"选项卡中，建立开关型、数值型和字符型 3 种类型共 5 个实时数据。实时数据库规划如图 2-3-24 所示。

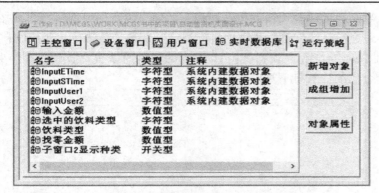

建立实时数据库

图 2-3-24　实时数据库组态设计图

（四）动画连接

前面组态设计的画面没有进行动画属性设置，所以系统运行起来后没有任何动画显示，接下来对画面进行动画操作属性的设置。让系统设计的画面能正确地进行动画显示。

动画连接

1. 饮料选择按钮操作属性设置

在工作台中选择"用户窗口"页，鼠标双击打开"自动售货机控制系统"用户窗口，双击"可口可乐"按钮，打开"标准按钮构件属性设置"对话框。在第三页"脚本程序"页中，对"可口可乐"按钮的脚本进行设置。点击"打开脚本程序编辑器"，进入脚本程序编辑画面，如图 2-3-25 所示。

图 2-3-25　饮料选择按钮属性组态设置图

在打开的脚本程序编辑器中选中右侧"数据对象"前面的"+"，将本程序中所有自己定义的数据对象显示出来。双击"饮料类型"数据对象，即可将数值型的"饮料类型"对象输入到"脚本程序编辑器"内。本例中，将可口可乐的"饮料类型"设置成 1，如图 2-3-26所示。按"确定"按钮进行保存。这样当按下"可口可乐"按钮时，"饮料类型"数据变量就被置成了 1。用同样的办法完成其他按钮上的脚本程序，分别将"饮料类型"设置成不同的值。"芬达"的饮料类型值为 2，"娃哈哈"的饮料类型值为 3，以此类推。系统可以根据饮料类型的值来判断目前哪种饮料的按钮被按下。如果没有任何饮料按钮被按下，那么饮料类型的值为 0。这样系统就可以通过饮料类型这个变量的值来确定对应饮料的金额，饮料类型 = 1~4 的饮料为 2 元，饮料类型 = 5~8 的饮料为 3 元，饮料类型 = 9~12 的饮料为 4 元。为后续金额的计算打下基础。

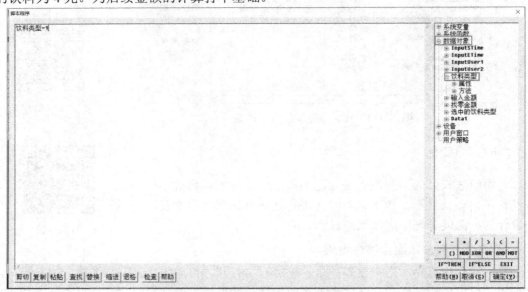

图 2-3-26　饮料选择按钮脚本属性组态设计图

2. 选中的饮料类型属性设置

在"自动售货机控制系统"用户窗口中双击"时钟 5"构件，打开"单元属性设置"对话框，在"数据对象"页面中，单击"字符输出"后面的"？"按钮，如图 2-3-27 所示，在弹出的对话框中选择"选中的饮料类型"数据对象。这样该构件即会根据"选中的饮料类型"数据对象的值显示不同的字符。同时在"动画连接"页中会自动变成"选中的饮料类型"变量连接，如图 2-3-28 所示。但是目前"选中的饮料类型"变量里面没有字符，所以不可能有字符显示。后续在脚本设计中会对该变量的值进行更改，以便符合系统要求。

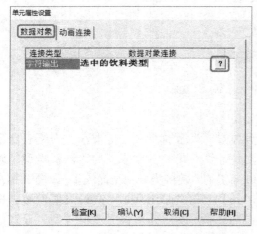

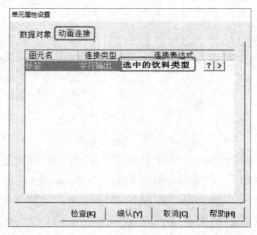

图 2-3-27　饮料类型数据对象属性设置图　　　　图 2-3-28　饮料类型动画连接属性设置图

3. 输入金额属性设置

在"自动售货机控制系统"用户窗口中双击"输入金额"输入框构件，打开"输入框构件属性设置"对话框，在其中的"操作属性"页中选择"对应数据对象的名称"中的"？"按钮，选择"输入金额"变量。将数值输入的取值范围设置成最小值 0，最大值 10。这样在金额输入的时候，最多能输入 10 元，超过 10 元会自动被限定在 10 元内。最小为 0 元，如果输入负数，会被自动限定在 0 元。这样可以防止用户乱输入数据。具体设置如图 2-3-29 所示。

图 2-3-29　输入金额操作属性设置图

4. 子窗口 1 标签属性设置

在"子窗口 1"用户窗口中双击第一行中空白的标签构件，打开"动画组态属性设置"对话框，在其中的"属性设置"页中选中"显示输出"框，如图 2-3-30 所示，将字符颜色修改成你想要的颜色。然后在"显示输出"页中的"表达式"中通过"？"按钮选择"选中的饮料类型"数据变量，"输出值类型"选择"字符串输出"，"输出格式"选择"向中对齐"，具体设置如图 2-3-31 所示。

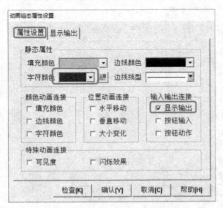 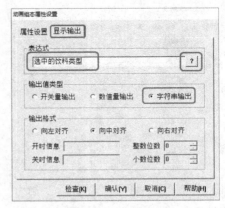

图 2-3-30　饮料类型标签属性设置图　　　　图 2-3-31　饮料类型显示输出属性设置图

用同样的方法对第二行中空白的标签构件进行设置，在"显示输出"的"表达式"中选择"找零金额"数值型变量，"输出值类型"选择"数值量输出"，"输出格式"选择"向中对齐"，整数位数为 1，小数位数为 0。具体设置如图 2-3-32 所示。

动画组态属性设置

属性设置 [显示输出]

表达式

[找零金额] [?]

输出值类型
○ 开关量输出   ● 数值量输出   ○ 字符串输出

输出格式
○ 向左对齐   ● 向中对齐   ○ 向右对齐

开时信息 [_____]   整数位数 [1] ⇕
关时信息 [_____]   小数位数 [0] ⇕

[检查(K)] [确认(Y)] [取消(C)] [帮助(H)]

图 2-3-32   金额显示输出属性设置图

5. 子窗口 1 确认按钮属性设置

子窗口 1 中的"确定"按钮是用于将子窗口 1 关闭,并将焦点返回到主窗口中,同时还需要将饮料类型、输入金额、找零金额这些信息都清除。以便进行新一次的购买操作。将子窗口 1 关闭,打开主窗口的设置方法:在"子窗口 1"用户窗口中双击"确定"按钮标准构件,打开"标准按钮构件属性设置"对话框,在其中的"操作属性"页中,先选中"打开用户窗口",然后单击后面的"▼"按钮,选择"自动售货机控制系统"窗口。再选中"关闭用户窗口",然后单击后面的"▼"按钮,选择"子窗口 1"。

按钮动作

设置如图 2-3-33 所示。这样设置后,当鼠标单击"确定"按钮后,即可以,将"子窗口 1"关闭,而将"自动售货机控制系统"主窗口打开。

将饮料类型、输入金额、找零金额 3 个变量都清除。需要编写脚本程序,设置脚本的方法与前述脚本设计方法相同,在"标准按钮构件属性设置"对话框的"脚本程序"页中设置。具体设置如图 2-3-34 所示。

图 2-3-33   确认按钮操作属性设置图   图 2-3-34   确认按钮脚本属性设置图

6. 子窗口 2 标签属性设置

在"子窗口 2"用户窗口中双击第一行中"糟糕,你输入的金额不够!"的标签构件,打开"动画组态属性设置"对话框,在其中的"属性设置"页中选中"可见度"特殊动画连接，如图 2-3-35 所示。在"可见度"页面的"表达式"中通过"？"按钮选择"子窗口 2 显示种类"位变量。下方选择"对应图符可见"，如图 2-3-36 所示。表示当"子窗口 2 显示种类"= 1 时，对应的标签"糟糕，你输入的金额不够！"是可见的。同理，将第二行中与该标签对应的"请重新输入金额！"标签也设置成同样的可见度属性设置。这样在输入的金额不够购买饮料的情况下，标签可见度显示设置完成。

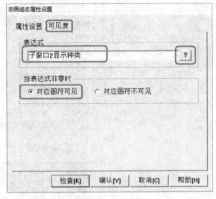

图 2-3-35　子窗口 2 标签属性设置图　　　　图 2-3-36　子窗口 2 标签可见度属性设置图

接下来，将设置没有选择饮料类型直接点击购买按钮，子窗口 2 需要显示哪些标签的可见度组态设计。在"子窗口 2"用户窗口中双击第一行"哦哦，你还没选择饮料呢！"的标签构件，打开"动画组态属性设置"对话框，同样在其中的"属性设置"页中选中"可见度"特殊动画连接，如图 2-3-37 所示。然后在"可见度"页面的"表达式"中通过"？"按钮选择"子窗口 2 显示种类"位变量。下方选择"对应图符不可见"，如图 2-3-38 所示。这样即表示当"子窗口 2 显示种类"= 1 时，对应的标签"哦哦，你还没选择饮料呢！"是不可见的。可见度属性这样设置后，"哦哦，你还没选择饮料呢！"显示标签和前述的"糟糕，你输入的金额不够！"标签在某一时刻只能有一个显示出来。设置完成后，同时选中第一行的这两个标签。然后通过"中心对齐"按钮，将这两个标签重叠在同一个位置上，并调整到合适的位置，如图 2-3-39 所示。用同样的方法设置第二行中的"请重新选择饮料！"标签的可见度属性设置，并将第二行中的两个标签也进行中心对齐。完成后的组态图如图 2-3-40 所示。

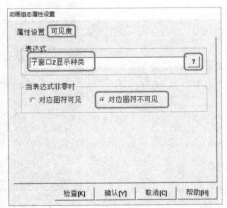

图 2-3-37　子窗口 2 标签 2 属性设置图　　　　图 2-3-38　子窗口 2 标签 2 可见度属性设置图

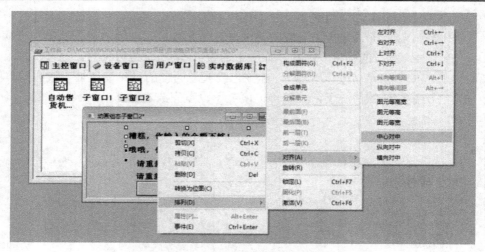

图 2-3-39　子窗口 2 标签对齐设置图

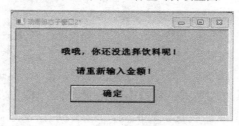

图 2-3-40　子窗口 2 标签组态效果设置图

7. 子窗口 2 确认按钮属性设置

子窗口 2 中的"确定"按钮是用于将子窗口 2 关闭，并将焦点返回到主窗口中。在"子窗口 2"用户窗口中双击"确定"按钮，打开"标准按钮构件属性设置"对话框，在其中的"操作属性"页中，先选中"打开用户窗口"，然后单击后面的"▼"按钮，选择"自动售货机控制系统"窗口。再选中"关闭用户窗口"，然后单击后面的"▼"按钮，选择"子窗口 2"。设置如图 2-3-41 所示。这样设置后，当鼠标单击"确定"按钮，即可以将"子窗口 2"关闭，而将"自动售货机控制系统"窗口打开。

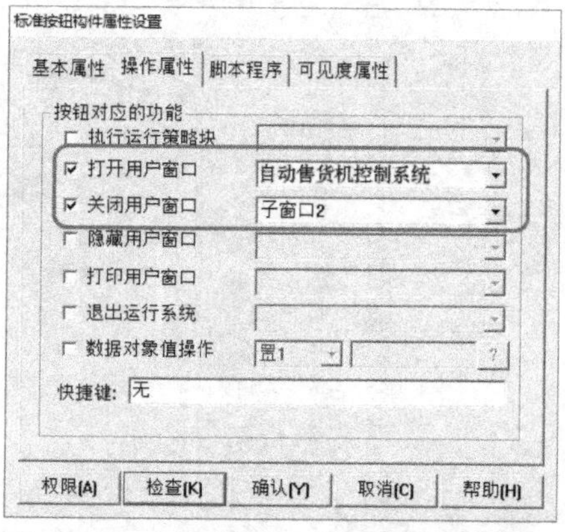

图 2-3-41　子窗口 2 确认按钮属性设置图

(五) 脚本设计

前面案例中已经进行了一些简单的脚本程序设计工作。在本例中，还需要对"购买"按钮和"自动售货机控制系统"窗口进行脚本程序设计，当按下"购买"按钮后，需要进行输入金额和找零金额的计算工作，并根据找零金额得出应该启动显示子窗口1还是子窗口2。"自动售货机控制系统"窗口需进行循环脚本设计，其主要实现按下哪种饮料的按钮后，根据数字型变量——"饮料类型"的数字，将字符型变量——"选中的饮料类型"中的字符串变成对应的文字信息用于系统显示。

脚本程序设计

1. "购买"按钮脚本程序设计

在"自动售货机控制系统"用户窗口中双击"购买"标准按钮构件，打开"标准按钮构件属性设置"对话框。在"脚本程序"页中，点击"打开脚本程序编辑器"进行脚本程序设计，如图2-3-42所示。

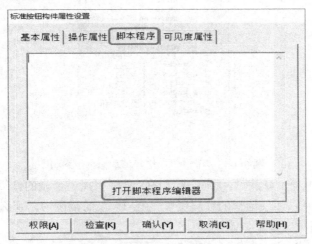

图2-3-42 购买按钮脚本属性设置图

首先根据选择的饮料类型进行判断，如果饮料类型＝0的话，表示用户还没有选择饮料就点击了"购买"按钮，所以系统需要弹出子窗口2，并显示没有选择饮料类型的提示语句，即需在弹出子窗口2之前，将位变量"子窗口2显示种类"设置成0，从而将"哦哦，你还没选择饮料呢！"和"请重新选择饮料！"这两个标签进行显示。用脚本语句写成如下形式：

    IF 饮料类型=0 THEN

        子窗口2显示种类=0

        用户窗口.子窗口2.Open()

    ENDIF

本例中要用到条件判断，所以可以先点击"脚本语句和表达式"中的"IF～THEN"结构，系统会自动在"脚本程序编辑区"中插入"IF   THEN   "结构，将光标定位到IF后的空白区域内，鼠标双击"MCGS对象和函数列表"中的"饮料类型"变量。系统自动将"饮料类型"插入脚本程序编辑区。然后键盘输入"＝0"，再在 THEN 后面的语句中输入"子窗口 2 显示种类＝0"(也可以通过鼠标双击"MCGS 对象和函数列表"中的"子窗口 2 显示种类"变量，系统会自动将"子窗口 2 显示种类"插入)。再在"MCGS 对象和函数列表"中选择"用户窗口"下的"子窗口 2"中的 OPEN 方法，如图 2-3-43 所示。通过双击鼠标左键即可将"用户窗口.子窗口 2.Open()"语句自动插入到脚本语句中。最后再输入一个 ENDIF，表示这个条件判断结构结束。每个 IF 结构都需要对应一个 ENDIF 用来结尾。

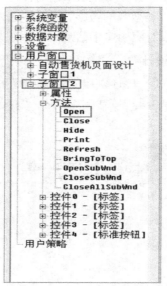

图 2-3-43　子窗口 2 打开脚本编辑组态图

　　如果饮料类型不等于 0 的话，则可进行输入金额和找零金额的计算工作，由于第一行的饮料都为 2 元。所以如果选择的饮料类型是在 1～4 的范围内，那么找零金额＝输入金额－2。用脚本语句写成如下形式：

　　　　IF　饮料类型>=1 and　饮料类型<=4　THEN

　　　　　　　找零金额=输入金额-2

　　　　ENDIF

　　用同样的方法将第二行、第三行的 8 种饮料也分别进行计算找零金额。这两行对比与第一行只是饮料的价格不同而已。

　　脚本程序设计的最后面，还需要对计算出来的找零金额进行判断，如果找零金额大于等于 0 并且饮料类型不等于 0，则表示用户购买饮料成功了。这时需弹出"子窗口 1"。如果找零金额小于 0，则需弹出"子窗口 2"，并显示输入金额不够的提示语句，即需在弹出"子窗口 2"之前，将位变量"子窗口 2 显示种类"设置成 1。从而将"糟糕，你输入的金额不够！"和"请重新输入金额！"这两个标签进行显示。用脚本语句写成如下形式：

　　　　IF　找零金额<0 THEN

　　　　　　　子窗口 2 显示种类=1

　　　　　　　用户窗口.子窗口 2.Open()

　　　　ENDIF

购买按钮完整的脚本程序设计如图 2-3-44 所示。

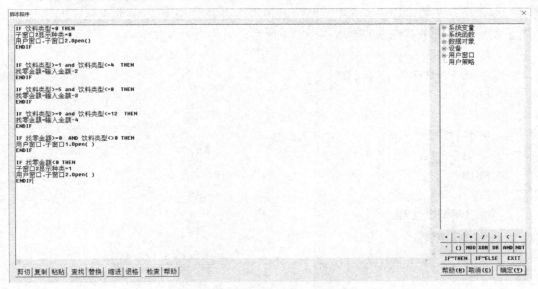

图 2-3-44　购买按钮脚本程序设计图

2. 选中饮料类型显示脚本设计

在该系统中，当用户选择了某一种饮料后，在选中饮料类型显示区域中，应该会自动将选中的饮料类型进行显示。所以在主窗口中，需要设置一个循环脚本程序。根据数字类型变量"饮料类型"的值，自动将字符类型变量"选中的饮料类型"进行字符串的填充。例如，饮料类型 = 0，表示用户还没有选择任何一种饮料，这时候"选中的饮料类型"字符变量需填充"未选择"。如果饮料类型 = 1，表示用户选择了可口可乐这一种饮料，则"选中的饮料类型"字符变量需填充"可口可乐"。这种自动运行的脚本，可以设置在窗口的循环脚本中。鼠标双击"自动售货机控制系统"主窗口的空白区域，弹出"用户窗口属性设置"对话框，选择其中的"循环脚本"页面。将脚本循环的时间设置成 200 ms。如图 2-3-45 所示。

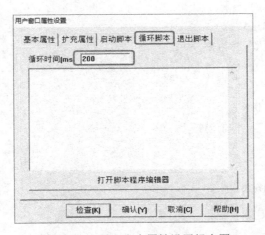

图 2-3-45　循环脚本属性设置组态图

在该脚本程序编辑器中输入相应的脚本程序，此处由于"选中的饮料类型"变量是字符型变量，所以在脚本程序设计中，赋值语句的右边需用"见下页"将常量包括起来，表示该常量是一个字符串。完整的脚本程序如下所示：

```
IF  饮料类型=0 THEN
    选中的饮料类型="未选择"
ENDIF


IF  饮料类型=1 THEN
    选中的饮料类型="可口可乐"
ENDIF


IF  饮料类型=2 THEN
    选中的饮料类型="芬达"
ENDIF


IF  饮料类型=3 THEN
    选中的饮料类型="娃哈哈"
ENDIF


IF  饮料类型=4 THEN
    选中的饮料类型="农夫山泉"
ENDIF


IF  饮料类型=5 THEN
    选中的饮料类型="加多宝"
ENDIF


IF  饮料类型=6 THEN
    选中的饮料类型="冰红茶"
ENDIF


IF  饮料类型=7 THEN
    选中的饮料类型="酸梅汤"
ENDIF


IF  饮料类型=8 THEN
    选中的饮料类型="果粒橙"
ENDIF
```

```
IF  饮料类型=9 THEN
     选中的饮料类型="尖叫"
ENDIF


IF  饮料类型=10 THEN
     选中的饮料类型="佳得乐"
ENDIF


IF  饮料类型=11 THEN
     选中的饮料类型="水溶 C100"
ENDIF


IF  饮料类型=12 THEN
     选中的饮料类型="茶 π"
ENDIF
```

(六) 仿真运行

系统全部组态完成后，即可以进行仿真运行。单击工具栏中的"进入运行环境"按钮，即可进行仿真运行。在系统未选择任何一种饮料类型的情况下，点击购买按钮，会出现如图 2-3-46 所示的提示信息。

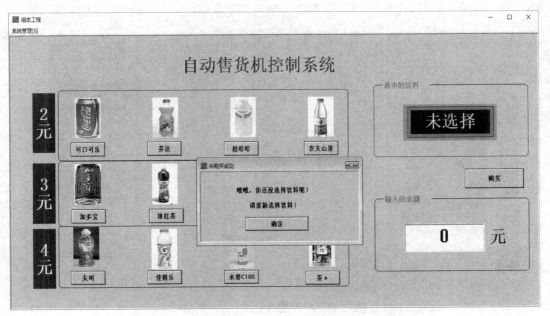

图 2-3-46　没有选择饮料仿真运行效果图

如果选择了一种饮料，但是输入的金额不够购买该种饮料(输入金额后需按回车键确认输入），则会出现如图 2-3-47 所示的界面提示。

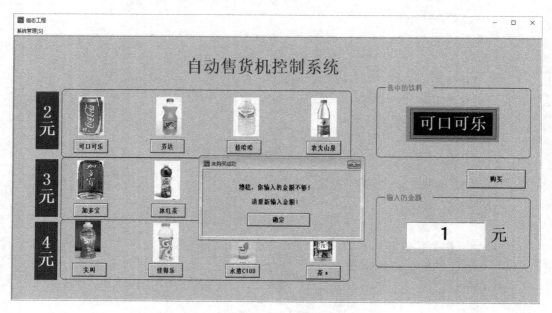

图 2-3-47　输入金额不够仿真运行效果图

如果选择了一种饮料，并且输入的金额足够购买该种饮料，则会出现如图 2-3-48 所示的购买成功的界面提示。

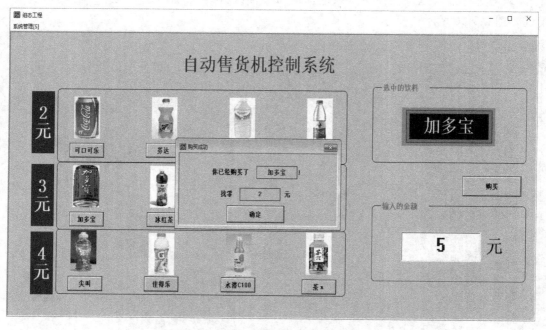

图 2-3-48　购买成功仿真运行效果图

按下子窗口 1 中的确定按钮后，系统会回到如图 2-3-4 所示的初始状态的主窗口中，并且将饮料类型和输入的金额等变量都进行清除，以便用户进行下一次购买。

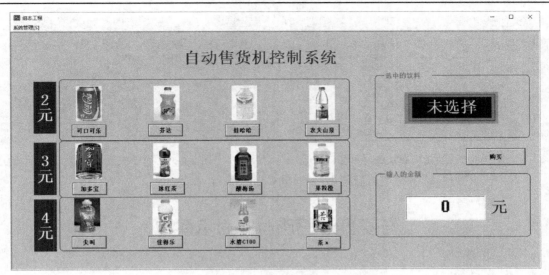

图 2-3-49　初始购买仿真运行效果图

五、同步训练

（1）对本项目进行改造，选择饮料类型的按钮，增加一个功能，当选错饮料类型时，可再次按该按钮进行取消。

（2）直接点击图片，用于选择货物，被选中的货物用红色框闪烁环绕在其外面(用可见度和闪烁特殊动画实现)。

（3）将位变量"子窗口 2 显示种类"去除，子窗口 2 再分成 2 个窗口用于显示不同的未购买成功的信息。

（4）设计一个如图 2-3-50 所示的用户登录界面。用户名为"操作员"或者"负责人"，密码分别为"123"和"456"。如果用正确的用户名："操作员"和密码登录成功，则弹出如图 2-3-51 所示的子窗口 1——"操作员登录成功！"页面，如果用正确的用户名："负责人"和密码登录成功，则弹出如图 2-3-52 所示的子窗口 2——"负责人登录成功！"页面。如果是错误的用户名或者密码，则弹出如图 2-3-53 所示的子窗口 3——"用户名或密码错误，请重新登录！"页面。

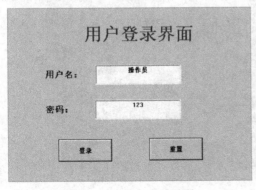

图 2-3-50　用户登录界面

图 2-3-51　操作员登录成功子窗口

　　图 2-3-52　负责人登录成功子窗口　　　　　图 2-3-53　登录失败子窗口

　　注：需用到系统字符串比较函数——!StrComp(str1，str2)函数。

任务四　日历时间显示系统

一、任务目标

(1) 掌握 MCGS 组态软件工程建立的方法；
(2) 掌握 MCGS 组态软件子窗口打开关闭、旋转动画等操作方法；
(3) 掌握 MCGS 组态软件的数值输入、数值显示、可见度、系统变量等构件的组态方法；
(4) 掌握 MCGS 组态软件系统时间设置函数的使用方法；
(5) 掌握 MCGS 组态软件用户管理、权限控制等安全机制使用方法。

二、任务设计

　　设计一个如图 2-4-1 所示的日历时间显示系统，系统初始显示当前的日期和时间(数字样式显示)。在该系统的操作区可以选择模拟时钟显示或是数字时钟显示。模拟时钟显示的样式如图 2-4-2 所示。如果是"负责人"这样有修改权限的用户还可以对系统时间进行修改，修改系统时间的界面如图 2-4-3 所示。如果是"操作员"这样的用户，不能对系统时间进行修改，即"修改时间"按钮无效。

仿真运行

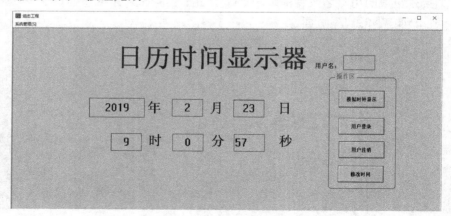

图 2-4-1　数字时钟仿真运行图

图 2-4-2　模拟时钟仿真运行图

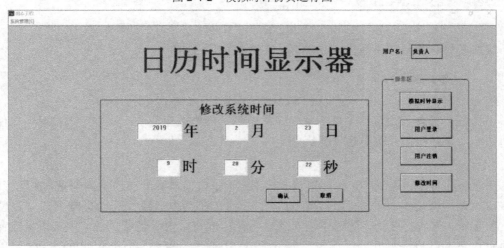

图 2-4-3　修改系统时间仿真运行图

三、知识学习

(一) 用户窗口

1. 用户窗口类型

在工作台上的用户窗口栏中组态出来的窗口就是用户窗口。根据窗口基本属性中的窗口位置，扩充属性中窗口外观的不同设置和打开窗口的不同方法，用户窗口可分为以下几种类型：

- 标准窗口；
- 工具条和状态条；
- 子窗口；
- 模态窗口；
- 弹出式顶层窗口。

1) 标准窗口

标准窗口是最常用的窗口，通常会设置成最大化显示，作为主要的显示画面，用来显示系统目录、流程图以及各个操作画面等。可以使用动画构件或策略构件中的打开/关闭窗口或脚本程序中的 SetWindow 函数以及窗口的方法来打开和关闭标准窗口。

标准窗口有名字、位置、可见度等属性。可以设置为最大化或自定义大小显示，也可以显示或不显示滚动条，以及设置边框类型等。

2) 工具条和状态条

工具条和状态条是一个在用户窗口属性设置中设置了工具条属性或状态条属性的标准窗口，如果设置了工具条属性，它就会显示在菜单正下方，宽度无限，表现为一个工具条，如图 2-4-4 所示，而且不能被标准窗口和弹出式顶层窗口遮挡，但是会被模态窗口遮挡。

图 2-4-4　工具条

状态条与此类似，只是显示在屏幕的下方，如图 2-4-5 所示。

准备就绪,等待操作.

图 2-4-5　状态条

工具条和状态条通常用于显示某些经常用到的操作按钮或者一些固定的信息，即使主画面切换，这些按钮和信息也不受影响。

3) 子窗口

在组态环境中，子窗口和标准窗口一样组态。子窗口与标准窗口不同的是，在运行时，子窗口不是用普通的打开窗口的方法打开的，而是在某个已经打开的标准窗口中，使用 OpenSubWnd 方法打开的，此时子窗口就显示在标准窗口内。也就是说，用某个标准窗口的 OpenSubWnd 方法打开的标准窗口就是子窗口。通过设置 OpenSubWnd 的参数，可以使子窗口有边框，带滚动条，作为模态显示(即：在该子窗口关闭之前，本窗口内除了子窗口以外的所有操作均不可进行)，作为菜单显示(在子窗口外任意点击，则此子窗口自动消失)，以及跟随鼠标位置来显示窗口等。子窗口总是显示在当前窗口的前面，所以子窗口最适合显示某一项目的详细信息。

4) 模态窗口

在用户窗口的属性组态中，选择了模态显示的用户窗口就是模态窗口。在运行环境中，模态窗口显示时，其他窗口以及菜单将不能操作。直到模态窗口关闭，其他窗口和菜单操作才能恢复正常。

模态窗口通常用于对话框显示，用于强迫用户优先处理某些内容。但是，考虑到过程控制的实时性，模态窗口的使用需要注意不妨碍主要的操作流程。

5) 弹出式顶层窗口

在用户窗口的属性组态中，选择了顶层窗口选项的用户窗口就是弹出式顶层窗口。在运行环境中，弹出式顶层窗口显示在工具条和状态条的下面(被工具条和状态条遮挡)，但是显示在所有标准窗口的上面(可以遮挡所有的标准窗口)，因此注意不要使用最大化显示，防止遮挡住所有的其他窗口。

弹出式顶层窗口通常用于某些必须要用户注意但是不能妨碍用户操作的信息显示,比如报警窗口在报警发生时弹出,直到用户应答。但是用户也可以不应答(忙于其他操作),而让报警窗口留在一边,直到用户可以处理时为止。

弹出式顶层窗口可以看作是不妨碍用户操作(不影响用户操作顺序)的模态窗口。

2. 用户窗口的属性和方法

1) 用户窗口的属性

为了能够方便灵活地改变用户窗口的属性和状态,在用户窗口中设置了属性和方法,以备用户在实际组态过程中调用,如图 2-4-6 所示。这样在脚本程序中使用操作符".",可以在脚本程序或使用表达式的地方,调用用户窗口对象相应的属性和方法。例如:用户登录界面.Name 可以取得"用户登录界面"窗口的名字;用户登录界面.Width 可以取得"用户登录界面"窗口的宽度;用户登录界面.OpenSubWnd 则可以打开用户登录界面的子窗口。

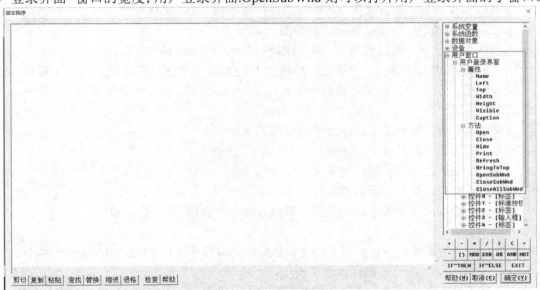

图 2-4-6 用户窗口函数选择界面图

用户窗口的主要属性如表 2-4-1 所示。

表 2-4-1 用户窗口属性表

属性名称	属性的含义	数据类型
Name	窗口的名字	字符型
Left	窗口的 X 坐标	整型
Top	窗口的 Y 坐标	整型
Width	窗口的宽度	整型
Height	窗口的高度	整型
Visible	窗口的可见度	整型
Caption	窗口标题	字符型

2) 用户窗口的方法

用户窗口的主要方法包括用户窗口的打开、关闭、隐藏、刷新及打开子窗口等。具体使用方法如下:

• Open():打开窗口。

返回值:浮点型。返回值为 0,操作成功;返回值非 0,操作失败。

• Close():关闭窗口。

返回值:浮点型。返回值为 0,操作成功;返回值非 0,操作失败。

• Hide():隐藏窗口。

返回值:浮点型。返回值为 0,操作成功;返回值非 0,操作失败。

• Print():打印窗口。

返回值:浮点型。返回值为 0,操作成功;返回值非 0,操作失败。

• Refresh():刷新窗口。

返回值:浮点型。返回值为 0,操作成功;返回值非 0,操作失败。

• BringToTop():把窗口显示在最前面。

返回值:浮点型。返回值为 0,操作成功;返回值非 0,操作失败。

• OpenSubWnd(参数 1,参数 2,参数 3,参数 4,参数 5,参数 6):显示子窗口。

返 回 值:字符型,如成功就返回子窗口 n,n 表示打开的第 n 个子窗口。

参数 1:用户窗口名。

参数 2:整型,打开子窗口相对于本窗口的 X 坐标。

参数 3:整型,打开子窗口相对于本窗口的 Y 坐标。

参数 4:整型,打开子窗口的宽度。

参数 5:整型,打开子窗口的高度。

参数 6:整型,打开子窗口的类型。参数 6 是一个 32 位的二进制数。

其中,

0 位表示是否模式打开,使用此功能,必须在此窗口中使用 CloseSubWnd 来关闭本子窗口,子窗口外别的构件对鼠标操作不响应;

1 位表示是否菜单模式,使用此功能,一旦在子窗口之外按下按钮,则子窗口关闭;

2 位表示是否显示水平滚动条,使用此功能,可以显示水平滚动条;

3 位表示是否垂直显示滚动条,使用此功能,可以显示垂直滚动条;

4 位表示是否显示边框,选择此功能,在子窗口周围显示细黑线边框;

5 位表示是否自动跟踪显示子窗口,选择此功能,在当前鼠标位置上显示子窗口。此功能用于鼠标打开的子窗口,选用此功能则忽略"iLeft,iTop"的值,如果此时鼠标位于窗口之外,则在窗口中显示子窗口;

6 位表示是否自动调整子窗口的宽度和高度为缺省值,使用此功能则忽略 iWidth 和 iHeight 的值。

例如:"用户窗口.窗口 0.OpenSubWnd(窗口 1,100,100,100,100,6)"表示在窗口 0 的 X 坐标为 100、Y 坐标为 100 上,包含水平滚动条(第 2 位),以菜单模式(第 1 位)显示的宽度为 100、高度为 100 的子窗口 1。

• CloseSubWnd(参数 1):关闭子窗口。

返回值：浮点型。返回值为 0，操作成功；返回值非 0，操作失败。

参数 1：子窗口的名字。

- CloseAllSubWnd()：关闭窗口中的所有子窗口。

返回值：浮点型。返回值为 0，操作成功；返回值非 0，操作失败。

(二) 旋转多边形与旋转动画

多边形或折线构件支持构件旋转的功能，而其他简单图形构件，如矩形、椭圆等，以及由简单图形构件组合而成的图符，则可以转化为多边形构件。通过这种方式，绝大多数图形都可以实现旋转的功能。

特殊动画(旋转动画)

在这些动画构件的鼠标右键菜单中，有一项"转换为多边形"菜单项，如图 2-4-7 所示。选择该菜单项目，可以将动画构件转换为同等形状的多边形，如图 2-4-8 所示。

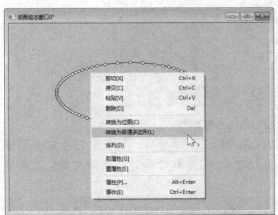

图 2-4-7　转换为多边形操作图

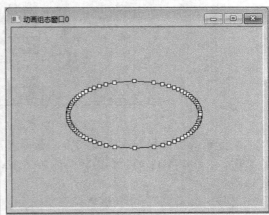

图 2-4-8　椭圆多边形图

在 MCGS 组态软件下，可以旋转的动画构件具有多边形状态和旋转状态。多边形状态可以对动画构件进行编辑，包括调整形状、属性设置等。旋转状态主要是对旋转属性进行设置，包括旋转表达式、旋转位置、旋转圆心、旋转半径和旋转角度等。

在 MCGS 组态软件下，转换为多边形状态或旋转多边形状态的方法有两种。可以选择鼠标右键菜单"转换为多边形"菜单项，也可使用工具栏上的 ⬚(转换多边形/旋转多边形状态切换)按钮，如图 2-4-9 所示。

图 2-4-9　多边形状态转换按钮图

其中多边形和折线，本身已经是多边形状态，当单击鼠标右键或使用 ⬚ 按钮时，它只具有旋转多边形状态切换属性。而简单图形或图符，必须转换为多边形后，才可以切换旋转多边形状态。

用户窗口中的多边形，可以在组态下进行旋转。既可以左旋90度、右旋90度、左右镜像、上下镜像，也可以旋转任意角度。

鼠标右键单击多边形或折线，选择"转换为旋转多边形"菜单项，多边形图形进入到旋转状态(或者选择"排列(D) → 旋转(R) → 旋转..."菜单项)，如图2-4-10所示。

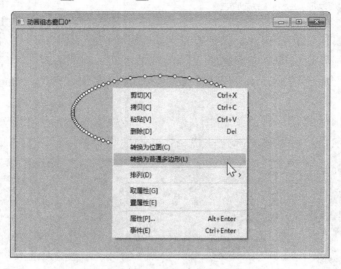

图 2-4-10　转换为旋转多边形操作图

鼠标右键单击简单图形或图符，选择"转换为多边形"菜单项，先把它转换成多边形状态后，如图2-4-11所示，再转换为旋转多边形状态如图2-4-12所示，图中有黄色的菱形旋转圆心。

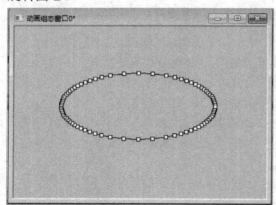

图 2-4-11　多边形状态

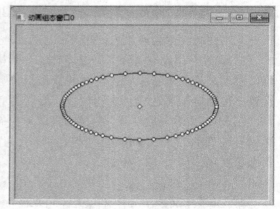

图 2-4-12　旋转多边形状态

处于旋转状态的多边形，可以通过鼠标拖动多边形的手柄实现旋转功能。同时，处于旋转状态的多边形，还将显示出旋转中心的位置(菱形的黄色手柄)，用户可以使用鼠标拖动的方式改变多边形的旋转中心位置。鼠标拖动多边形的手柄，多边形将以菱形的黄色手柄为中心，从菱形黄色手柄到多边形各点为半径，按鼠标拖动方向旋转。

设置成旋转多边形后，再打开多边形的属性设置对话框，可以发现，与其他图形对象相比，多边形或折线构件的属性设置对象框的右下角多了一个旋转动画的选项，如图2-4-13

所示。普通动画属性设置如图 2-4-14 所示。

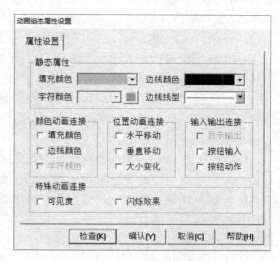

图 2-4-13　旋转动画属性选项　　　　　　图 2-4-14　普通属性选项

选中"旋转动画"，添加旋转动画连接属性，如图 2-4-15 所示。

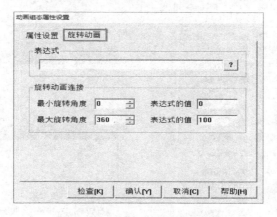

图 2-4-15　旋转动画属性设置图

其中：

・表达式：添加旋转动画连接表达式，其返回值应为一个数值型或开关型类型；

・最小旋转角度及对应表达式的值：顺时针方向上，最小旋转角度及对应表达式的值；

・最大旋转角度及对应表达式的值：顺时针方向上，最大旋转角度及对应表达式的值。

在运行状态下旋转的多边形，多边形各点将以组态环境下设置好的多边形中心为旋转中心，各点到该中心的距离为半径进行顺时针旋转。

(三) 安全机制

MCGS 组态软件提供了一套完善的安全机制，用户能够自由组态控

安全机制

制菜单、按钮和退出系统的操作权限，只允许有操作权限的操作员对某些功能进行操作。MCGS 还提供了工程密码、锁定软件狗、工程运行期限等功能，来保护使用 MCGS 组态软件开发所得的成果，开发者可利用这些功能保护自己的合法权益。

MCGS 系统的操作权限机制和 Windows NT 类似，采用用户组和用户的概念来进行操作权限的控制。在 MCGS 中可以定义多个用户组，每个用户组中可以包含多个用户，同一个用户可以隶属于多个用户组。操作权限的分配是以用户组为单位来进行的，即哪些用户组有权限操作某种功能，而某个用户能否对这个功能进行操作取决于该用户所在的用户组是否具备对应的操作权限。

MCGS 系统按用户组来分配操作权限的机制，使用户能方便地建立各种多层次的安全机制。如实际应用中的安全机制一般要划分为操作员组、技术员组、负责人组。操作员组的成员一般只能进行简单的日常操作；技术员组负责工艺参数等功能的设置；负责人组能对重要的数据进行统计分析。各组的权限各自独立，但某用户可能因工作需要，能进行所有操作，则只需把该用户同时设为隶属于三个用户组即可。

1. 定义用户和用户组

在 MCGS 组态环境中，选取"工具"菜单中的"用户权限管理"菜单项，如图 2-4-16 所示，弹出如图 2-4-17 所示的用户管理器窗口。

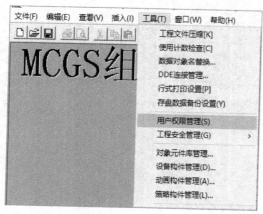

图 2-4-16　用户权限管理菜单

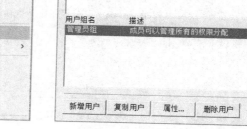

图 2-4-17　用户管理器

在 MCGS 中，固定有一个名为"管理员组"的用户组和一个名为"负责人"的用户，它们的名称不能修改。管理员组中的用户有权利在运行时管理所有的权限分配工作，管理员组的这些特性是由 MCGS 系统决定的，其他所有用户组都没有这些权利。

在用户管理器窗口中，上半部分为已建用户的用户名列表，下半部分为已建用户组的列表。当用鼠标激活用户名列表时，在窗口底部显示的是"新增用户""复制用户""删除用户"等对用户操作的按钮，如图 2-4-17 所示；当用鼠标激活用户组名列表时，在窗口底部显示的是"新增用户组""删除用户组"等对用户组操作的按钮，如图 2-4-18 所示。

单击新增用户按钮，弹出如图 2-4-19 所示的用户属性设置窗口，在该窗口中，用户对应的密码要输入两遍，用户所隶属的用户组在下面的列表框中选择(注意：一个用户可以隶属于多个用户组)。这样可以添加一个新的用户。

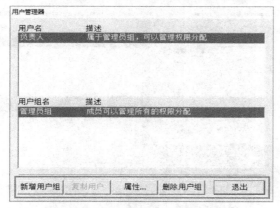

图 2-4-18　用户管理器用户组菜单项

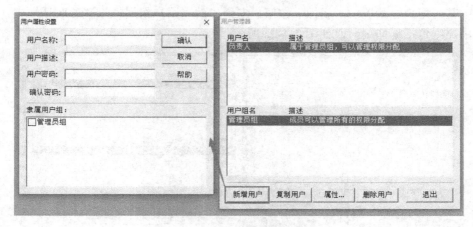

图 2-4-19　用户属性设置窗口

选中一个用户，在用户管理器窗口中单击"属性"按钮或双击该用户时，弹出同样的用户属性设置窗口，如图 2-4-20 所示。可以修改用户密码和所属的用户组，但不能够修改用户名。

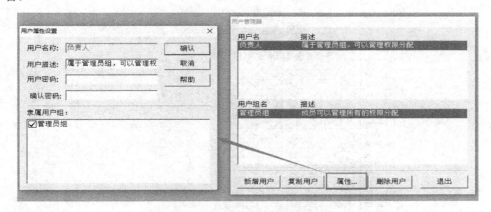

图 2-4-20　同样的用户属性设置窗口

单击新增用户组按钮，可以添加新的用户组，选中一个用户组时，点击属性或双击该用户组，会出现用户组属性设置窗口，如图 2-4-21 所示。

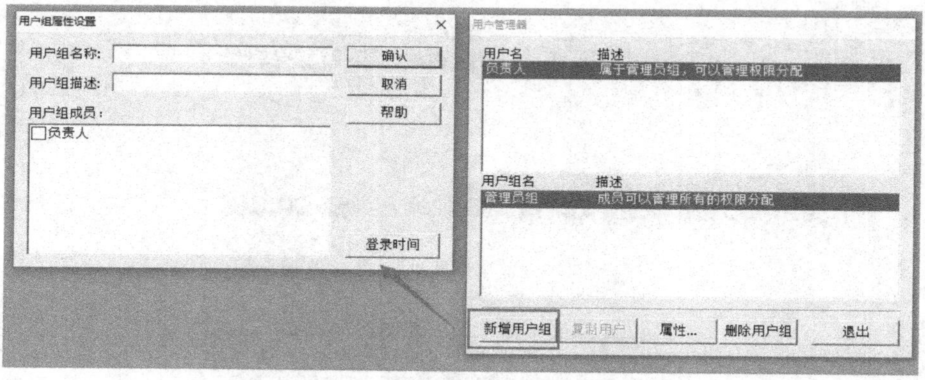

图 2-4-21　新增用户组属性设置窗口

选中某一用户组，单击"属性"按钮，在弹出的"用户组属性设置"对话框中，可以选择该用户组包括哪些用户，如图 2-4-22 所示。

图 2-4-22　用户组属性设置窗口

在"用户组属性设置"窗口中，单击"登录时间"按钮，会出现打开时间设置窗口，如图 2-4-23 所示。

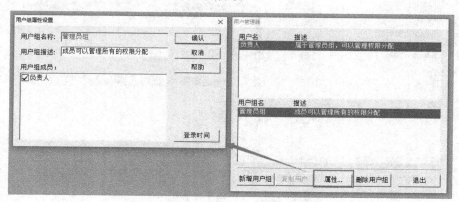

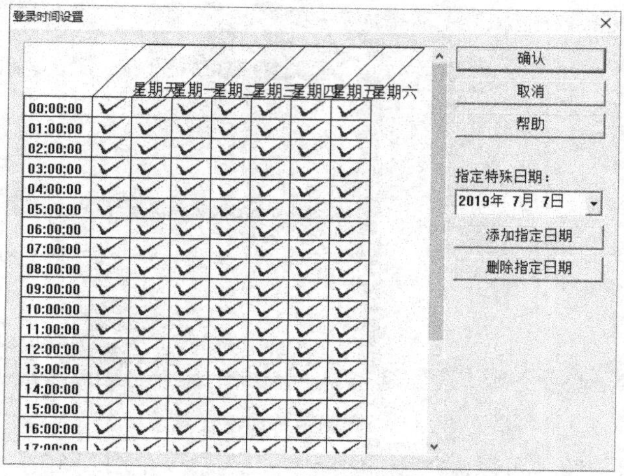

图 2-4-23　用户登录时间设置窗口

MCGS 系统中登录时间设置的最小时间间隔是 1 小时，组态时可以指定某个用户组的系统登录时间，如图 2-4-23 所示，从星期天到星期六，每天 24 小时，指定某用户组在某一小时内是否可以登录系统，就在某一时间段打上"√"，则表示该时间段可以登录，否则该时间段不允许登录系统。同时，MCGS 系统可以指定某个特殊日期的时间段，设置用户组的登录权限，在图 2-4-23 中，"指定特殊日期"选择某年某月某天，单击"添加指定日期"按钮则把选择的日期添加到左边的列表中，然后设置该天的时间段登录权限。

2. 系统权限设置

为了更好地保证工程运行的安全、稳定可靠，防止与工程系统无关的人员进入或退出工程系统，MCGS 系统提供了对工程运行时进入和退出工程的权限管理。

打开 MCGS 组态环境，在 MCGS"主控窗口"页中设置"系统属性"，如图 2-4-24 所示。系统会打开如图 2-4-25 所示的窗口。

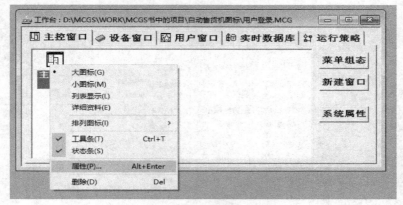

图 2-4-24　系统权限设置操作图

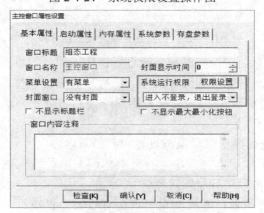

图 2-4-25　主控窗口属性设置图

单击"权限设置"按钮，设置工程系统的运行权限，即设置哪个用户组的用户可以进行系统登录运行。同时设置系统进入和退出时是否需要用户登录，共四种组合："进入不登录，退出登录""进入登录，退出不登录""进入不登录，退出不登录""进入登录，退出登录"。在通常情况下，退出 MCGS 系统时，系统会弹出确认对话框，MCGS 系统提供了两个脚本函数在控制退出时是否需要用户登录和弹出确认对话框——!EnableExitLogon( )

和 !EnableExitPrompt( )，这两个函数的使用说明如下：

!EnableExitLogon(FLAG)：FLAG = 1，工程系统退出时需要用户登录成功后才能退出系统，否则拒绝用户退出的请求；FLAG = 0，退出时不需要用户登录即可退出，此时不管系统是否设置了退出时需要用户登录，均不登录。

!EnableExitPrompt(FLAG)：FLAG = 1，工程系统退出时弹出确认对话框；FLAG = 0，工程系统退出时不弹出确认对话框。

为了使上面两个函数有效，必须在组态时在脚本程序中加上这两个函数，在工程运行时调用一次函数运行。

3. 操作权限设置

MCGS 操作权限的组态非常简单，当对应的动画功能可以设置操作权限时，在属性设置窗口页中都有对应的"权限"按钮，单击该按钮后弹出如图 2-4-26 所示的用户权限设置窗口。

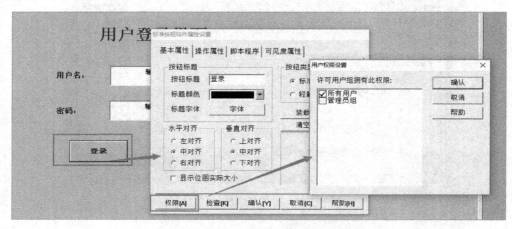

图 2-4-26　控件操作权限设置操作图

作为缺省设置，所有用户能对某项功能进行操作，即：如果不进行权限组态，则权限机制不起作用，所有用户都能对其进行操作。在用户权限设置窗口中，把对应的用户组选中(方框内打勾表示选中)，则该组内的所有用户都能对该项工作进行操作。注意：一个操作权限可以配置多个用户组。

在 MCGS 中，能进行操作权限组态设置的有如下内容：

• 用户菜单：在菜单组态窗口中，打开菜单组态属性页，单击属性页窗口左下角的权限按钮，即可对该菜单项进行权限设置。

• 退出系统：在主控窗口的属性设置页中有权限设置按钮，通过该按钮可进行权限设置。

• 动画组态：在对普通图形对象进行动画组态时，按钮输入和按钮动作两个动画功能可以进行权限设置。运行时，只有有操作权限的用户登录，鼠标在图形对象的上面才变成手状，响应鼠标的按键动作。

• 标准按钮：在属性设置窗口中可以进行权限设置。

• 动画按钮：在属性设置窗口中可以进行权限设置。

- 旋钮输入器：在属性设置窗口中可以进行权限设置。
- 滑动输入器：在属性设置窗口中可以进行权限设置。

4. 运行时改变操作权限

MCGS 的用户操作权限在运行时才体现出来。某个用户在进行操作之前首先要进行用户登录工作，登录成功后该用户才能进行所需的操作，完成操作后退出登录，使操作权限失效。用户登录、退出登录、运行时修改用户密码和用户管理等功能都需要在组态环境中进行一定的组态工作，在脚本程序使用中，MCGS 提供的四个内部函数可以完成上述工作。

1) 用户登录函数——!LogOn()

在脚本程序中执行该函数，弹出如图 2-4-27 所示的 MCGS 用户登录窗口。从用户名下拉框中选取要登录的用户名，在密码输入框中输入用户对应的密码，按回车键或单击确认按钮，如输入正确则登录成功，否则会出现对应的提示信息。单击取消按钮停止登录。

2) 退出登录函数——!LogOff( )

在脚本程序中执行该函数，会弹出如图 2-4-28 所示的提示框，提示是否要退出登录，"是"退出，"否"不退出。

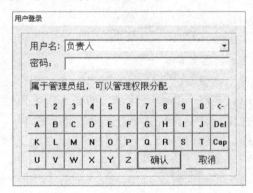

图 2-4-27　用户登录界面图

图 2-4-28　用户注销界面图

3) 修改密码函数——!ChangePassword( )

在脚本程序中执行该函数，会弹出如图 2-4-29 所示的修改密码窗口。先输入旧的密码，再输入两遍新密码，按确认键即可完成当前登录用户的密码修改工作。

图 2-4-29　用户修改密码界面图

4) 用户管理函数——!Editusers( )

在脚本程序中执行该函数,会弹出如图 2-4-30 所示的用户管理器窗口,允许在运行时增加、删除用户或修改用户的密码和所隶属的用户组。注意:只有在当前登录的用户属于管理员组时,本功能才有效。非管理员组的用户运行时不能增加、删除或修改用户组的属性。

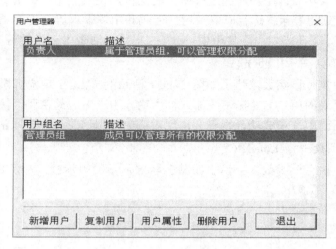

图 2-4-30 用户管理界面图

在实际应用中,当需要进行操作权限控制时,一般都在菜单组态窗口中增加四个菜单项:登录用户、退出登录、修改密码、用户管理。在每个菜单属性窗口的脚本程序属性页中分别输入四个函数:!LogOn()、!LogOff()、!ChangePassword()、!Editusers(),这样运行时就可以通过菜单来进行用户登录等工作。同样,通过对按钮进行组态也可以完成这些登录工作。

此外,系统还提供了一些其他的用户操作函数,如读取当前用户组名函数,读取当前用户名函数等等。

- !GetCurrentGroup()

函数意义:读取当前登录用户的所在用户组名。

返 回 值:字符型,当前登录用户组名,如没有登录返回空。

参   数:无。

实   例:UserGroup=!GetCurrentGroup()

- !GetCurrentUser()

函数意义:读取当前登录用户的用户名。

返 回 值:字符型,当前登录用户的用户名,如没有登录返回空。

参   数:无。

实   例:UserName=!GetCurrentUser()

5. 工程安全管理

使用 MCGS 工具菜单中工程安全管理菜单项的功能可以实现对工程(组态所得的结果)进行各种保护工作。该菜单项包括工程密码设置、锁定软件狗、工程运行期限设置。

1) 工程密码设置

给正在组态或已完成的工程设置密码，可以保护该工程不被其他人打开使用或修改。具体设置如图 2-4-31 所示。当使用 MCGS 来打开这些工程时，首先弹出如图 2-4-32 所示的输入框，要求输入工程的密码，如密码不正确则不能打开该工程，从而起到保护劳动成果的作用。

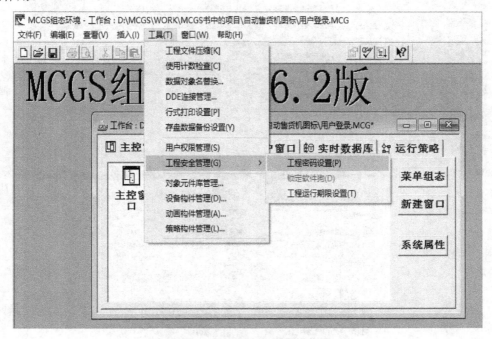

图 2-4-31 工程密码设置操作图

图 2-4-32 修改工程密码界面图

2) 锁定软件狗

锁定软件狗可以把组态好的工程和软件狗锁定在一起，运行时，离开所锁定的软件狗，该工程就不能正常运行。随 MCGS 一起提供的软件狗都有一个唯一的序列号，锁定后的工程在其他任何 MCGS 系统中都无法正常运行，充分保护开发者的权利。

3) 工程运行期限设置

为了方便开发者的利益得到及时的回报，MCGS 提供了设置工程运行期限的功能，具体设置如图 2-4-33 所示。到一定的时间后，如得不到应得的回报，则可通过多级密码控制系统的运行或停止。如图 2-4-34 所示，在工程试用期限设置窗口中最多可以设置四个试用期限，每个期限都有不同的密码和提示信息。

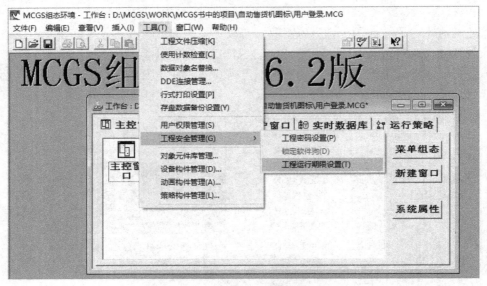

图 2-4-33　工程运行期限设置操作图

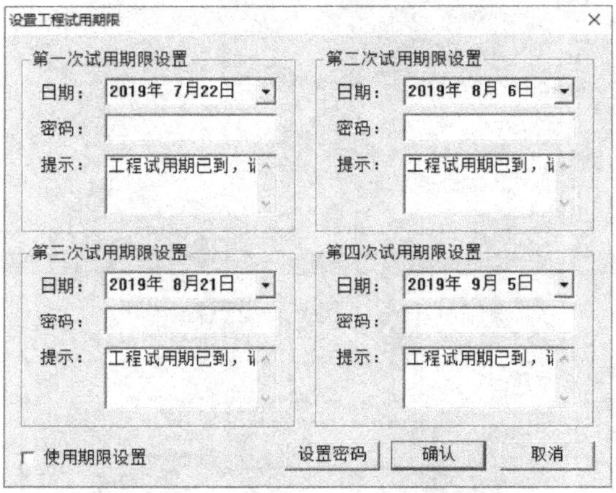

图 2-4-34　设置工程运行期限

　　运行时工作的流程是：当第一次试用期限到达时，弹出显示提示信息的对话框，要求输入密码，如不输入密码或密码输入错误，则以后每小时再弹出一次对话框；如正确输入第一次试用期限的密码，则能正常工作，直到第二次试用期限到达；如直接输入最后期限的密码，则工程解锁，以后永远正常工作。第二次和第三次试用期限到达时的操作相同，但如果密码输入错误，则退出运行。当到达最后试用期限时，如不输入密码或密码错误，则 MCGS 直接终止，退出运行。

　　注意：在运行环境中，直接按快捷键 Ctrl + Alt + P 弹出密码输入窗口，正确输入密码后，可以解锁工程运行期限的限制。

　　MCGS 工程试用期限的限制是和本系统的软件狗配合使用的，简单地改变计算机的时钟改变不了本功能的实现。"设置密码"按钮用来设置进入本窗口的密码。有时候，MCGS 组态环境和工程必须一起交给最终用户，该密码可用来保护本窗口中的设置，却又不影响最终用户使用 MCGS 系统。

（四）系统函数

1. 字符串操作函数

MCGS 系统提供了很多的字符串操作函数，如将各种类型的数据变量转换成字符串类型、查找一字符串在另一字符串中最先出现的位置、比较字符型数据对象 str1 和 str2 是否相等、获得字符型数据对象 str 的字符串长度等多种字符串操作函数。如图 2-4-35 右侧的"字符串操作"集所示。其中使用最多的为比较两个字符串是否相等和获取一个字符串的长度这两个函数。

系统函数——字符串操作函数

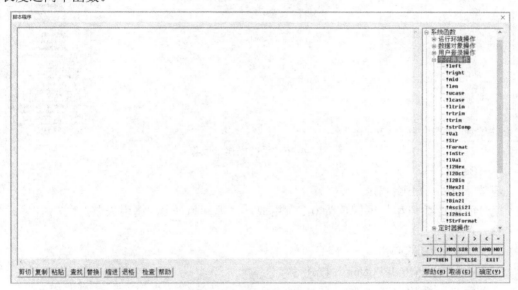

图 2-4-35　字符串操作函数集

- !StrComp(str1, str2)

函数意义：比较字符型数据对象 str1 和 str2 是否相等，返回值为 0 时相等，否则不相等。不区分大小写字母。

返　回　值：数值型。

参　　　数：str1，字符型；str2，字符型。

实　　　例：!StrComp("ABCd", "abcD") = 0

- !Len(Str)

函数意义：求字符型数据对象 str 的字符串长度(字符个数)。

返　回　值：数值型。

参　　　数：str，字符型。

实　　　例：!Len("ABCDEFG") = 7

2. 系统操作函数

MCGS 系统函数中也包括了一些系统操作函数。系统操作函数提供了系统功能，包括播放声音、启动程序、暂停脚本运行、发出按键信息

系统函数——系统操作函数

等。如图 2-4-36 右侧的"系统操作"集所示。其中常用的函数有：蜂鸣器发声函数、播放声音函数、修改系统时间函数、等待脚本运行函数。

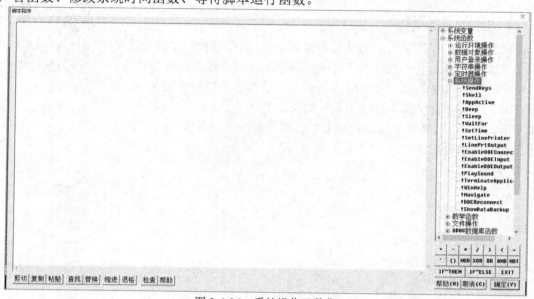

图 2-4-36　系统操作函数集

- !Beep()

函数意义：发出嗡鸣声。

返 回 值：数值型。返回值为 0，调用成功；返回值非 0，调用失败。

参　　数：无。

实　　例：!Beep()

- !PlaySound(SndFileName, Op)

函数意义：播放声音文件。

返 回 值：数值型。返回值为 0，调用成功；返回值非 0，调用失败。

参　　数：SndFileName，字符型，声音文件的名字。

　　　　　Op，开关型。

　　　　　= 0：停止播放。

　　　　　= 1：同步播放，播放完毕后再返回(在播放完成之前不能进行其他的操作)。

　　　　　= 2：播放一遍，启动播放，立即返回。

　　　　　= 3：循环播放，启动循环播放后立即返回。

实　　例：!PlaySound("c:\ring.wav", 2)，播放声音文件。注：只支持 WAV 格式音乐文件。

- !SetTime(n1, n2, n3, n4, n5, n6)

函数意义：设置当前系统时间。

返 回 值：数值型。返回值为 0，调用成功；返回值非 0，调用失败。

参　　数：n1，数值型，设定年数，小于 1000 和大于 9999 时不变；

　　　　　n2，数值型，设定月数，大于 12 和小于 1 时不变；

　　　　　n3，数值型，设定天数，大于 31 和小于 1 时不变；

n4，数值型，设定小时数，大于 23 和小于 0 时不变；

n5，数值型，设定分钟数，大于 59 和小于 0 时不变；

n6，数值型，设定秒数，大于 59 和小于 0 时不变。

实　　例：!SetTime(2000, 1, 1, 1, 1, 1)，设置当前系统时间为 2000 年 1 月 1 日 1 时 1 分 1 秒。

- !Sleep(mTime)

函数意义：在脚本程序中等待 mTime 毫秒，然后再执行下条语句。只能在策略中使用，否则会造成系统响应缓慢。

返 回 值：数值型。返回值为 0，调用成功；返回值非 0，调用失败。

参　　数：mTime，数值型，要等待的毫秒数。

实　　例：!Sleep(10)

- !WaitFor (Dat1, Dat2)

函数意义：在脚本程序中等待设置的条件满足，脚本程序再向下执行。只能在策略中使用，否则造成系统响应缓慢。

返 回 值：数值型。返回值为 0，调用成功；返回值非 0，调用失败。

参　　数：Dat1，数值型，条件表达式，如 D = 15。

　　　　　　Dat2，数值型，等待条件满足的超时时间，单位：ms。为 0 则无限等待。

实　　例：! WaitFor(D = 15, 12000)，等变量 D 的值等于 15 后，程序再继续执行，如果在 12 秒后条件仍然没有满足，也自动继续执行。此函数通常用于做实验时，等待某个条件满足，然后再接着执行实验流程。它与 Sleep 函数以及 While 循环语句、其他循环策略配合，能够实现复杂的流程调度。

四、任务实施

(一) 建立工程

双击"组态环境"快捷图标 ，打开 MCGS 组态软件，然后按如下步骤建立工程。

1. 新建工程

选择"文件"菜单中的"新建工程"命令，弹出"新建工程"对话框，如图 2-4-37 所示。

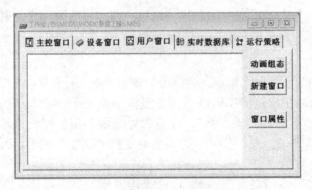

图 2-4-37　"新建工程设置"对话框图

任务实施

2. 保存工程

选择"文件"菜单中的"工程另存为"命令，弹出"文件保存"窗口，在文件名一栏内输入"日历时间显示系统"，单击"保存"按钮，完成工程创建。

(二) 窗口组态

1. 新建窗口

在工作台中选择"用户窗口"，单击"新建窗口"按钮，新建一个用户窗口，右键选中该窗口，在弹出的菜单中选择"属性"，在"基本属性"页面中，将"窗口名称""窗口标题"都改成"日历时间显示系统"。"窗口位置"设置成"最大化显示"，"窗口边界"设置成"可变边"。具体设置可参考图 2-4-38。单击"确定"按钮，完成用户窗口属性设置。

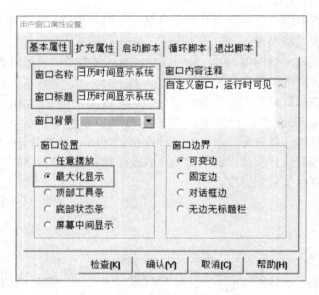

图 2-4-38　窗口属性设置对话框

2. 设置启动窗口

在工作台中的"用户窗口"中，再次右键选择该窗口，在弹出的菜单中选择"设置为启动窗口"。这样系统在启动的时候，该窗口会自动运行。

3. 绘制标题标签

鼠标左键双击"日历时间显示系统"窗口，进行用户窗口组态，打开工具箱，单击"标签"构件，鼠标变成"+"形，在窗口的编辑区按住左键拖动出一个一定大小的文本框。然后在该文本框内输入文字"日历时间显示器"，在空白处左键单击鼠标结束输入。文字输入完成后，通过鼠标右键单击该标签，在弹出的菜单中选择"属性"菜单，修改该标签的文字属性。在"属性设置"对话框中，将"边线颜色"选择成"无边线颜色"。选择"字符颜色"将其修改为蓝色，然后点击边上的"", 修改其字号大小，将其改成 60，其余保持默认设置。具体设置如图 2-4-39 所示。

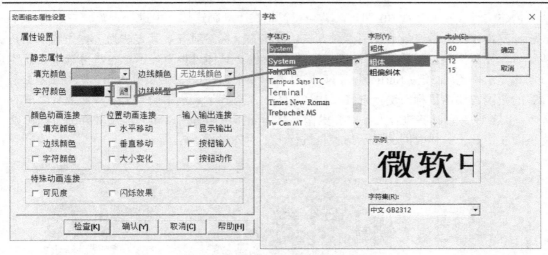

图 2-4-39 标题标签属性组态设计图

4. 绘制数字日期、时间显示标签

由于要显示的信息有部分内容是会有变化的,有部分内容是不变的,所以在设计的过程中,可以将不会变化的信息设置成一个标签。会变化的部分单独设置成另外的标签。单击工具箱中的"标签"构件,鼠标变成"+"形,在窗口的编辑区按住左键拖动出一个一定大小的文本框。然后在该文本框内输入文字"   年   月   日"。在年前面需要空出至少 4 个字符宽度的空间留给具体的年份显示使用。在后续设计中,可以在该空白处继续添加一个标签,该标签的内容会根据某个变量的值,自动显示不一样的信息。同样在月日前也分别空出 2 个字符宽度的空间留给具体的月份和日期显示使用。然后修改这标签的文字"属性"设置,将其字号大小设置成 30,将"边线颜色"选择成"无边线颜色",其余保持默认设置。用同样的方法完成"   时   分   秒"标签的绘制工作。完成后的效果如图 2-4-40 所示。至此完成了数字显示的日期、时间固定显示部分标签的绘制工作。

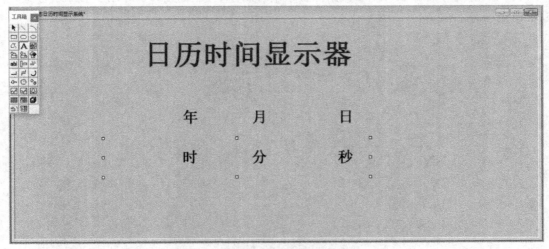

图 2-4-40 显示标签组态设计图

然后在年月日、时分秒空白的字符区间再绘制 6 个"标签"显示构件。其"属性"设

置只需将字号大小修改成 30 即可，其余设置将在"动画连接"中进行设置。完成这 6 个显示标签构件绘制后，最后使用"对齐"功能将 6 个标签对齐。其方法为：首先选中"具体年份"显示标签，然后按住 Shift 键，继续选中"具体月份"显示标签，再选中"具体日期"显示标签(即按住 Shift 键，可以同时选中多个构件)。然后松开 Shift 键，在这 3 个标签的范围内单击鼠标右键，选择"排列"下的"对齐"菜单中的"上对齐"或者"下对齐"，将这个 3 个标签进行上下对齐操作。具体操作可参考图 2-4-41。用同样的方法可以将下面 3 个显示具体时间的显示标签也进行上下对齐操作。

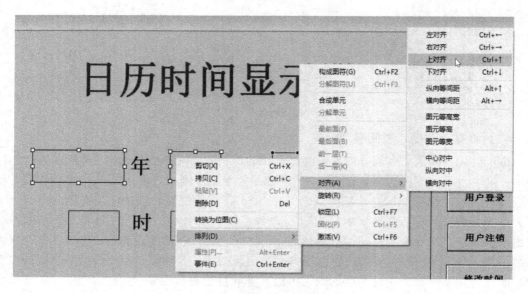

图 2-4-41　显示标签对齐操作图

5. 绘制用户名显示标签

使用上述同样的方法，在右上角位置绘制"用户名："标签和实际用户名显示标签。实际组态效果如图 2-4-42 所示。

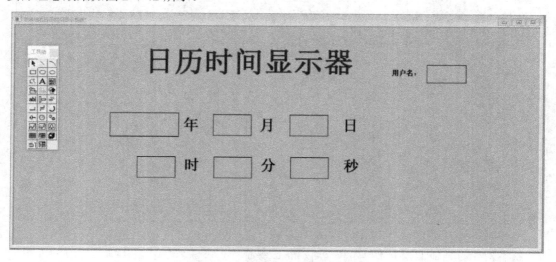

图 2-4-42　用户名显示组态设计图

6. 绘制操作区

单击工具箱中的"标准按钮"构件 ⌐，在主窗口的右侧区域绘制一个按钮，将"按钮标题"修改为"数字时钟显示"，其余属性先保持不变，在后续"动画连接"中进行详细设置。用同样的方法再绘制 5 个按钮，其标题分别为："数字时钟显示""模拟时钟显示""用户登录""用户注销""修改时间"。按钮绘制完成后，再使用"对齐"功能将其左右对齐。完成后的效果如图 2-4-43 所示。然后在这些按钮的外面绘制一个"圆角矩形"将这些按钮框住，以便形成操作区，如图 2-4-44 所示。但是由于按钮先绘制，圆角矩形后绘制，所以圆角矩形会在上层覆盖住原先绘制的按钮，从而导致用户看不见按钮，所以需要将圆角矩形通过单击鼠标右键，选择"排列"工具下的"最后面"菜单，将圆角矩形放到最下面的图层，以便按钮显示，操作可参考图 2-4-45。最后在圆角矩形的左上角绘制一个标签，标签名称为"操作区"。将其"属性"中的"字符颜色"设置成红色，字号大小设置成 20，"边线颜色"选择成"无边线颜色"。完成后的组态效果如图 2-4-46 所示。

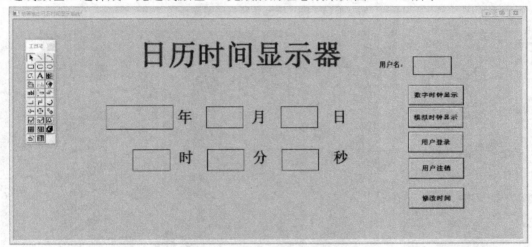

图 2-4-43 操作区按钮组态设计图

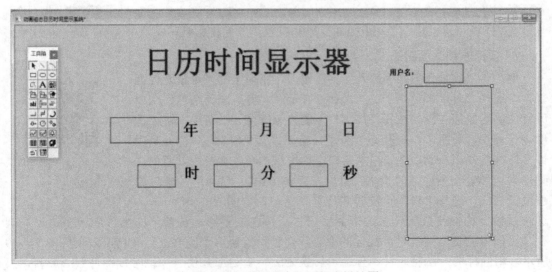

图 2-4-44 操作区圆角矩形组态设计图

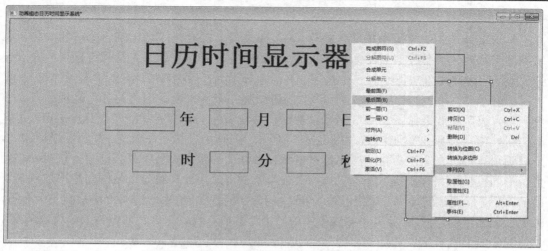

图 2-4-45　操作区圆角矩形图层操作图

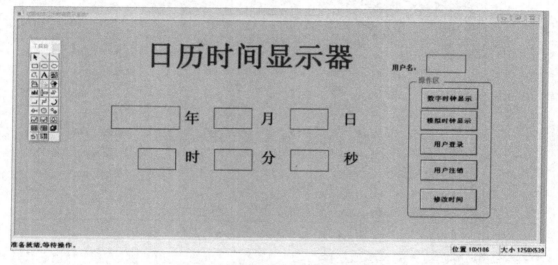

图 2-4-46　操作区圆角矩形完成效果图

7. 模拟时钟画面组态

单击"工具箱"中的"插入元件"按钮，在弹出的"对象元件列表"中选择"时钟"目录下的"时钟 3"元件。将其拖到主窗口空白区域，单击鼠标右键，选择"排列"下的"分解单元"菜单，将该构件进行分解，如图 2-4-47 所示。分解后可以发现"时钟 3"构件是由许多标准构件组合而成的。在主窗口空白区域内单击鼠标，以便使这些标准构件处于不选中的状态。鼠标左键单击选中"秒针"，然后单击鼠标右键，选择"转换为旋转多边形"菜单，如图 2-4-48 所示。

模拟时钟
旋转动画

这时候秒针构件变成旋转多边形并多出一个黄色的菱形，该菱形即为该旋转多边形的圆心。将该黄色菱形拖到时钟构件的中心，使秒针能绕这个圆心进行旋转，效果如图 2-4-49 所示。用同样的方法将时针、分针也转换为旋转多边形并使其围绕时钟构件圆心旋转，其中时针的具体操作如图 2-4-50 和图 2-4-51 所示。至此该项目的主画面组态过程已经完成，单击"保存"按钮，将画面的组态信息进行保存并关闭画面。接下来将进行子画面的组态工作。

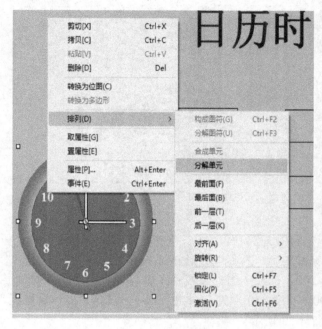

图 2-4-47 模拟时钟构件操作图

图 2-4-48 秒针操作图

图 2-4-49 秒针转换为
旋转多边形

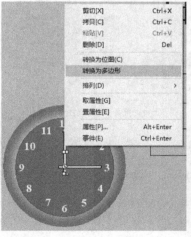

图 2-4-50 时针操作图

图 2-4-51 时针转换为旋转多边形

8. 子画面组态

单击"修改时间"按钮后，会弹出一个子窗口画面，在子窗口中需显示当前的系统时间，并可以对所显示的年月日、时分秒信息进行输入修改。按"确定"按钮将对系统时间进行修改，如果按"取消"按钮则不进行时间的修改。所以在子窗口中需设计 6 个

"输入框"、2 个"标准按钮"和 3 个提示显示"标签"。完成后的组态效果图如图 2-4-52 所示。

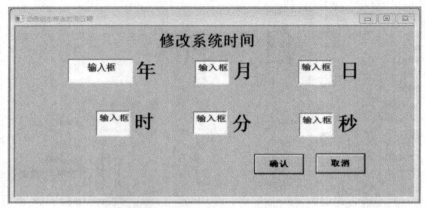

图 2-4-52　子画面窗口完成组态效果图

1) 子窗口属性设置

由于子窗口不需要很大，所以在设置用户窗口时，需在"用户窗口属性设置"的"基本属性"中，更改窗口名称为：修改系统时间，标题为：修改系统时间。在"扩充属性"页中设置窗口坐标为左边 240、顶边 200，即让子窗口显示在主窗口原来数字日期时钟显示的区域。整窗口大小设置为宽度 700、高度 350。"窗口外观"项中，选定"显示标题栏""显示控制框"两项。属性设置如图 2-4-53 所示。

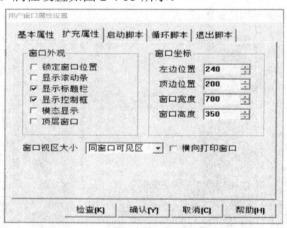

图 2-4-53　子窗口属性组态设置图

2) 子窗口画面组态

首先设计子窗口画面中的标签。其中有些标签的内容是不变的，有些是会变化的。所以可以先和主窗口一样在子窗口中设计 3 个固定的标签，其内容分别为："　　年　月　日""　时　分　秒"和"修改系统时间"。其中年月日和时分秒可以从主窗口中复制粘贴过来。"修改系统时间"标签的"属性"，将字号大小设置成 30，"边线颜色"选择成"无边线颜色"，"字符颜色"设置成"紫色"。组态完成后的画面如图 2-4-54 所示。

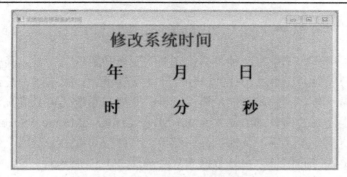

图 2-4-54 子窗口画面标签组态设计图

　　然后设计输入框。单击工具箱中"输入框"构件 **ab|**，在"年"标签前面的区域内绘制一个输入框，用于输入想要设定的年份信息。在其"属性"设置中，只需将"字符颜色"设置成紫色，其余在"动画连接"中进行设置。在月、日、时、分、秒前也各绘制一个输入框，分别用于对应信息的输入操作，然后用"对齐"操作将这 6 个输入框进行上下对齐。最终效果如图 2-4-55 所示。

图 2-4-55 子窗口显示标签组态设计图

　　最后绘制标准按钮。在子窗口中需绘制 2 个按钮——确认与取消。按"确认"按钮可以将输入的日期时间信息更改到 Windows 系统中并关闭子窗口。"取消"按钮则直接关闭该子窗口。完成后的组态效果如图 2-4-56 所示。至此该项目的子画面组态过程已经完成，单击"保存"按钮，将子窗口的画面组态信息进行保存并关闭画面。

图 2-4-56 子窗口按钮组态设计图

(三) 建立实时数据库

本例中需要使用到的变量有两种类型：开关型变量和数值型变量。其中数值型变量分别为：年份、月份、日期、小时、分钟、秒。开关型变量为：模拟时钟是否显示变量。该变量用于判断是显示数字时钟还是显示模拟时钟，即用在系统的可见度设置上。另外还需要使用系统已经定义好的变量：$Year, $Month, $Day, $Hour, $Minute, $Second, $UserName，其中前 6 个为数值型变量，后 1 个为字符型变量，字符型变量主要是用于判断当前登录的用户是否有权限更改时间信息。实时数据库规划如图 2-4-57 所示。

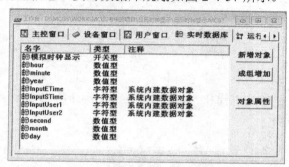

图 2-4-57　实时数据组态设计图

(四) 动画连接

前面组态设计的画面没有进行动画属性设置，所以系统运行起来后没有任何动画显示，接下来对画面进行动画操作属性的设置。让系统设计的画面能正确地进行动画显示。

1. 主窗口数字日期、时间显示动画设置

鼠标右键单击"具体年份"显示标签，如图 2-4-58 所示。

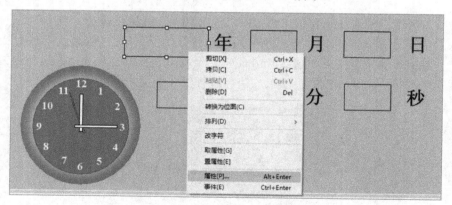

图 2-4-58　年份标签属性设置操作图

在弹出的菜单中选择"属性"菜单。弹出如图 2-4-59 所示的"动画组态属性设置"对话框，在"输入输出连接"框中选择"显示输出"。然后在"显示输出"页中点击"?"，如图 2-4-60 所示，在弹出的变量选择中先点击"内部对象"，将系统的内部变量显示出来。本标签需要显示的是年份信息，所以选择"$Year"系统变量。由于"$Year"系统变量是

一个数值型变量，所以在"输出值类型"中也应选择"数值量输出"。这样设置后，该显示标签将自动读取系统的年份信息并以数值量的形式进行显示输出。

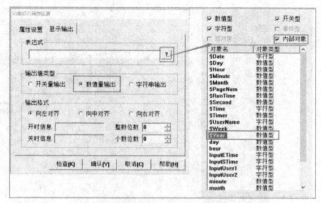

图 2-4-59　年份标签基本属性设置图　　　　　图 2-4-60　年份标签显示输出属性设置图

用同样的方法对具体月份、具体日期显示标签和小时显示标签、分钟显示标签、秒钟显示标签进行设置。对应的"内部变量"分别为：$Month，$Day，$Hour，$Minute，$Second。其中月份显示输出设置如图 2-4-61 所示，日期显示输出设置如图 2-4-62 所示。

图 2-4-61　月份显示输出属性设置图　　　　　图 2-4-62　日期显示输出属性设置图

2. 主窗口数字日期、时间可见度动画设置

当用户按下模拟时钟显示时，所有的数字日期和时间信息应该看不见，而模拟时钟应该显示出来。所以需要对这几个构件设置可见度动画。鼠标单击 "具体年份"显示标签构件，点击右键弹出菜单，选择"属性"菜单项。在弹出的"动画组态属性设置"对话框的"特殊动画连接"框中选择"可见度"，如图 2-4-63 所示。然后在"可见度"页的"表达式"中选择"？"，在弹出的实时数据库中选择"模拟时钟显示"变量，如图 2-4-64 所示。在"当表达式非零时"选择框中选择"对应图符不可见"。这样当"模拟时钟显示"变量为 1 时，数字显示的具体年份显示标签将不可见，当"模拟时钟显示"变量为 0 时，该标签将可见。"模拟时钟显示"变量的初始值为 0，所以初始时数字时钟信息是可见的。

用同样的方法将所有数字型显示的日期、时间显示标签构件的可见度都设置成"模拟时钟显示"变量为非零时，对应图符不可见。

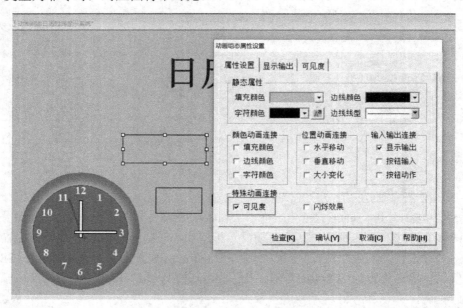

图 2-4-63　数字年份显示标签可见度设置操作图

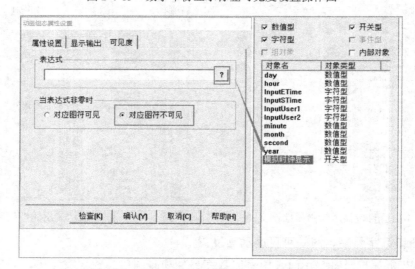

图 2-4-64　数字年份显示标签可见度属性设置图

3. 模拟时钟构件动画组态设置

在模拟时钟构件中，除了需要对时针、分针、秒针的旋转动画进行组态设计，还需要对整个模拟时钟构件的可见度进行设计。首先进行旋转动画设计，单击鼠标右键选中时针，在弹出的菜单中选中"属性"菜单，弹出"动画组态属性设置"对话框，在"特殊动画连接"中选中"旋转动画"，如图 2-4-65 所示。然后在"旋转动画"标签页点击"？"，在弹出的实时数据库中选择"$Hour"内部变量，如图 2-4-66 所示。在"旋转动画连接"中"最小旋转角度 0"对应到"表达式的值 0","最大旋转角度 360"对应到"表达式的值 12"。因为时针的旋转角度始终是 0~360 度。当$Hour 变量为 0~12 时，时针的旋转角度为 0~360 度。当 $Hour 变量超出 12 时($Hour 变量的范围为 0~24)，表达式将根据 $Hour 的变量值自动调整到 0~12 之间，即表达式=$Hour−12*倍数。$Hour 变量为 13~24 时，其对应旋转的角度也是 0~360 度。

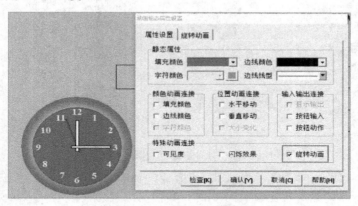

图 2-4-65 时针旋转动画属性操作图

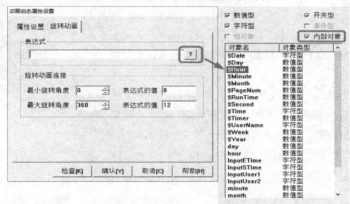

图 2-4-66 时针旋转动画属性设置图

用同样的方法设置分针和秒针。具体设置见图 2-4-67 和图 2-4-68 所示。

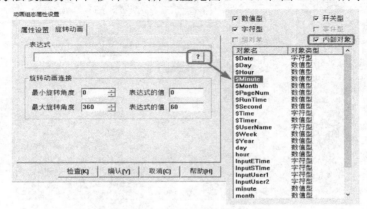

图 2-4-67 分针旋转动画属性设置图

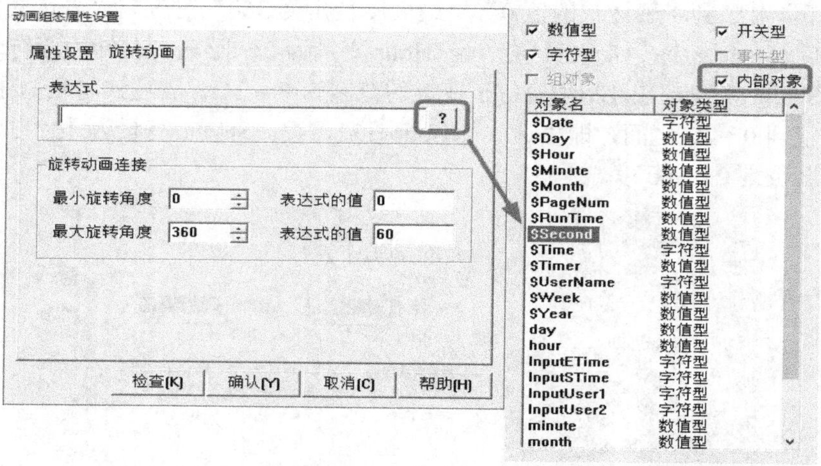

图 2-4-68　秒针旋转动画属性设置图

　　然后将时针、分针、秒针都转到 12 点位置作为初始位置，如图 2-4-69 所示。即当对应变量值为 0 时，其指向位置为该初始位置。只有这样，当 $Hour 变量值为 0 时，时针指向 12 点位置，$Hour 变量值为 1 时，时针指向 1 点位置。同样当 $Minute 变量值为 0 时，分针指向 0 分，$Minute 变量值为 1 时，分针指向 1 分钟位置。秒针位置也与 $Second 变量值一一对应。

图 2-4-69　模拟时钟旋转动画
初始位置设置图

　　最后将所有模拟时钟的标准构件重新组合成"合成单元"。其方法为：鼠标左键框选所有模拟时钟的标准构件，然后点击鼠标右键，选择"排列"下的"合成单元"，如图 2-4-70 所示。这样就重新将模拟时钟的所有标准构件合成了一个组合单元。然后将该组合单元拖动到数字时钟的后面，如图 2-4-71 所示。

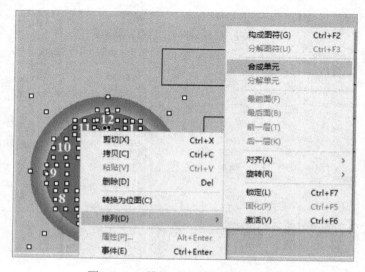

图 2-4-70　模拟时钟合成单元操作图

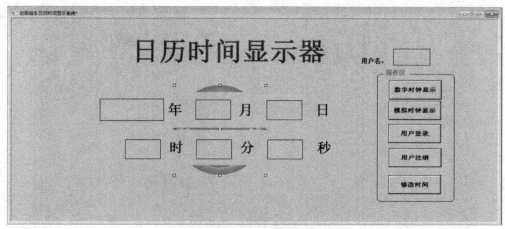

图 2-4-71　模拟时钟位置放置组态图

4. 模拟时钟构件可见度组态设置

　　合成一个组合单元后，其"属性"中没有"可见度"等属性设置，所以整个模拟时钟组合单元的可见度设置不能采用和数字时钟的可见度设置一样的方法。本例中采用将模拟时钟组合单元放置到最后层，然后绘制一个比模拟时钟稍微大一点的矩形将其盖住。当"模拟时钟显示"变量值为 0 时，该矩形可见，将模拟时钟组合单元遮挡住，而不会出现上图中数字时钟后面还有部分模拟时钟内容可见的现象。当"模拟时钟显示"变量值为 1 时，该矩形不可见。从而使"模拟时钟显示"变量值为 1 时，只有模拟时钟组合构件显示，其他数字时钟标签和矩形都不可见。其方法为：单击"工具箱"中的"矩形"构件，在模拟时钟上方绘制一个矩形。将其"属性"设置成"无边线颜色"，在"可见度"中设置"模拟时钟显示"变量为非零时，对应图符不可见，如图 2-4-72 所示。然后拖动该矩形构件到模拟时钟的上方，再将其排列到最后一层，如图 2-4-73 所示。最后重新选中模拟时钟组合单元，将其排列到最后一层。

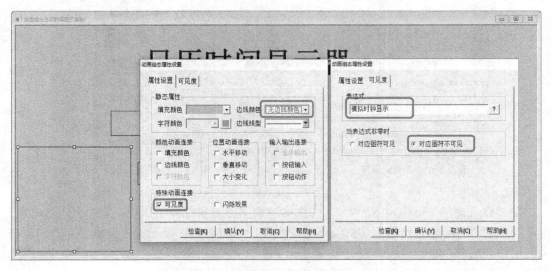

图 2-4-72　矩形可见度属性设置图

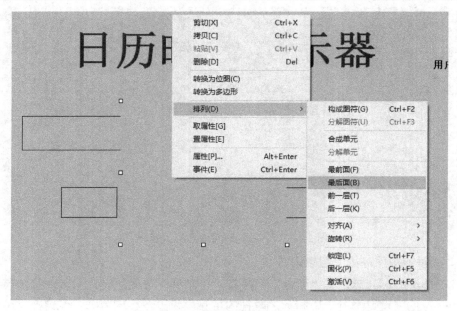

图 2-4-73　矩形图层设置图

5. 用户名显示标签组态设置

鼠标双击选中用户名显示标签，弹出"属性"设置对话框，勾选"显示输出"按钮，如图 2-4-74 所示。

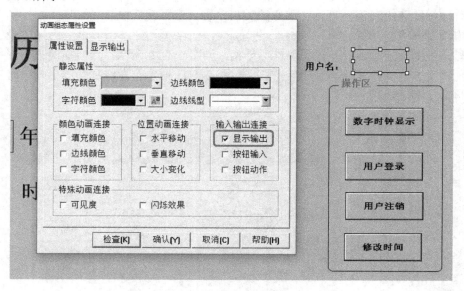

图 2-4-74　用户名显示输出属性操作图

在"显示输出"页中点击"？"，弹出实时数据库对象选择对话框，勾选"内部对象"将系统变量进行显示，然后选中$UserName 变量，如图 2-4-75 所示。该变量保存着当前登录的用户名信息。由于 $UserName 变量是一个字符型变量，所以在"显示输出"页中将"输出值类型"选成"字符串输出"，"输出格式"选成"向中对齐"。

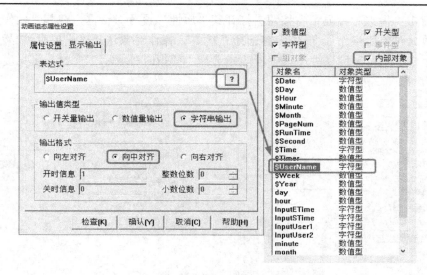

图 2-4-75 用户名显示输出属性设置图

6. "数字时钟显示"标准按钮组态设置

"数字时钟显示"标准按钮的主要功能是将数字时钟进行显示,即将"模拟时钟显示"变量值清零。同时当数字时钟显示时("模拟时钟显示"变量值为 0),其可见度应该为不可见。模拟时钟显示时("模拟时钟显示"变量值为1),其可见度为可见。

鼠标双击"数字时钟显示"按钮,打开其"属性"设置对话框,在其"操作属性"页中勾选"数据对象值操作"。操作内容选择"清0",操作对象选择"模拟时钟显示",如图2-4-76 所示。在"可见度属性"页中表达式选择"模拟时钟显示"变量,可见度选择"按钮可见",如图 2-4-77 所示。

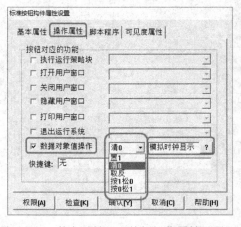

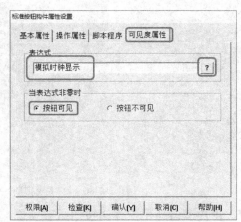

图 2-4-76 数字时钟显示按钮操作属性设置　　图 2-4-77 数字时钟显示按钮可见度属性设置

7. "模拟时钟显示"标准按钮组态设置

"模拟时钟显示"标准按钮的主要功能和"数字时钟显示"按钮的功能类似,主要是将"模拟时钟显示"变量值置 1。同时当数字时钟显示时("模拟时钟显示"变量值为 0),其可见度应该为可见。模拟时钟显示时("模拟时钟显示"变量值为1),其可见度为不可见。

鼠标双击"模拟时钟显示"按钮，打开其"属性"设置对话框，在其"操作属性"页中勾选"数据对象值操作"。操作内容选择"置1"，操作对象选择"模拟时钟显示"，如图2-4-78所示。在"可见度属性"页中表达式选择"模拟时钟显示"变量，可见度选择"按钮不可见"，见图2-4-79所示。

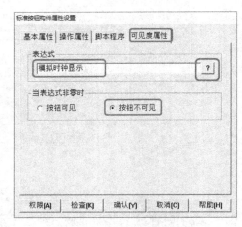

图 2-4-78　模拟时钟显示按钮操作属性设置　　　图 2-4-79　模拟时钟显示按钮可见度属性设置

这样的可见度设置后，"数字时钟显示"和"模拟时钟显示"两个标准按钮在同一时刻只有一个按钮会显示出来。所以将这两个按钮同时选中，然后将其进行"中心对齐"操作，将两个按钮重叠在一起。完成后的组态效果如图2-4-80所示。

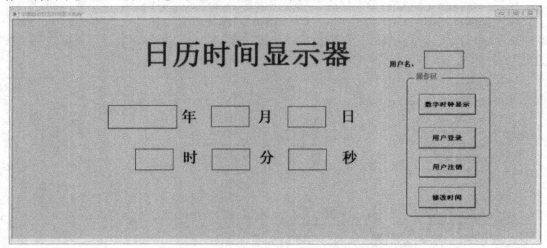

图 2-4-80　数字模拟时钟显示按钮重叠组态设计图

8. 用户登录与用户注销按钮组态设置

用户登录按钮的主要功能是提供一个用户登录的界面。用户注销按钮则将当前登录的用户进行注销操作。

用户登录可以用系统提供的标准用户登录界面进行操作。鼠标双击用户登录按钮，弹出其"属性"设置对话框，点击"脚本程序"页中的"打开脚本程序编辑器"，如图2-4-81所示。

图 2-4-81 打开脚本程序编辑器操作图

在打开的脚本程序编辑器中选中右侧"系统函数"前面的"+"，将所有系统函数显示出来。然后再双击"用户登录操作"目录下的"!LogOn( )"函数，将其插入到脚本程序编辑器内，具体操作如图 2-4-82 所示。

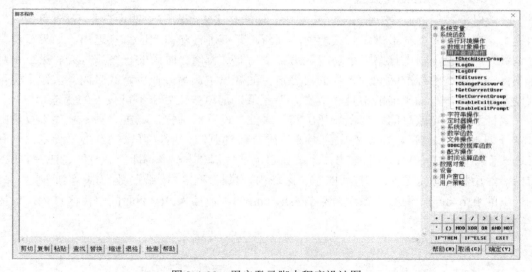

图 2-4-82 用户登录脚本程序设计图

这样当用户单击"用户登录"按钮即会弹出系统提供的标准用户登录框，如图 2-4-83 所示。

图 2-4-83 用户登录显示界面图

用同样的方法完成用户注销标准按钮的脚本程序设计。用户注销的脚本为：!LogOff( )，如图 2-4-84 所示。这样当用户单击"用户注销"按钮即会弹出系统提供的标准用户注销显示框，如图 2-4-85 所示。

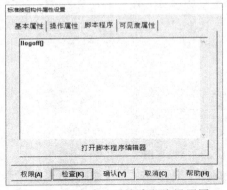

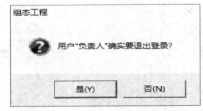

图 2-4-84　用户注销脚本程序设置图　　　　　图 2-4-85　用户注销显示界面图

9. 修改时间按钮组态设置

修改时间按钮的主要功能有 3 个。第一个功能是比较当前登录的用户是不是"负责人"，如果不是"负责人"则不进行后续功能的判断，即不进行任何响应直接退出。如果目前是"负责人"登录，则进行第二个功能。第二个功能是将修改时间的子窗口打开。第三个功能是将当前系统的标准时间读入我们自己定义的变量中。另外在"修改时间"按钮上也可以设置权限操作，如果当前不是"负责人"登录，则该按钮处于不可按下的状态。

鼠标双击"修改时间"按钮，弹出其"属性"设置对话框，点击"脚本程序"页中的"打开脚本程序编辑器"。本例中因为要先进行条件判断，所以可以先点击"脚本语句和表达式"中的"IF～THEN"结构，系统会自动在"脚本程序编辑区"中插入 IF～THEN 结构，然后将光标定位到在 IF 后的空白区域内，鼠标双击"系统函数"中"字符串操作"目录下的 !strComp( )函数。系统自动将 !strComp( )函数插入 IF 后面的空白区域内，如图 2-4-86 所示。

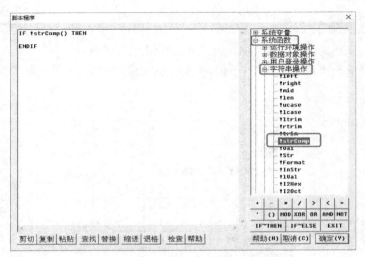

图 2-4-86　字符串比较函数选择操作图

　　!strComp( )函数的作用是比较两个字符串是否相等，如果相等则返回 0，如果不相等则返回 1。本例中需要将当前用户名和"负责人"进行比较。如果两个字符串是相等的则执行 IF 后的语句。获得当前登录的用户名可以用系统变量 $UserName，也可以用系统函数 !GetCurrentUser( )来获得，如图 2-4-87 所示。

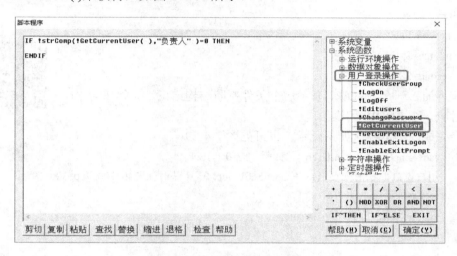

图 2-4-87　字符串比较函数脚本程序设计图

　　如果"!strComp(!GetCurrentUser( ),"负责人") = 0"，那么表示当前的用户名为负责人，则可以将修改系统时间的子窗口打开。将光标定位到 THEN 的下一行，鼠标双击"用户窗口"下的"日历时间显示系统"目录下的"OpenSubWnd"函数，并填入相应参数，如图 2-4-88 所示。OpenSubWnd 函数的完整脚本为：

　　用户窗口.日历时间显示系统.OpenSubWnd(修改系统时间, 240, 200, 700, 300, 19)

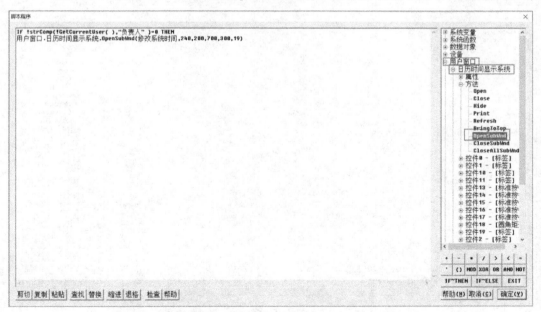

图 2-4-88　打开用户窗口脚本程序设计图

在该行后，脚本程序将实现第三个功能，即将当前系统的日期时间信息读入到我们自己定义对应变量中，用于子窗口日期时间的显示。

> year=$year
>
> month=$Month
>
> day=$Day
>
> hour=$Hour
>
> minute=$Minute
>
> second=$Second

最后再加入一个 ENDIF，表示这个条件判断结构结束。每个 IF 结构都需要对应一个 ENDIF 用来结尾。

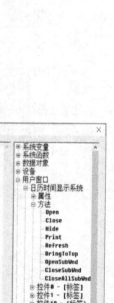

修改时间
按钮脚本图

最终完成的脚本程序如下所示，也可见图 2-4-89。

> IF !strComp(!GetCurrentUser( ), "负责人")=0 THEN
>
> 　　用户窗口.日历时间显示系统.OpenSubWnd(修改系统时间, 240, 200, 700, 300, 19)
>
> 　　year=$year
>
> 　　month=$Month
>
> 　　day=$Day
>
> 　　hour=$Hour
>
> 　　minute=$Minute
>
> 　　second=$Second
>
> ENDIF

```
脚本程序                                                                    ×

IF !strComp(!GetCurrentUser( ),"负责人" )=0 THEN            ⊕ 系统变量
用户窗口.日历时间显示系统.OpenSubWnd(修改系统时间,240,200,700,300,19)   ⊕ 系统函数
year=$year                                                  ⊕ 数据对象
month=$Month                                                ⊕ 设备
day=$Day                                                    ⊟ 用户窗口
hour=$Hour                                                    ⊟ 日历时间显示系统
minute=$Minute                                                  ⊟ 属性
second=$Second                                                  ⊟ 方法
ENDIF                                                              Open
                                                                  Close
                                                                  Hide
                                                                  Print
                                                                  Refresh
                                                                  BringToTop
                                                                  OpenSubWnd
                                                                  CloseSubWnd
                                                                  CloseAllSubWnd
                                                               ⊕ 控件0 - [标签]
                                                               ⊕ 控件1 - [标签]
                                                               ⊕ 控件10 - [标签]
                                                               ⊕ 控件11 - [标签]
                                                               ⊕ 控件13 - [标准按
                                                               ⊕ 控件14 - [标准按
                                                               ⊕ 控件15 - [标准按
                                                               ⊕ 控件16 - [标准按
                                                               ⊕ 控件17 - [标准按
                                                               ⊕ 控件18 - [圆角矩
                                                               ⊕ 控件19 - [标签]
                                                               ⊕ 控件2 - [标签]

                                                              + - * / > < =
                                                              ( ) MOD XOR OR AND NOT
                                                              IF~THEN  IF~ELSE  EXIT
剪切 复制 粘贴 查找 替换 缩进 退格 检查 帮助        帮助(H) 取消(C) 确定(Y)
```

图 2-4-89　修改时间按钮完整脚本程序设计图

脚本程序有没有语法错误可以通过单击"脚本程序编辑器"中的"检查"按钮进行检查。如果没有语法错误，则会显示"组态设置正确，没有错误!"，如图 2-4-90 所示。

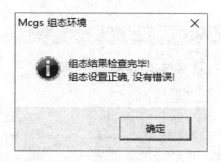

图 2-4-90　脚本程序语法检查图

通过脚本程序的设计，在"修改时间"按钮上完成了其设置的 3 大功能。接下来进行用户权限控制的设计。

鼠标双击"修改时间"按钮，弹出"属性"设置对话框，单击图 2-4-91 所示的"权限"按钮，弹出如图 2-4-92 所示的"用户权限设置"对话框，将"许可用户组拥有此权限"设置成你想要让其有该权限的用户组。本例中将权限更改到"管理员组"，这样系统运行后只有隶属于"管理员组"的用户才有权限点击该按钮。不隶属于"管理员组"的用户鼠标放到该按钮上，鼠标的形状不会变成手型，即该按钮不可操作。

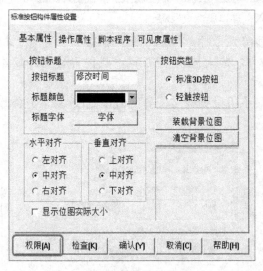

图 2-4-91　权限设置操作图

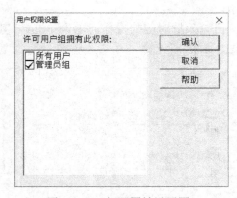

图 2-4-92　权限属性设置图

至此，主窗口中所有构件的组态设计完成，后续将进行修改时间子窗口的动画组态设计工作。

10. 子窗口输入框动画组态设置

子窗口中输入框的主要作用是将用户输入的时间信息，放入实时数据库中已经定义的变量内。为后续"确认"按钮的脚本准备数据。鼠标双击年份输入框，在弹出的"属性"设置对话框中，在"操作属性"设置页上选择"？"，在弹出的实时数据库中选择

"year"变量。"最小值"设置成1000，"最大值"设置成3000，这样用户输入的年份只能在 1000 年～3000 年间，超出这个范围的都会被自动限定在这个范围内。具体设置如图 2-4-93 所示。

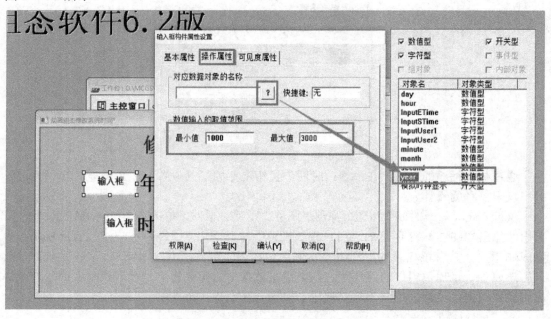

图 2-4-93　年输入框操作属性设置图

　　用同样的方法完成月、日、时、分、秒等几个输入框的动画组态设计。月输入框对应的操作对象为：month。其最小值设置成 1，最大值设置成 12，具体设置如图 2-4-94 所示。

　　日输入框对应的操作对象为：day。其最小值设置成 1，最大值设置成 31，具体设置如图 2-4-95 所示。

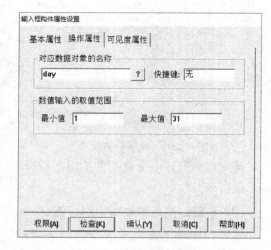

图 2-4-94　月输入框操作属性设置图　　　　图 2-4-95　日输入框操作属性设置图

　　小时输入框对应的操作对象为：hour。其最小值设置成 0，最大值设置成 23，具体设置如图 2-4-96 所示。

分钟输入框对应的操作对象为：minute。其最小值设置成 0，最大值设置成 59，具体设置如图 2-4-97 所示。

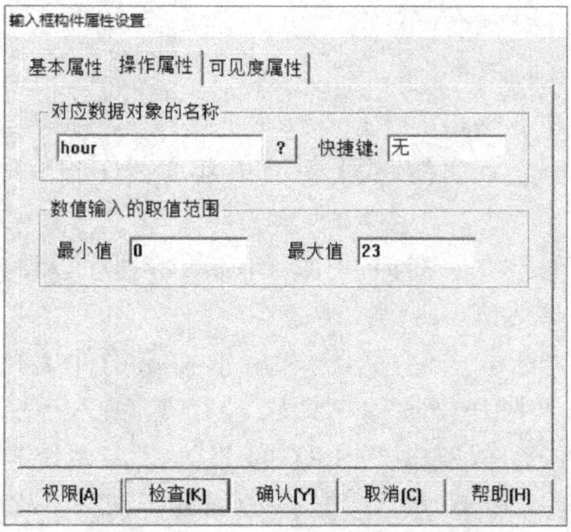

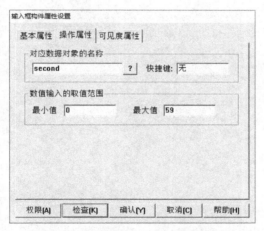

图 2-4-96　小时输入框操作属性设置图 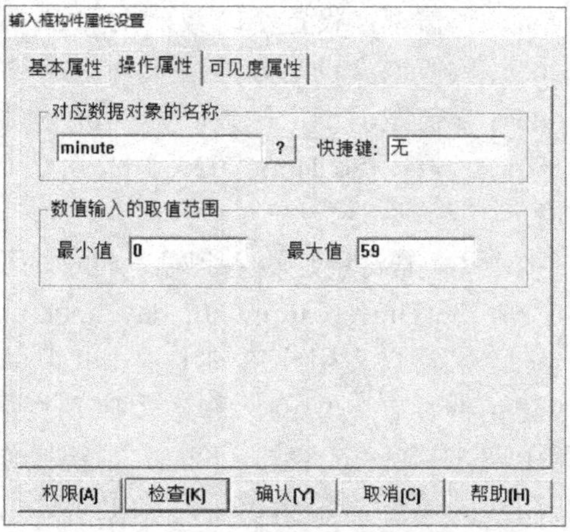　　　图 2-4-97　分钟输入框操作属性设置图

秒输入框对应的操作对象为：second。其最小值设置成 0，最大值设置成 59，具体设置如图 2-4-98 所示。

图 2-4-98　秒输入框操作属性设置图

11．子窗口确认按钮动画组态设置

子窗口中"确认"按钮的主要功能有两个：第一个功能是将用户输入的时间信息修改到系统时间中去；第二个功能是关闭子窗口，并将焦点返回到主窗口中。

修改系统时间需要用到系统函数 !SetTime( )，如下所示。

　　!SetTime(年，月，日，时，分，秒)

函数意义：设置当前系统时间。

返 回 值：数值型。返回值为 0，调用成功；返回值非 0，调用失败。

参　　数：

!SetTime( )函数需要有 6 个变量。

n1，数值型，设定年数，小于 1000 和大于 9999 时不变；

n2，数值型，设定月数，大于 12 和小于 1 时不变；

n3，数值型，设定天数，大于 31 和小于 1 时不变；

n4，数值型，设定小时数，大于 23 和小于 0 时不变；

n5，数值型，设定分钟数，大于 59 和小于 0 时不变；

n6，数值型，设定秒数，大于 59 和小于 0 时不变。

实　　例：!SetTime(2020, 1, 1, 0, 0, 0)，设置当前系统时间为 2020 年 1 月 1 日 0 时 0 分 0 秒。

本例中，需将用户输入到输入框中的变量值修改到系统时间中，所以脚本程序设计成：

!SetTime(year, month, day, hour, minute, second)

在"子窗口"用户窗口中双击"确认"按钮标准构件，打开"标准按钮构件属性设置"对话框，在其中的"脚本程序"页中点击"打开脚本程序编辑器"，在脚本程序编辑器中双击"系统函数"下的"系统操作"目录，再双击"!SetTime"方法，系统自动会在用户脚本程序编辑器中添加 !SetTime( )函数，然后将其参数修改成如上脚本，如图 2-4-99 所示。

图 2-4-99　确认按钮脚本程序设计图

将子窗口关闭的方法有两种：第一种为修改操作属性法，第二种为脚本程序法。

修改操作属性法：在"子窗口"用户窗口中双击"确认"按钮标准构件，打开"标准按钮构件属性设置"对话框，在其中的"操作属性"页中，先选中"打开用户窗口"，然后单击后面的"▼"按钮，选择"日历时间显示系统"窗口。再选中"关闭用户窗口"，然后单击后面的"▼"按钮，选择"修改系统时间"窗口，设置如图 2-4-100 所示。这样设置后，当鼠标单击"确认"按钮后，即可以将"修改系统时间"子窗口关闭，而将"日历时间显示系统"主窗口打开。

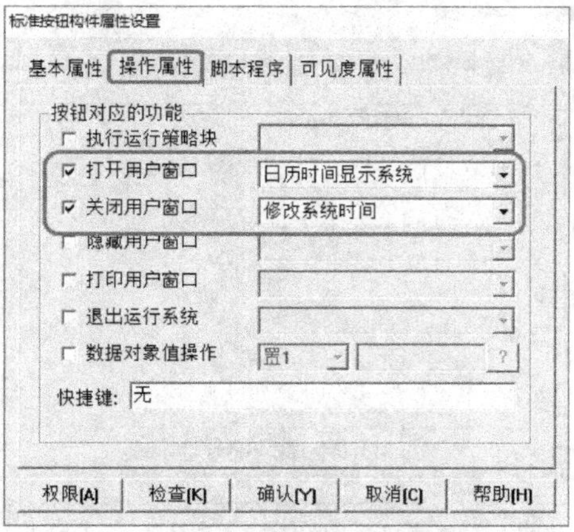

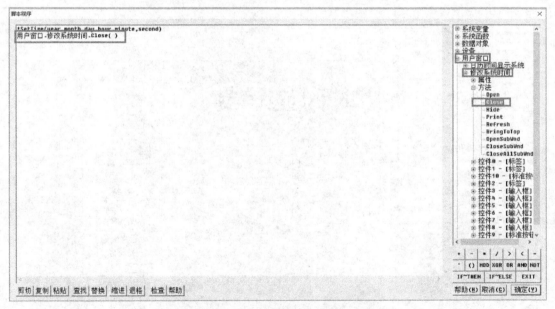

图 2-4-100　确认按钮操作属性设置图

　　脚本程序法：在"子窗口"用户窗口中双击"确认"按钮标准构件，打开"标准按钮构件属性设置"对话框，在其中的"脚本程序"页中点击"打开脚本程序编辑器"，在脚本程序编辑器中双击"用户窗口"下的"修改系统时间"窗口，再双击"方法"下的"Close"方法，具体操作可见图 2-4-101。系统自动会在用户脚本程序编辑器中添加脚本：

　　　　用户窗口.修改系统时间.Close( )

　　该脚本的含义是将"修改系统时间"子窗口进行关闭操作。

图 2-4-101　用户窗口关闭脚本程序设计图

12. 子窗口取消按钮动画组态设置

　　子窗口中"取消"按钮的主要功能只有 1 个，即将子窗口关闭，并将焦点返回到主窗口中。所以可以用前述的两种关闭窗口方法中的任何一种，本项目采用了脚本程序法。具体设置如图 2-4-102 所示。撰写脚本：用户窗口.修改系统时间.Close( )。

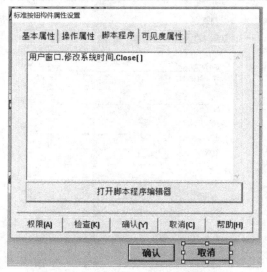

图 2-4-102　取消按钮脚本程序设置图

(五) 仿真运行

系统全部组态完成后，即可以进行仿真运行。单击工具栏中的"进入运行环境"按钮 ，或者单击"文件"菜单下的"进入运行环境"，或按键盘 F5 键即可进行仿真运行，如图 2-4-103 所示。

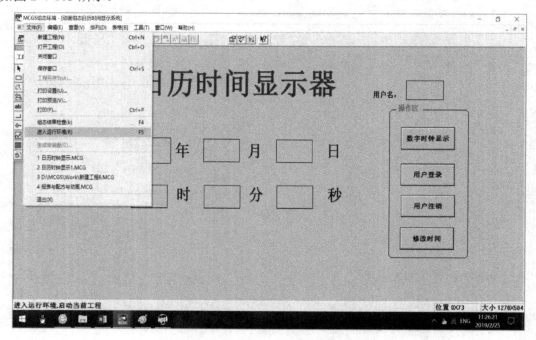

图 2-4-103　进入仿真运行操作图

系统初始显示界面为数字日历、时钟显示，并且显示的时间会和实际系统时间一样，如图 2-4-104 所示。

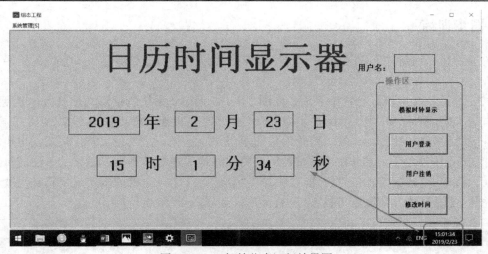

图 2-4-104 初始仿真运行效果图

当用户没有登录，鼠标放到"修改时间"按钮，鼠标的形状没有变成手型，如图 2-4-105 所示，说明该按钮不可操作。

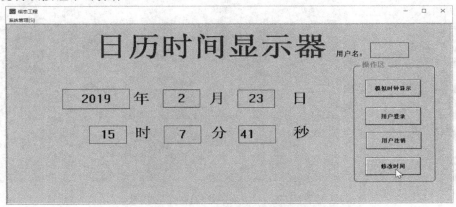

图 2-4-105 修改时间按钮不可操作运行效果图

图 2-4-106 为"用户登录"按钮可操作的状态。鼠标放到其上时，鼠标的形状变成了手型。由于"用户登录"按钮没有进行权限设置，所以任何用户都可以对其进行操作。

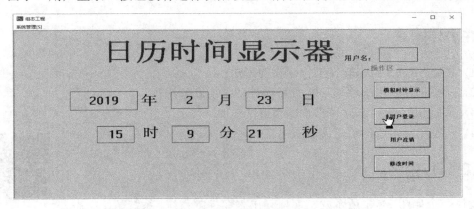

图 2-4-106 用户登录按钮可操作运行效果图

五、同步训练

(1) 将模拟时钟中秒的显示用一个小圆点来代替，该小圆点沿着模拟时钟的外沿 360 度旋转。

(2) 设计一个电机运行控制系统，如图 2-4-107 所示。系统包括运动控制区，速度控制区，电机动态画面，角度显示标签 4 个部分。初始时电机处于静止状态，按"启动"按钮，电机将以低速顺时针转动，按"停止"按钮电机停止运行。按"正反转"按钮，电机方向将切换成反方向运行，原来处于顺时针旋转将被切换成逆时针旋转。原来处于逆时针旋转将被切换成顺时针旋转。按"低速""中速""高速"按钮，电机的旋转速度将被改变。低速以每秒 5 度旋转，中速以每秒 10 度旋转，高速以每秒 15 度旋转。

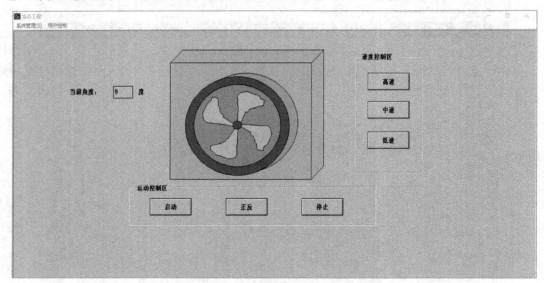

图 2-4-107　同步训练题(2)运行效果图

任务五　车库自动出入库控制系统

一、任务目标

(1) 掌握 MCGS 组态软件工程建立的方法；
(2) 掌握图元的水平移动、垂直移动等动画组态方法；
(3) 掌握 MCGS 组态软件脚本编辑方法；
(4) 掌握图形对象的可见度设置方法；

二、任务设计

设计一个如图 2-5-1 所示的车库自动出入库控制系统，系统初始状态

仿真运行

为：车库前后门都处于关闭状态，各个传感器都未检测到信号。

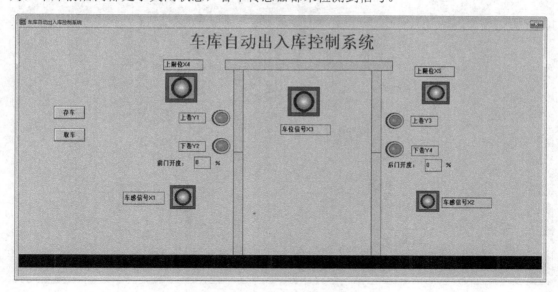

图 2-5-1 初始状态仿真运行图

存车过程：按下"存车"按钮，小车出现在车库门前，如图 2-5-2 所示，在车库内没有车的情况下，按下"车感信号 X1"，车库前门开始上卷，同时"上卷 Y1"指示灯点亮，如图 2-5-3 所示，当车库前门打开到 70%时，小车开始往车库内前进。车库前门到达上限位后自动停止，"上限位 X4"指示灯点亮。小车完全进入车库后，车库内的"车位信号 X3"指示灯点亮，车库前门开始下降，"下卷 Y2"指示灯点亮，"上限位 X4"指示灯熄灭。车库前门下降到底部后，自动停止下降，"下卷 Y2"指示灯熄灭。效果如图 2-5-4 所示，存车过程结束。

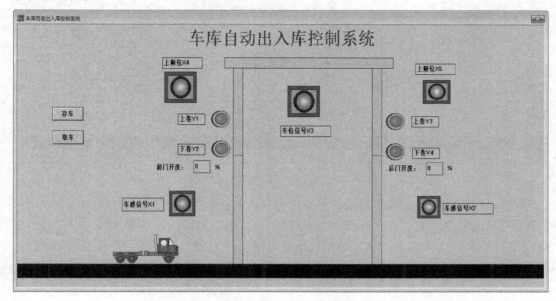

图 2-5-2 按下存车按钮后小车出现的仿真运行图

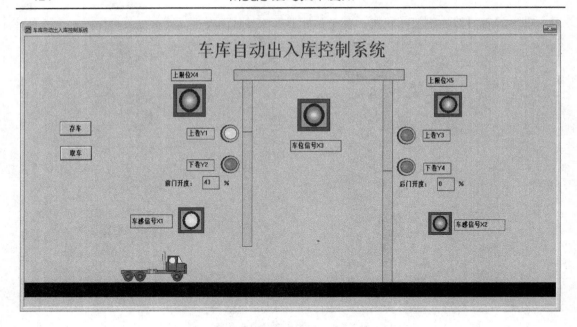

图 2-5-3　车库前门上卷仿真运行图

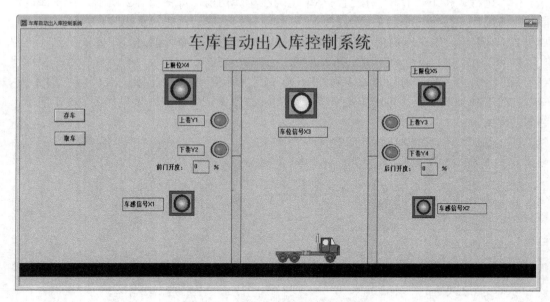

图 2-5-4　车完全入库的仿真运行图

　　取车过程：按下"取车"按钮，在车库内有车的情况下即"车位信号 X3"有信号，车库后门开始上卷，同时"上卷 Y3"指示灯点亮，当车库后门打开到 70%时，小车开始从车库内往外运行。车库后门达到上限位后自动停止，"上限位 X5"指示灯点亮，如图 2-5-5 所示。小车完全从车库内出来后，"车感信号 X2"指示灯点亮，车库后门开始下降，"下卷 Y4"指示灯点亮，"上限位 X5"指示灯熄灭，如图 2-5-6 所示，车库后门下降到底部后，自动停止下降，"下卷 Y4"指示灯熄灭。取车过程结束。

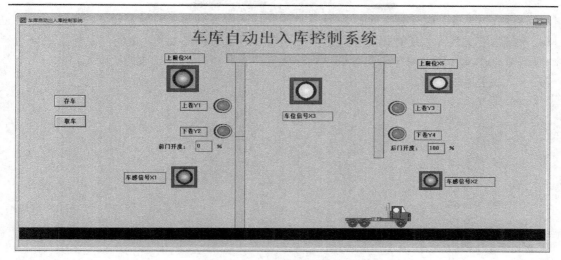

图 2-5-5 车库后门上卷到位仿真运行图

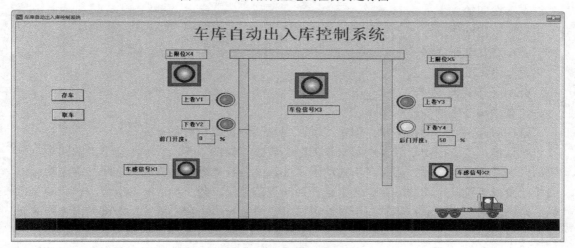

图 2-5-6 车库后门下卷仿真运行图

三、知识学习

MCGS 实现图形动画设计的主要方法是将用户窗口中的图形对象与实时数据库中的数据对象建立相关性连接，并设置相应的动画属性，这样在系统运行过程中，图形对象的外观和状态特征，就会由数据对象的实时采集结果进行驱动，从而实现图形的动画效果，使图形界面"动"起来！

用户窗口中的图形界面是由系统提供的图元、图符及动画构件等图形对象搭制而成的，动画构件是作为一个独立的整体供选用的，每一个动画构件都具有特定的动画功能，一般说来，动画构件用来完成图元和图符对象所不能完成或难以完成的、比较复杂的动画功能，而图元和图符对象可以作为基本图形元素，便于用户自由组态配置，来完成动画构件中所没有的动画功能。

所谓动画连接,实际上是在不同的数值区间内设置不同的图形状态属性(如颜色、大小、位置移动、可见度、闪烁效果等),将物理对象的特征参数以动画图形方式来进行描述,这样在系统运行过程中,用数据对象的值来驱动图形对象的状态改变,进而产生形象逼真的动画效果。图元、图符对象所包含的动画连接方式有四类共 11 种,如下所示:

- 颜色动画连接:
  ◇ 填充颜色
  ◇ 边线颜色
  ◇ 字符颜色
- 位置动画连接:
  ◇ 水平移动
  ◇ 垂直移动
  ◇ 大小变化
- 输入输出连接:
  ◇ 显示输出
  ◇ 按钮输入
  ◇ 按钮动作
- 特殊动画连接:
  ◇ 可见度变化
  ◇ 闪烁效果

建立动画连接的操作步骤是:

鼠标双击图元、图符对象,弹出"动画组态属性设置"对话框。

对话框基本页面用于设置图形对象的静态属性,如图 2-5-7 所示,其下方的四个方框所列内容用于设置图元、图符对象的动画属性。根据自身组态要求选择这四种类型动画中的某一个或者某几个动画特性。选中某一种动画特性后,会在对话框上端增添相应的窗口标签,每种动画连接都对应于一个属性窗口页,用鼠标单击窗口标签,即可弹出相应的属性设置窗口。

如水平移动动画设置中,在表达式名称栏内输入所要连接的数据对象名称。也可以用鼠标单击右端带"?"号图标的按钮,如图 2-5-8 所示,弹出数据对象列表框,鼠标双击所需的数据对象,则把该对象名称自动输入表达式一栏内,设置有关的属性。

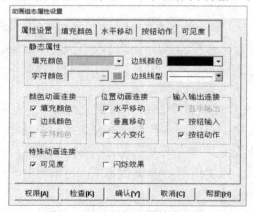

图 2-5-7　动画组态属性设置图

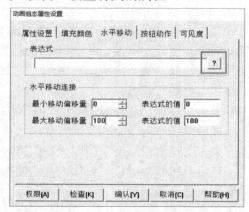

图 2-5-8　动画组态属性表达式设置图

按"检查"按钮，进行正确性检查。检查通过后，按"确认"按钮，完成动画连接。

1. 颜色动画连接

颜色动画连接就是指将图形对象的颜色属性与数据对象的值建立相关性关系，使图元、图符对象的颜色属性随数据对象值的变化而变化，用这种方式实现颜色不断变化的动画效果。

颜色动画

颜色属性包括填充颜色、边线颜色和字符颜色三种，只有"标签"图元对象才有字符颜色动画连接。对于"位图"图元对象，无须定义颜色动画连接。边线颜色和字符颜色的动画连接与填充颜色动画连接相同。本文以填充颜色动画设置为例进行讲解。

对某个罐体进行颜色填充动画设置，如图 2-5-9 和图 2-5-10 所示，定义了图形对象的填充颜色和数据对象"Data"之间的动画连接。

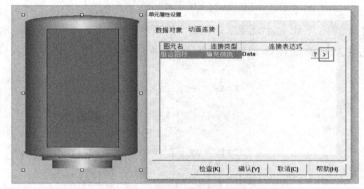

图 2-5-9　填充颜色动画设置图

图 2-5-11 展示了图形对象的颜色随 Data 值的变化情况：

当 Data 小于 0 时，对应的图形对象的填充颜色为黑色；

当 Data 在 0 和 20 之间时，对应图形对象的填充颜色为蓝色；

当 Data 在 20 和 80 之间时，对应图形对象的填充颜色为绿色；

当 Data 大于 80 时，对应图形对象的填充颜色为红色。

图 2-5-10　填充颜色动画选择界面图

图 2-5-11　填充颜色动画属性设置图

图形对象的填充颜色由数据对象 Data 的值来控制，或者说是用图形对象的填充颜色来表示对应数据对象值的范围。

　　与填充颜色连接的数据对象可以是一个表达式,用表达式的值来决定图形对象的填充颜色(单个对象也可作为表达式)。当表达式的值为数值型时,最多可以定义 32 个分段点,每个分段点对应一种颜色;当表达式的值为开关型时,只能定义两个分段点,即 0 或非 0 两种不同的填充颜色。

　　在图 2-5-11 所示的属性设置窗口中,还可以进行如下操作:

　　按"增加"按钮,增加一个新的分段点;

　　按"删除"按钮,删除指定的分段点;

　　用鼠标双击分段点的值,可以设置分段点数值;

　　用鼠标双击颜色栏,弹出色标列表框,可以设定图形对象的填充颜色。

2. 位置动画连接

　　位置动画连接包括图形对象的水平移动、垂直移动和大小变化三种属性,如图 2-5-12 所示,使图形对象的位置和大小随数据对象值的变化而变化。用户只要控制数据对象值的大小和值的变化速度,就能精确地控制所对应图形对象的大小、位置及其变化速度。

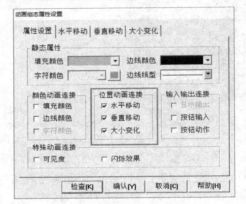

位置动画

图 2-5-12　位置动画连接选择界面图

　　用户可以定义一种或多种动画连接,图形对象的最终动画效果是多种动画属性的合成效果。例如,同时定义水平移动和垂直移动两种动画连接,可以使图形对象沿着一条特定的曲线轨迹运动,假如再定义大小变化的动画连接,就可以使图形对象在做曲线运动的过程中同时改变其大小。

1) 移动

　　平移移动包含水平和垂直两个方向,其动画连接的方法相同。首先要确定对应连接对象的表达式,然后再定义表达式的值所对应的位置偏移量。以图 2-5-13 中的水平移动组态设置为例,当表达式 Data 的值为 0 时,图形对象的位置向右移动 0 个像素点(即不动),当表达式 Data 的值为 100 时,图形对象的位置向右移动 200 个像素点,当表达式 Data 的值为其他值时,利用线性插值公式即可计算出相应的移动位置。

　　同理,图 2-5-14 所设置的垂直移动,当表达式 Data 的值为 0 时,图形对象的位置向下移动 0 个像素点(即不动),当表达式 Data 的值为 100 时,图形对象的位置向下移动 300 个像素点,当表达式 Data 的值为其他值时,利用线性插值公式即可计算出相应的移动位置。

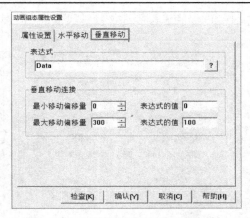

图 2-5-13　水平移动动画属性设置图　　　　　图 2-5-14　垂直移动动画属性设置图

所以平移移动中的偏移量是以组态时图形对象所在的位置为基准(初始位置)的，单位为像素点，向左为负方向，向右为正方向(对垂直移动，向下为正方向，向上为负方向)。当把图中的表达式的值 100 改为 −100 时，则随着 Data 值从小到大的变化，图形对象的位置从基准位置开始，向左移动 200 像素点(向上移动 300 像素点)。

2) 大小变化

图形对象的大小变化是以百分比的形式来衡量的，把组态时图形对象的初始大小作为基准(100%即为图形对象的初始大小)。在 MCGS 中，图形对象大小变化方式有如下七种：

- 以中心点为基准，沿 X 方向和 Y 方向同时变化；
- 以中心点为基准，只沿 X(左右)方向变化；
- 以中心点为基准，只沿 Y(上下)方向变化；
- 以左边界为基准，沿着从左到右的方向发生变化；
- 以右边界为基准，沿着从右到左的方向发生变化；
- 以上边界为基准，沿着从上到下的方向发生变化；
- 以下边界为基准，沿着从下到上的方向发生变化。

改变图形对象大小的方法有两种：一是按比例整体缩小或放大，称为缩放方式；二是按比例整体剪切，显示图形对象的一部分，称为剪切方式。两种方式都是以图形对象的初始大小为基准的。

如图 2-5-15 所示系统的变化方式选择为"剪切"时，当表达式 Data 的值小于等于 0 时，最小变化百分比设为 0，即图形对象的大小为初始大小的 0%，此时，图形对象实际上是不可见的；当表达式 Data 的值大于等于 100 时，最大变化百分比设为 100%，即图形对象的大小与初始大小相同。不管表达式的值如何变化，图形对象的大小都在最小变化百分比与最大变化百分比之间变化。

当变化方式选择为"缩放"方式时，如图 2-5-16 所示，是对图形对象的整体按比例缩小或放大，来实现大小变化的。当表达式 Data 的值小于等于 0 时，最小变化百分比设为 0，即图形对象的大小为初始大小的 0%，图形对象实际上也是不可见的；当表达式 Data 的值大于等于 100 时，图形对象的变化百分比会同步线性变化，如 Data 的值等于 150 时，此时图形对象的大小是原来初始图形对象大小的 150%。即"剪切"模式下，图形大小不会超过 100%，但是"缩放"模式下，图形大小会按比例线性缩放，不受 100%限制。

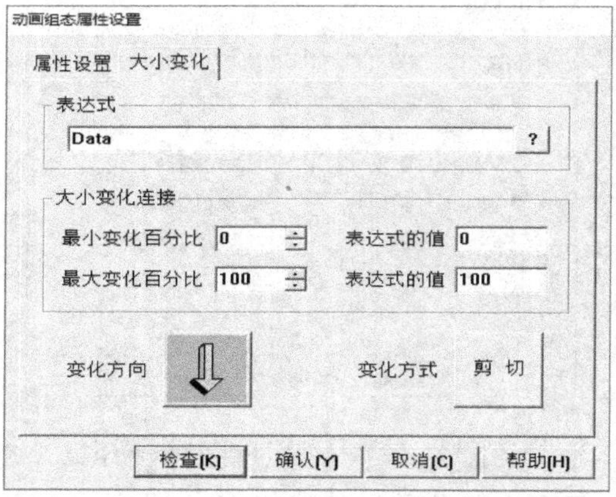

图 2-5-15　大小变化(剪切)动画属性设置图 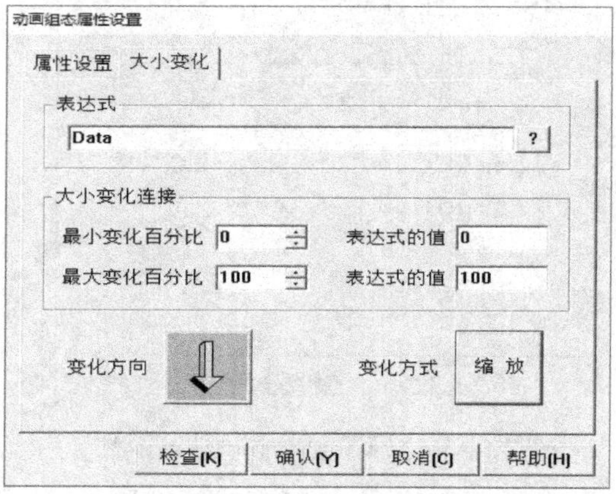　　　图 2-5-16　大小变化(缩放)动画属性设置图

在剪切方式下，不改变图形对象的实际大小，只按设定的比例对图形对象进行剪切处理，显示整体的一部分。变化百分比等于或大于 100%，则把图形对象全部显示出来。采用剪切方式改变图形对象的大小，可以模拟容器充填物料的动态过程。具体步骤：首先制作两个同样的图形对象，完全重叠在一起，使其看起来像一个图形对象；将前后两层的图形对象设置不同的背景颜色；定义前一层图形对象的大小变化动画连接，变化方式设为剪切方式。实际运行时，前一层图形对象的大小按剪切方式发生变化，只显示一部分，而另一部分显示的是后一层图形对象的背景颜色，前后层图形对象视为一个整体，从视觉上如同一个容器内物料按百分比填充，获得逼真的动画效果。

3. 输入输出连接

为使图形对象能够用于数据显示，并且使操作人员对系统方便操作，更好地实现人机交互功能，系统增加了设置输入输出属性的动画连接方式。

设置输入输出属性的连接方式有三种：显示输出、按钮输入和按钮动作，如图 2-5-17 所示。

- 显示输出连接只用于"标签"图元对象，显示数据对象的数值；

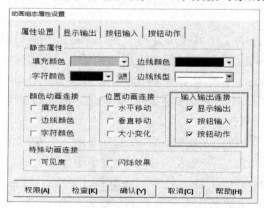

图 2-5-17　输入输出连接选择界面图

- 按钮输入连接用于输入数据对象的数值；
- 按钮动作连接用于响应来自鼠标或键盘的操作，执行特定的功能。

在设置属性时，在"动画组态属性设置"对话框内，从"输入输出连接"栏目中选定一种，进入相应的属性窗口页进行设置。

1) 显示输出

显示输出的属性设置窗口形式如图 2-5-18 所示，它只适用于"标签"图元，显示表达式值的结果。输出格式由表达式值的类型决定，当输出值的类型设定为数值型时，应指定小数位的位数和整数位的位数；对字符型输出值，直接把字符串显示出来；对开关型输出值，应分别指定开和关时所显示的内容。设定的输出值类型必须与表达式类型相符。

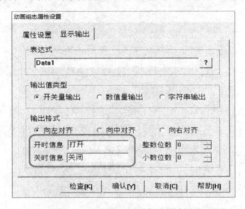

图 2-5-18　开关量显示输出属性设置图

在图 2-5-18 中，"标签"图元对应的表达式是 Data1，输出值的类型设定为开关量输出，当表达式 Data1 的值为 0(关闭状态)时，标签图元显示内容为"关闭"；当表达式 Data1 的值为非 0(开启状态)时，标签图元显示的内容为"打开"。

2) 按钮输入

采用按钮输入方式使图形对象具有输入功能，在系统运行时，当用户单击设定的图形对象时，将弹出输入窗口，输入的数据保存到与图形建立连接关系的数据对象中。所有的图元、图符对象都可以建立按钮输入动画连接，在"动画组态属性设置"对话框内，从"输入输出连接"栏目中选定"按钮输入"一栏，进入"按钮输入"属性设置窗口页，如图 2-5-19 所示。

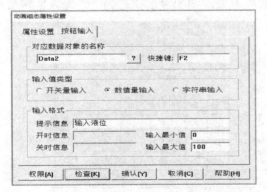

按钮输入

图 2-5-19　按钮输入动画连接属性设置图

　　如果图元、图符对象定义了按钮输入方式的动画连接，在运行过程中，当鼠标移动到该对象上面时，光标的形状由"箭头"形变成"手掌"状，如图 2-5-20 所示，此时再单击鼠标左键，则弹出输入对话框，如图 2-5-21 所示。对话框的形式由数据对象的类型决定。

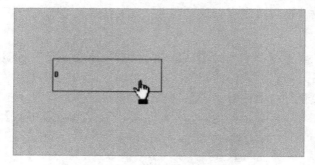

图 2-5-20　输入方式设置后构件运行图

　　在图 2-5-19 中，与图元、图符对象连接的是数值型数据对象 Data2，输入值的范围在 0～100 之间，并设置功能键 F2 为快捷键。

　　当进入运行状态时，用鼠标单击对应图元、图符对象或者按下快捷键 F2 时，弹出如图 2-5-21 所示的输入对话框，上端显示的标题为组态时设置的提示信息。输入数据的范围为 0～100。超过 100 的数据输入系统会强制限定成最大值 100。

　　当数据对象的类型为开关型时，如在提示信息一栏设置为"请选择 1# 阀门的工作状态"，"开时信息"一栏设置为"打开 1# 阀门"，"关时信息"一栏设置为"关闭 1# 阀门"，则运行时弹出如图 2-5-22 所示的输入对话框。

图 2-5-21　数值输入对话框

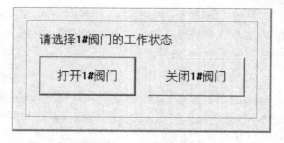

图 2-5-22　开关量输入对话框

　　当数据对象的类型为字符型数据对象，例如提示信息为"请输入字符数据对象 M 的值："，则运行时弹出如图 2-5-23 所示的输入对话框。

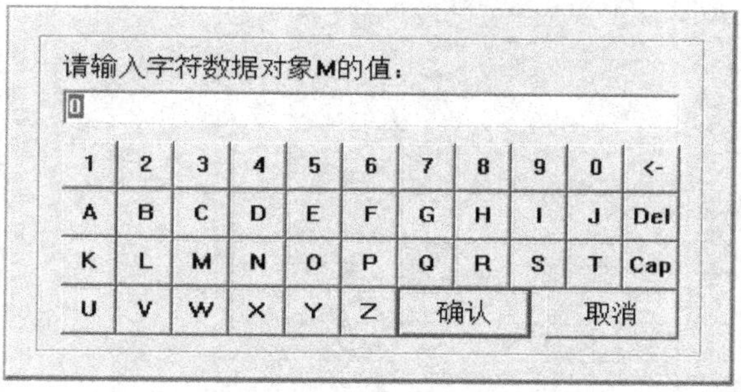

图 2-5-23　字符型输入对话框

3) 按钮动作

按钮动作的方式不同于按钮输入，后者是在鼠标到达图形对象上时，单击鼠标进行信息输入，而按钮动作则是响应用户的鼠标按键动作或键盘按键动作，完成预定的功能操作。这些功能操作如图 2-5-24 所示，包括：

- 执行运行策略中指定的策略块；
- 打开指定的用户窗口，若该窗口已经打开，则激活该窗口并使其处于最前层；
- 关闭指定的用户窗口，若该窗口已经关闭，则不进行此项操作；
- 把指定的数据对象的值设置成 1，只对开关型和数值型数据对象有效；
- 把指定的数据对象的值设置成 0，只对开关型和数值型数据对象有效；
- 把指定的数据对象的值取反，只对开关型和数值型数据对象有效；
- 退出系统，停止 MCGS 系统的运行，返回到操作系统。

在实际应用中，一个按钮动作可以同时完成多项功能操作。但应注意避免设置相互矛盾的操作，虽然相互矛盾的功能操作不会引起系统出错，但最后的操作结果是不可预测的。

例如，对同一个用户窗口同时选中执行打开和关闭操作，该窗口的最终状态是不定的，可能处于打开状态，也可能处于关闭状态；再如，对同一个数据对象同时完成置 1、置 0 和取反操作，该数据对象最后的值是不定的，可能是 0，也可能是 1。

系统运行时，按钮动作也可以通过预先设置的快捷键来启动。MCGS 的快捷键一般可设置 F1～F12 功能键，也可以设置 Ctrl 键与 F1～F12 功能键、数字键、英文字母键组合而成的复合键。组态时，激活快捷键输入框，按下选定的快捷键即可完成快捷键的设置。

在数据对象值"置 0""置 1"和"取反"三个输入栏的右端，均有一带"？"号图标的按钮，如图 2-5-25 所示。用鼠标单击该按钮，则显示所有已经定义的数据对象列表，鼠标双击指定的数据对象，则把该对象的名称自动输入到设置栏内。

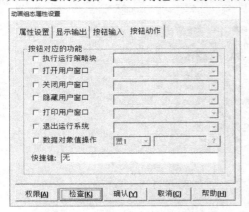

图 2-5-24 按钮动作动画属性设置图

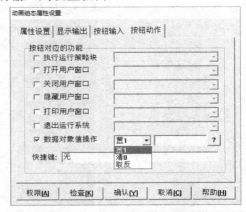

图 2-5-25 按钮动作数据对象操作属性设置图

四、任务实施

(一) 建立工程

双击"组态环境"快捷图标 ，打开 MCGS 组态软件，然后按如下步骤建立工程。

任务实施

1. 新建工程

选择"文件"菜单中的"新建工程"命令，弹出"新建工程"对话框，如图 2-5-26 所示。

图 2-5-26　新建工程设置对话框图

2. 保存工程

选择"文件"菜单中的"工程另存为"命令，弹出"文件保存"窗口，在文件名一栏内输入"车库自动出入库控制系统"，单击"保存"按钮，完成工程创建。

(二) 窗口组态

1. 新建窗口及其属性设置

在工作台中选择"用户窗口"，单击"新建窗口"，新建一个用户名窗口，右键选中该窗口，在弹出的菜单中选择"属性"菜单项，在"基本属性"页面中，将"窗口名称""窗口标题"都改成"车库自动出入库控制系统"。"窗口位置"设置成"最大化显示"，"窗口边界"设置成"可变边"。单击"确定"按钮，完成用户窗口属性设计。具体设置如图 2-5-27 所示。

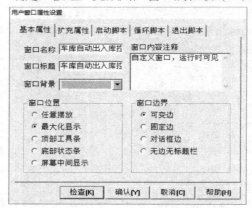

图 2-5-27　窗口属性设置对话框图

2. 设置启动窗口

在工作台中的"用户窗口"中，再次右键选择该窗口，在弹出的菜单中选择"设置为启动窗口"菜单项。这样系统启动的时候，该窗口会自动运行。

3. 绘制标题标签

鼠标左键双击"车库自动出入库控制系统"窗口，进行用户窗口组态，打开工具箱，单击"标签"构件，鼠标变成"+"形，在窗口的编辑区按住左键拖出一个一定大小的文本框。然后在该文本框内输入文字"车库自动出入库控制系统"，在空白处左键单击鼠标结束输入。文字输入完成后，通过鼠标右键单击该标签，选择"属性"修改该标签的文字属性。在"属性设置"对话框中，将"边线颜色"选择成"无边线颜色"。选择"字符颜色"将其修改为蓝色，然后点击边上的 ▇，修改字号大小为 60，其余保持默认设置。具体设置可见图 2-5-28 所示。

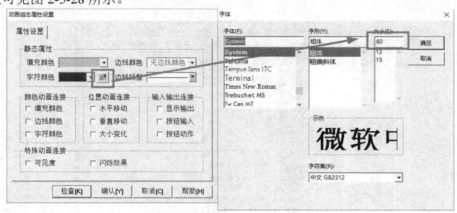

图 2-5-28　标题标签属性设置图

4. 绘制窗口画面

根据系统要求，绘制如图 2-5-29 所示的窗口画面。画面的元件主要包括：2 个按钮——"存车""取车"；5 个输入指示灯——"车感信号 X1""车感信号 X2""车位信号 X3""上限位 X4""上限位 X5"；4 个输出指示灯——"上卷 Y1""下卷 Y2""上卷 Y3""下卷 Y4"；2 个标签——前面开度和后门开度；1 个车库画面；2 辆小车。

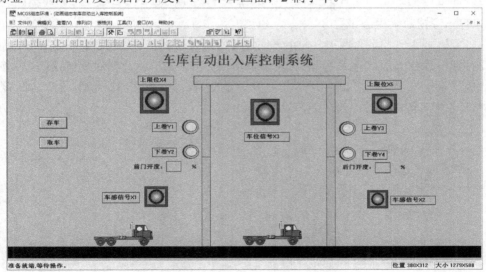

图 2-5-29　整体画面组态效果图

完成上述画面设计后，单击工具栏中的"文件"→"保存"按钮，将窗口的画面组态信息进行保存并关闭画面。

(三) 建立实时数据库

本例中需要使用到的变量有两种类型：开关型变量和数值型变量。

其中数值型变量为：门 1(前门开度)，门 2(后门开度)，门 1 上(前门上部分大小变化)，门 2 上(后门上部分大小变化)，入库(小车 1 的水平移动量)，出库(小车 2 的水平移动量)。

开关型变量为：X1～X5，Y1～Y4。实时数据库规划如图 2-5-30 所示。

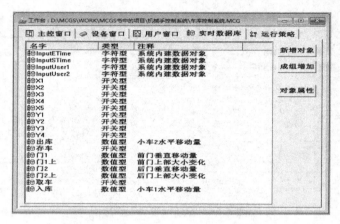

图 2-5-30　实时数据组态设计图

(四) 动画连接

前面组态设计的画面没有进行动画属性设置，所以系统运行后没有任何动画显示，接下来对画面进行动画操作属性的设置，让系统设计的画面能正确地进行动画显示。

1. 存车按钮动画组态设置

鼠标左键双击"存车"按钮，弹出"标准按钮构件属性设置"对话框，在"基本属性"页中将按钮标题修改成"存车"。在"操作属性"页中，勾选"数据对象值操作"，操作类型修改成"置 1"，点"？"选中"存车"开关型变量，如图 2-5-31 所示。在"脚本程序"页面中，输入"取车 = 0"，如图 2-5-32 所示。

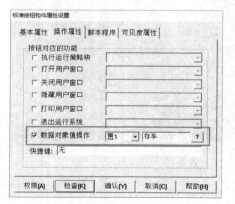

图 2-5-31　存车按钮操作属性设置图

图 2-5-32　存车按钮脚本程序设计图

这样当系统运行时，鼠标单击"存车"按钮，MCGS 将把"存车"变量置成 1，"取车"变量清成 0。"存车"变量可以用来作为小车 1 的可见度设置，"取车"变量可以作为小车 2 的可见度设置。

2. 取车按钮动画组态设置

用同样的方法设置"取车"按钮的属性，鼠标双击"取车"按钮，弹出"标准按钮构件属性设置"对话框，在"基本属性"页中将按钮标题修改成"取车"。在"操作属性"页中，勾选"数据对象值操作"，操作类型修改成"置 1"，点"？"选中"取车"开关型变量，如图 2-5-33 所示。在"脚本程序"页面中，输入"存车=0"，如图 2-5-34 所示。

图 2-5-33 取车按钮操作属性设置图　　图 2-5-34 取车按钮脚本程序设置图

3. 上下卷指示灯动画组态设置

鼠标左键双击"上卷 Y1"指示灯，弹出"单元属性设置"对话框，在"数据对象"页中，单击"？"按钮，在弹出的变量选择对话框中选择 Y1 变量，如图 2-5-35 所示。这样当 Y1 变量为 1 时，对应的上卷 Y1 指示灯将变成绿色，表示车库前门正在上卷。当 Y1 变量为 0 时，对应的上卷 Y1 指示灯将变成红色，表示车库前门停止不动。

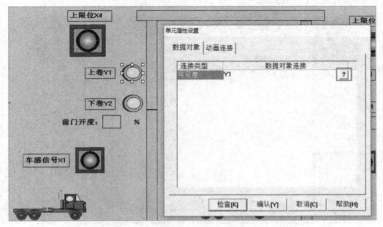

图 2-5-35 上卷 Y1 指示灯属性设置图

用同样的方法对下卷 Y2 进行可见度设置，如图 2-5-36 所示。

图 2-5-36　下卷 Y2 指示灯属性设置图

上卷 Y3 的可见度设置如图 2-5-37 所示。

图 2-5-37　上卷 Y3 指示灯属性设置图

下卷 Y4 的可见度设置如图 2-5-38 所示。

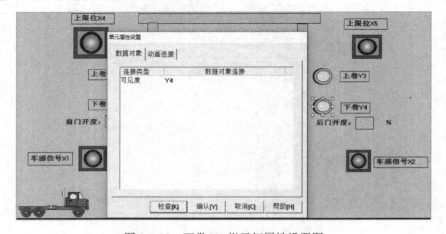

图 2-5-38　下卷 Y4 指示灯属性设置图

4. 上限位指示灯动画组态设置

鼠标左键双击"上限位 X4"指示灯，弹出"单元属性设置"对话框，在"数据对象"页中，单击"？"按钮，在弹出的变量选择对话框中选择 X4 变量，如图 2-5-39 所示。这样当 X4 变量为 1 时，对应的上限位 X4 指示灯将变成绿色，表示车库前门上卷到位，将停止上卷。当 X4 变量为 0 时，对应的上限位 X4 指示灯将变成红色，表示车库前门未碰到上限位。

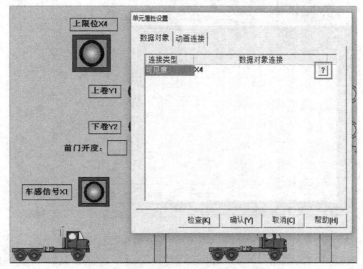

图 2-5-39 上限位 X4 属性设置图

上限位 X5 的可见度设置如图 2-5-40 所示。

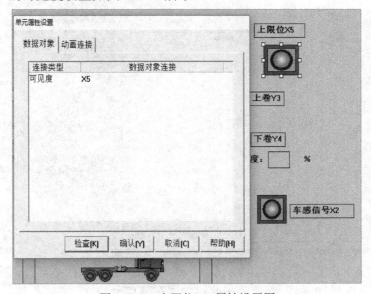

图 2-5-40 上限位 X5 属性设置图

5. 车感信号指示灯动画组态设置

鼠标左键双击"车位信号 X3"指示灯，弹出"单元属性设置"对话框，在"数据对象"页中，单击"？"按钮，在弹出的变量选择对话框中选择 X3 变量，如图 2-5-41 所示。这样当 X3 变量为 1 时，对应的"车位信号 X3"指示灯将变成绿色，表示小车到达车库内。当 X3 变量为 0 时，对应的"车位信号 X3"指示灯将变成红色，表示车库内没有汽车或车未完全进入车库内。

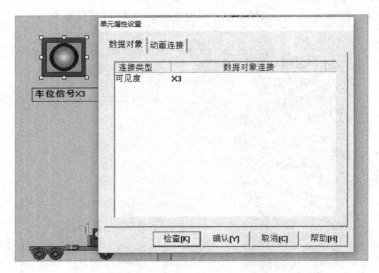

图 2-5-41　车位信号 X3 属性设置图

"车感信号 X2"和"车位信号 X3"的可见度设置是一样的，具体设置如图 2-5-42 所示。

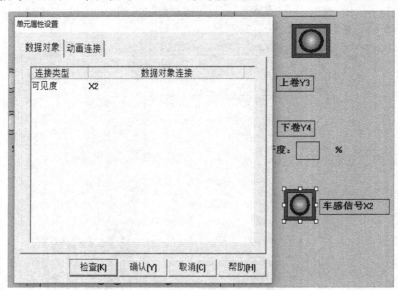

图 2-5-42　车位信号 X2 属性设置图

"车感信号 X1"的可见度设置和前述的"车感信号 X2"方式相同，只是车感信号 X1 还需要有按钮输入设置。根据系统设计要求，按下"存车"按钮后，小车 1 可见，按下"车感信号 X1"后，小车才开始入库动作。所以"车感信号 X1"在红灯的状态下需要输入，将其自身变量值变成 1，以便开始进行入库动作。具体设置如下：

首先，鼠标双击"车感信号 X1"指示灯，弹出"单元属性设置"对话框，在"数据对象"页中单击"？"按钮，在弹出的变量选择对话框中选择 X1 变量，进行可见度设置，如图 2-5-43 所示。

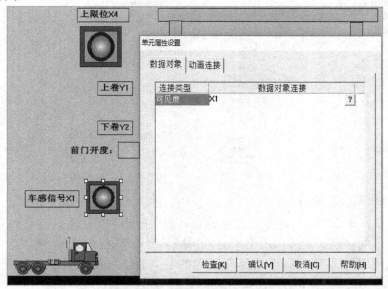

图 2-5-43 车感信号 X1 属性设置图

然后，选择"动画连接"页。在第二行可见度处单击"＞"按钮，如图 2-5-44 所示，弹出"动画组态属性设置"对话框，选择"属性设置"页，勾选"按钮动作"动画，如图 2-5-45 所示。其原因为：第一行可见度是"车感信号 X1"为 1 的情况，第二行可见度是"车感信号 X1"为 0 的情况，如果在第一行可见度处选择"按钮动作"动画，则表示当"车感信号 X1"为 1 时进行的按钮动作。本例中因为需要在"车感信号 X1"为 0 时对其进行置 1 操作，所以必须要在第二行可见度处增加按钮动作动画。

图 2-5-44 车感信号 X1 按钮动作操作图

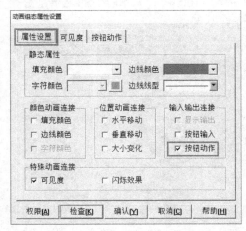

图 2-5-45 车感信号 X1 按钮动作选择图

最后，在"按钮动作"页中勾选"数据对象值操作"选项，操作方式选择为"置 1"，变量选择为 X1，如图 2-5-46 所示。完成设置后的效果如图 2-5-47 所示。

图 2-5-46　车感信号 X1 按钮动作属性设置图　　　图 2-5-47　车感信号 X1 属性设置完成图

6. 车库门动画组态设置

在本系统中，车库的门分成了上下两部分，主要是为了体现垂直移动和大小变化两种不同的动画类型的区别。车库门的上半部分采用了大小变化(缩放)这种动画形式来体现车库门的运动过程(整个车库门变小了)。车库门的下半部分采用了垂直移动这种动画形式来体现车库门的运动过程(整个车库门大小没有变化，位置进行了移动)。

1) 车库门上半部分动画组态设置

鼠标左键双击车库前门的上半部分，弹出"动画组态属性设置"对话框，在"属性设置"页中，勾选"大小变化"位置动画连接，如图 2-5-48 所示。在"大小变化"页的表达式栏中选择"门 1 上"数值型变量。大小变化连接的"最大变化百分比"中输入 100，"表达式的值"中输入 100。变化方向选择"向下"，变化方式选择"缩放"，如图 2-5-49 所示。表示车库前门的上半部分将以最上方为基准，按"门 1 上"变量的值进行线性显示。"门 1上"等于 100 时，车库前门的上半部分全部显示。"门 1 上"等于 0 时，车库前门的上半部分将不可见。

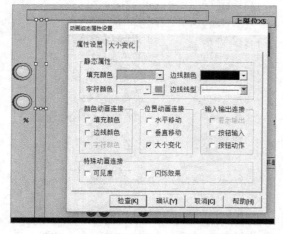

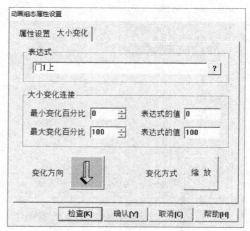

图 2-5-48　车库"门 1 上"属性选择图　　　图 2-5-49　车库"门 1 上"大小变化属性设置图

用同样的方法将车库后门上半部分也进行相同的组态设计，将大小变化的表达式选择为"门 2 上"数值型变量，具体设置如图 2-5-50 和图 2-5-51 所示。

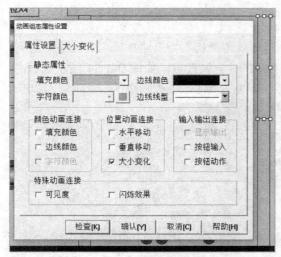

图 2-5-50　车库"门 2 上"属性选择图　　　图 2-5-51　车库"门 2 上"大小变化属性设置图

2) 车库门下半部分动画组态设置

鼠标左键双击车库前门的下半部分，弹出"动画组态属性设置"
对话框，在"属性设置"页中，勾选"垂直移动"位置动画连接，如
图 2-5-52 所示。在"垂直移动"页的表达式栏中选择"门 1"数值型
变量。垂直移动连接的"最小移动偏移量"中输入 0，"表达式的值"
中输入 0，"最大移动偏移量"中输入 200，"表达式的值"中输入 –100，
如图 2-5-53 所示。这是因为车库前门的下部分在"门 1"变量值等于
100 时，其需要向上移动，所以表达式的值和最大移动偏移量应该成

车库门下半
部分动画

负的比例关系。注意：这里的关系式只表示一个比例关系而已，如"门 1"变量的值大于
150 时，其向上移动的像素点也将达到 300 个像素点。

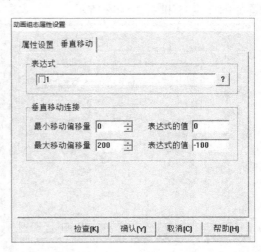

图 2-5-52　车库"门 1 下"属性选择图　　　图 2-5-53　车库"门 1 下"垂直移动属性设置图

　　"最大移动偏移量"中输入 200 的原因是：当"门 1"变量的值等于 100 时，车库前门的下半部分刚好需要移动到车库门的顶端，即需要移动的像素点为车库门的上半部分矩形构件的长度。从 MCGS 组态软件的状态栏中可以读取某构件的长宽和位置信息(如果系统的状态栏没有显示出来，可以点击"查看"菜单下的"状态栏"菜单项，将状态栏进行显示)。本例中车库前门的上半部分的长度刚好是 200 个像素点，如图 2-5-54 所示的状态栏，门上半部分的长高分别为 24 × 200 像素点，所以在"最大移动偏移量"中应输入 200。

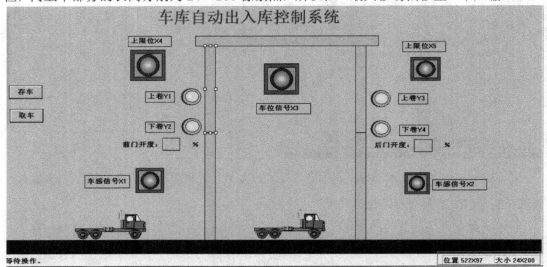

图 2-5-54　车库"门 1 上"移动像素点读取

　　表达式的值输入 −100(此处的负号只代表表达式的值与垂直移动量呈负比例关系，"门1"变量的变化其实是从 0 变化到 100 的)是因为本项目中将"门 1"变量也当成前门开度的百分比数值，所以最大值将其设置成 100。后续脚本语句编写也和该值有关系。

　　用同样的方法将车库后门下半部分也进行相同的组态设计，将垂直移动的表达式选择为"门 2"数值型变量。最大移动偏移量值、表达式值的设置与门 1 的含义一致。具体设置如图 2-5-55 和图 2-5-56 所示。

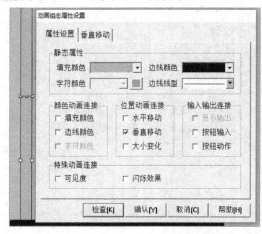

图 2-5-55　车库"门 2 下"属性选择图

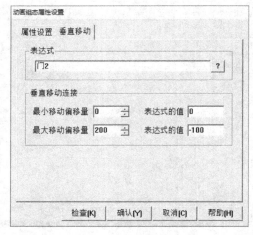

图 2-5-56　车库"门 2 下"垂直移动属性设置图

7. 小车动画组态设置

在本系统中，为了较清晰地表达小车的入库和出库动作，采用了两辆相同的小车来分别完成入库动作和出库动作，并用可见度来实现系统运行时只有一辆小车出现的动画效果。在实际系统应用中，采用一辆小车同样可以实现入库和出库动作。

鼠标左键双击第一辆小车，弹出"单元属性设置"对话框，如图 2-5-57 所示。在"动画连接"页中，选择"?"，在弹出的变量选择框中选择"入库"数值型变量。这样小车的水平位置会随着"入库"变量的值进行水平左右移动。具体移动的比例关系是通过选择">"按钮，弹出"动画组态属性设置"对话框，将水平移动连接中的"最大移动偏移量"输入 400，"表达式的值"输入 100，具体设置如图 2-5-58 所示。"最大移动偏移量"输入 400 像素点的原理和前述垂直移动的"最大移动偏移量"相同，即在状态栏中计算出第一辆小车的 X 轴位置和第二辆小车的 X 轴位置之间的差值。同样表达式的值输入 100，和后续脚本语句的编写有关系。

图 2-5-57 "小车移动"属性选择图

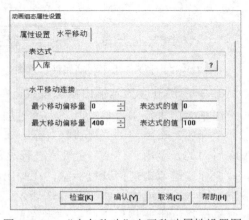

图 2-5-58 "小车移动"水平移动属性设置图

由于小车还需要设置一个可见度动画，所以在"属性设置"页中勾选"可见度"，如图 2-5-59 所示，在"可见度"页面的表达式中选择"存车"变量，如图 2-5-60 所示。这样当系统运行起来后，鼠标单击"存车"按钮，第一辆小车将出现在系统中(即第一辆小车可见)。

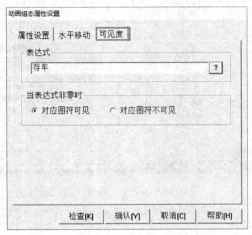

图 2-5-59 "小车移动"可见度属性选择图　　　　图 2-5-60 "小车移动"可见度属性设置图

用同样的方法完成第二辆小车的相应组态设置。在水平移动动画属性中选择"出库"变量，"最大移动偏移量"输入 350，表达式的值同样输入 100，如图 2-5-61 所示。可见度属性中选择"取车"变量，如图 2-5-62 所示。

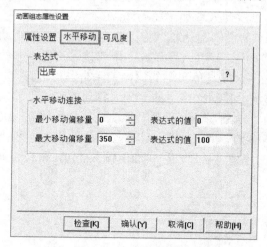

图 2-5-61　小车 2 水平移动属性设置图　　　　图 2-5-62　小车 2 可见度属性设置图

8. 车库门开度显示输出组态设置

在车库门进行垂直移动时，为了更加直观地观看到车库门的开关程度，本系统中采用了一个标签对车库门的开度进行显示。车库前门的开度用"门 1"变量值进行显示输出，车库后门的开度用"门 2"变量值进行显示输出。

鼠标左键双击前门开度标签，在弹出的"动画组态属性设置"对话框中，勾选"显示输出"输入输出连接，如图 2-5-63 所示。在"显示输出"页的表达式中选择"?"，在弹出的变量选择框中选择"门 1"数值型变量。"输出值类型"中选择"数值量输出"，如图 2-5-64所示。

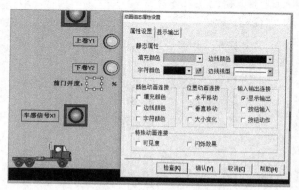

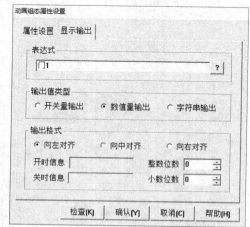

图 2-5-63　"前门开度"属性选择图　　　　图 2-5-64　"前门开度"显示输出属性设置图

用同样的方法完成车库后门开度的相应组态设置，具体设置如图 2-5-65 和图 2-5-66所示。

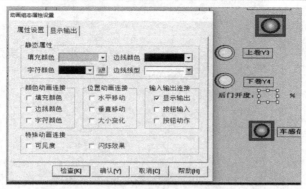

图 2-5-65　"后门开度"属性选择图

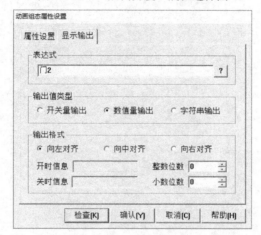

图 2-5-66　"后门开度"显示输出属性设置图

（五）脚本程序设计

在完成前述动画组态设计后，要让系统真正地动起来，还是需要脚本语句对这些变量进行控制。按系统控制要求，存车过程为：在车库内没有车的情况下，按下"存车"按钮，小车出现在车库门前，再按下"车感信号 X1"指示灯，将变量"X1"置 1，这时车库前门进行垂直移动，将车库门打开，上卷 Y1 指示灯点亮。"门 1"变量从 0 开始往 100 递增。当"门 1"变量大于等于 70 后，小车可以进行水平移动，即"入库"变量从 0 开始往 100 递增。"门 1"变量到达 100 后，停止往上递增，将变量"Y1"清零，同时将"上限位 X4"指示灯点亮，即将变量"X4"置 1。当"入库"变量等于 100 时，小车完全进入车库内，前门可以开始下降，下卷 Y2 指示灯点亮，"门 1"变量从 100 开始往 0 递减。同时将"上限位 X4"指示灯熄灭，即将变量"X4"置 0。当"门 1"变量等于 0 时，将变量"Y2"清零，变量 X3 置 1，整个存车过程完成。

取车过程和存车过程类似，完整的脚本语句设计如图 2-5-67 所示。其中循环时间可以设置成 100 ms。如整个过程需要慢一点进行，则可以将循环时间设置 200 ms 或者更长时间。

完整脚本
程序设计图

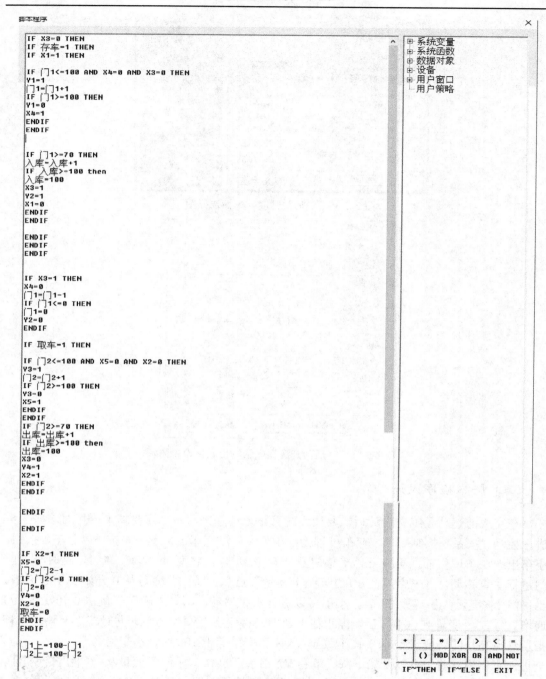

图 2-5-67　完整脚本程序设计图

完整的脚本程序设计根据每个 IF 结构的包括性，可以格式化地写成如下形式：

IF X3=0 THEN

　　　　IF 存车=1 THEN

　　　　　　IF X1=1 THEN

　　　　　　　　IF 门 1<=100 AND X4=0 AND X3=0 THEN

```
            Y1=1
            门 1=门 1+1
            IF  门 1>=100 THEN
                X4=1
                Y1=0
            ENDIF
        ENDIF
        IF 门 1>=70 THEN
            入库=入库+1
        IF  入库>=100 then
                入库=100
                X3=1
                Y2=1
                X1=0
            ENDIF
          ENDIF
        ENDIF
    ENDIF
ENDIF


IF X3=1 THEN
    X4=0
    门 1=门 1-1
    IF  门 1<=0 THEN
        门 1=0
        Y2=0
    ENDIF
    IF  取车=1 THEN
        IF  门 2<=100 AND X5=0 AND X2=0 THEN
            Y3=1
            门 2=门 2+1
            IF  门 2>=100 THEN
                Y3=0
                X5=1
            ENDIF
        ENDIF
        IF 门 2>=70 THEN
            出库=出库+1
            IF  出库>=100 then
```

```
            出库=100
            X3=0
            Y4=1
            X2=1
        ENDIF
      ENDIF
    ENDIF
  ENDIF

  IF X2=1 THEN
    X5=0
      门 2=门 2-1
      IF  门 2<=0 THEN
      门 2=0
      Y4=0
      X2=0
      取车=0
    ENDIF
  ENDIF


  门 1 上=100-门 1
  门 2 上=100-门 2
```

脚本程序有没有语法错误可以通过点击"脚本程序编辑器"中的"检查"按钮进行检查。如果没有语法错误，则会显示"组态设置正确，没有错误！"，如图 2-5-68 所示。

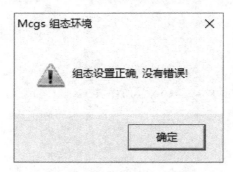

图 2-5-68　脚本程序语法组态正确检查图

(六) 仿真运行

系统全部组态完成后，即可以进行仿真运行。单击工具栏中的"进入运行环境"按钮，或者点击"文件"菜单下的"进入运行环境"，或按键盘 F5 键，即可进行仿真运行，如图 2-5-69 所示。

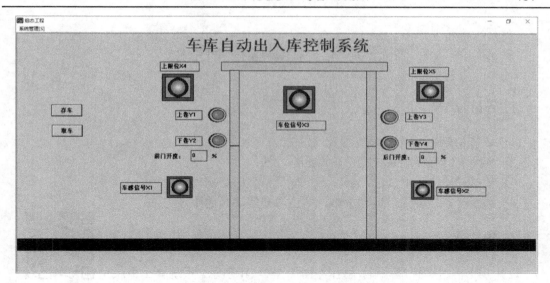

图 2-5-69　初始状态仿真运行效果图

五、同步训练

(1) 小车的水平移动采用一辆小车来完成整个出入库运行。

(2) 完成一个四工位小车自动往返控制系统，如图 2-5-70 所示。按"启动"按钮，小车开始从左边向右边运行，每运行到一个工位停止 3 秒，然后再继续往下一个工位运行，运行到右极限位后，掉头往左运行，每运行到一个工位也停止 3 秒，直到碰到左限位，再重复开始动作。按停止按钮，小车停在原地不动作。

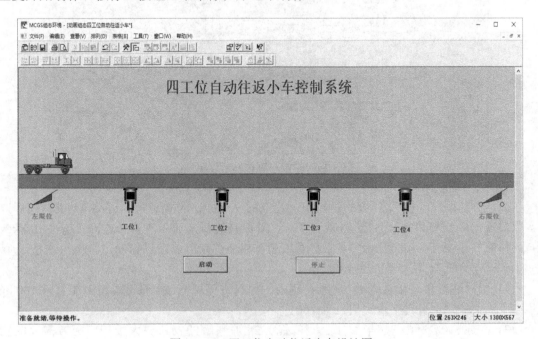

图 2-5-70　四工位自动往返小车设计图

任务六　　混料罐控制系统

一、任务目标

(1) 掌握 MCGS 组态软件工程建立的方法；

(2) 掌握混料罐控制系统窗口画面组态方法；

(3) 掌握流动块、滑动输入器、下拉框等构件的组态方法；

(4) 掌握配方、事件、运行策略、颜色填充等动画的组态方法。

仿真运行

二、任务设计

设计一个混料罐控制系统，总体界面如图 2-6-1 所示。系统有 2 个原料罐，1 个混料罐。原料罐提供的原料在混料罐中进行混料。1# 原料罐和 2# 原料罐的比例关系由用户选择的配方决定。配方总共有 2 种，配方 1 的比例关系为：1# 原料罐 30 kg，2# 原料罐 30 kg。配方 2 的比例关系为：1# 原料罐 40 kg，2# 原料罐 20 kg。

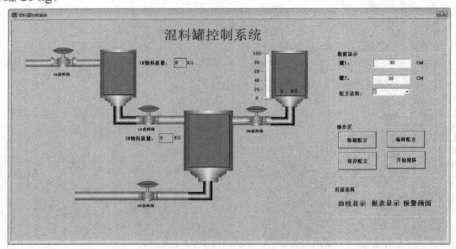

图 2-6-1　　混料罐仿真运行图

系统操作流程如下：

(1) 用户按一下 1# 原料罐的进料阀，让原料 A 进入 1# 原料罐，开启 1# 进料阀后，1# 原料罐内的原料以每秒 5 kg 的速度进入。1# 原料罐最多可以进料 100 kg，超过 100 kg，1# 进料阀自动关闭。如果不想 1# 原料罐填满物料 A，则可以在进料的过程中再次按下 1# 进料阀即可关闭 1# 原料罐的进料动作。

(2) 用户通过滑动输入器将 2# 原料罐内的原料进行填充。2# 原料罐最多能装入 100 kg 的物料 B，即滑动输入器最大值也为 100。

(3) 在原料物料填充完毕后(1# 原料罐和 2# 原料罐的物料要大于相应配方需要的物

料），用户可以通过下拉框选择某个配方。点击"操作区"中的"装载配方"按钮，将相应的配方装载入系统。然后点击"开始混料"按钮即可进行物料的混料动作。

(4) 混料的过程为：原料 A 和原料 B 同时以每秒 5 kg 的速度进入混料罐，如果某个原料进入的量达到配方所需的要求。则对应的出料阀门自动关闭。如果想暂停某种原料进入混料罐那么鼠标单击对应出料阀即可暂停原料进入混料罐。直到全部所需物料都进入混料罐，系统认为混料过程结束。

(5) 只有混料过程全部结束后才可以进行出料动作。点击 3# 混料罐的出料阀，混料罐内的物料将以每秒 8 kg 的速度向外出料。如果想暂停出料则再次单击 3# 出料阀即可暂停出料。

(6) 系统还提供了页面切换选择项。为后续项目页面提供切换入口。本项目中页面切换采用标签的"按钮动作"动画进行页面切换，同时使用事件和字符颜色动画对标签进行字符颜色动画区别。即鼠标移动到某个标签上面，对应标签的颜色变成红色，鼠标移出该标签则标签颜色重新变成黑色。

三、知识学习

(一) MCGS 动画构件

1. 下拉框

用户在对系统的操作中往往会遇到大量数据选择的情况，为了方便用户，MCGS 提供了下拉框构件。MCGS 通用版的下拉框构件包括 5 种类型：简单组合框、下拉组合框、列表组合框、策略组合框以及窗口组合框，不同类型的组合框有不同的功能。如：

- 下拉组合框：提供用户编辑和选择功能；
- 列表组合框：提供用户选择功能；
- 策略组合框：提供用户选择执行策略；
- 窗口组合框：提供用户打开用户窗口，快速显示用户窗口。

下拉框

1) 基本属性页

下拉基本属性设置如图 2-6-2 所示。

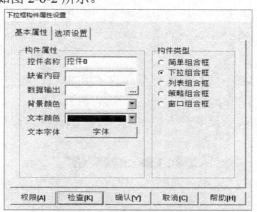

图 2-6-2 下拉框基本属性设置图

各选项含义如下：

控件名称：设置组合框构件的名称；

缺省内容：设置构件的缺省内容，即本构件未被作任何选择时，初始显示的内容；

数据输出：选择或者输出到实时数据变量的名称，此处的数据类型需和"选项设置"页中的变量类型相同；

背景颜色：设置组合框构件编辑框的背景颜色；

文本颜色：设置组合框构件编辑框文字颜色；

文本字体：设置组合框构件文本的文字大小；

构件类型：设置组合框构件的类型，比如下拉组合框，列表组合框等。

2) 选项设置页

由于选项设置页和组合框构件的类型相关联，所以不同类型的选择框类型会有不同的选择设置页设置。

· 简单组合框、下拉组合框和列表组合框类型，如图 2-6-3 所示。

在此属性页中可以输入供用户选择的内容列表。

· 策略组合框和窗口组合框类型，如图 2-6-4 所示。

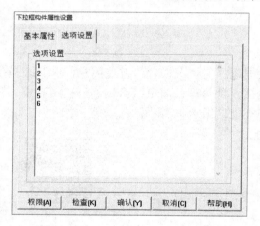
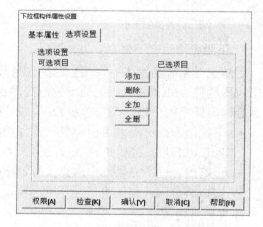

　　图 2-6-3　下拉组合框选项设置图　　　　　图 2-6-4　下拉策略组合框选项设置图

在此属性页中可以选择想要执行的策略或者打开的用户窗口，运行环境下，选中某一项后会执行相关策略或者打开相对应的用户窗口。

3) 组合框显示类型

组合框构件在运行时按不同类型会有不同的显示方式：

· 简单组合框　如图 2-6-5 所示。

功能：从直接显示的编辑框和列表框中选择对应项到编辑窗口。

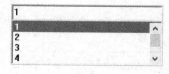

图 2-6-5　简单组合框运行效果图

- 下拉组合框，如图 2-6-6 所示。

功能：可以编辑组合框构件当前内容或者从下拉列表中选择。

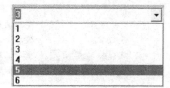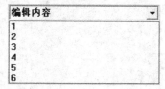

图 2-6-6　下拉组合框运行效果图

- 列表组合框，如图 2-6-7 所示。

功能：从下拉列表中选择对应项到编辑窗口，不能对编辑窗口进行编辑。

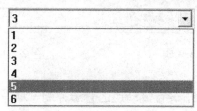

图 2-6-7　列表组合框运行效果图

- 策略组合框，如图 2-6-8 所示。

功能：从下拉列表中选择对应策略并执行。

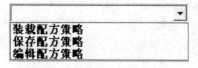

图 2-6-8　策略组合框运行效果图

- 窗口组合框，如图 2-6-9 所示。

功能：从下拉列表中选择用户窗口并打开该窗口。

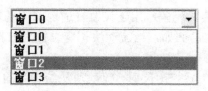

图 2-6-9　窗口组合框运行效果图

2. 流动块

MCGS 流动块构件是用于模拟管道内液体流动的动画构件。它分为两个部分：管道和位于管道内部的流动块，如图 2-6-10 所示。

流动块

MCGS 流动块构件的管道可以显示为 3D 或平面的效果，当使用 3D 效果时，管道使用两种颜色：填充颜色和边线颜色进行填充，如图 2-6-11 所示。

在组态环境下，管道内部的流动块是静止不动的，但在运行环境下，流动块可以按照用户的组态设置从构件的一端向另一端流动。

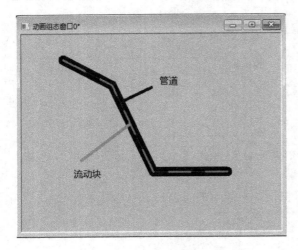

图 2-6-10　流动块运行效果图

图 2-6-11　流动块基本属性设置图

1) 基本属性页

流动块基本属性页主要用于设置流动块的管道外观、填充颜色、边线颜色、流动方向等，具体设置项如图 2-6-11 所示。

管道外观：用于设置管道的显示式样，可以选择为平面或 3D(缺省为 3D 效果)。当选择"平面"时，本属性页中的边线颜色变为不可用(灰显)。

管道宽度：以像素为单位，设置管道宽度。

填充颜色：当管道外观为平面时，填充颜色即管道自身的颜色；当管道外观为 3D 时，填充颜色指管道中心部分的颜色。填充颜色还可以设置为"无填充颜色"，此时，流动块构件将不显示管道。

边线颜色：当管道外观为平面时，边线颜色不可用(灰显)；当管道外观为 3D 时，边线颜色指管道外围的颜色。此外，边线颜色还可以设置为"无边线颜色"，此时使用白色作为边线颜色。

流动块颜色、长度、宽度、间隔：用于设置管道内部流动块的属性。除颜色外，其他三项属性均以 10 像素为单位，例如，当流动块长度设置为 6 时，管道内流动块显示长度为 60 个像素点。

流动方向：当选择从左(上)到右(下)时，流动块从绘制时的起始点向终止点流动；当选择从右(下)到左(上)时，流动块从绘制时的终止点向起始点流动。

流动速度：有快、中、慢三种速度可以使管道内流动块以不同的速度移动。

2) 流动属性页

流动块流动属性页主要用于设置流动块是否进行流动。其具体设置项如图 2-6-12 所示。

表达式：本项中输入一个表达式，决定流动开始和停止的条件。可以利用右侧的问号"？"按钮，从显示的表达式列表中选取。如表达式为空，则流动块构件始终处于运动状态。

当表达式非零时：本项确定表达式的值和构件流动的关系。

当停止流动时，绘制流体：勾上此项，流动块停止流动时，绘制流动块，否则不绘制流动块。

3) 可见度属性页

流动块可见度属性页主要用于设置流动块的可见度。其具体设置项见图 2-6-13 所示。

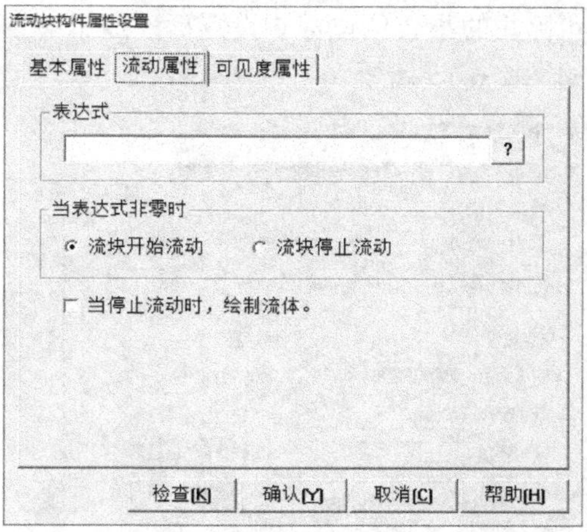

图 2-6-12 流动块流动属性设置图 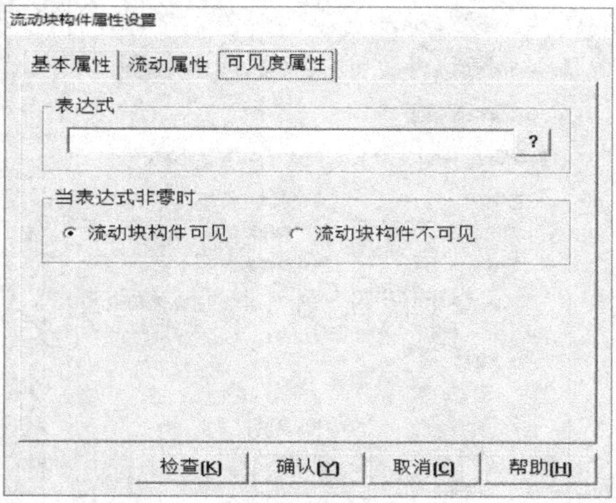   图 2-6-13 流动块可见度属性设置图

表达式：本项中输入一个表达式，决定流动块构件是否可见。可以利用右侧的问号"？"按钮，从显示的表达式列表中选取。如不设置任何表达式，则运行时，构件始终处于可见状态。

当表达式非零时：本项指定表达式的值和构件可见度的对应关系。

4) 绘制流动块的方法

在用户窗口中，选择动画构件工具箱中的流动块构件，在用户窗口上通过单击鼠标左键来逐点绘制流动块。

通过下述三种方式可以结束流动块的绘制：

- 单击鼠标右键；
- 双击鼠标左键；
- 按 ESC 键。

另外，在流动块绘制过程中，如果在鼠标移动的同时按下 Shift 键，则流动块只能以水平或垂直的方式绘制和移动。

3. 滑动输入器

滑动输入器构件是模拟滑块直线移动实现数值输入的一种动画图形，完成 Windows 下的滑轨输入功能。运行时，当鼠标经过滑动输入器构件的滑动块上方时，鼠标指针变为手状光标，表示可以执行滑动输入操作，按住鼠标左键拖动滑块，改变滑块的位置，进而改变构件所连接的数据对象的值。

滑动输入器

滑动输入器构件具有可见与不可见两种显示状态，当指定的可见度表达式被满足时，滑动输入器构件将呈现可见状态，否则，处于不可见状态。

1) 基本属性页

基本属性页中主要制定滑动输入器构件的外观，包括设置滑块的高度、宽度、颜色以及滑轨的高度、背景颜色、填充颜色。设置滑块的指针方向。其设置如图 2-6-14 所示。

2) 刻度与标注属性页

本页中主要设置刻度：包括设置主划线和次划线的数目、颜色、长度、宽度。设置标注属性：设置标注文字的颜色、字体、标注间隔和标注的小数位位数。设置标注显示：设置是否显示标注文字以及标注的位置。具体设置如图 2-6-15 所示。

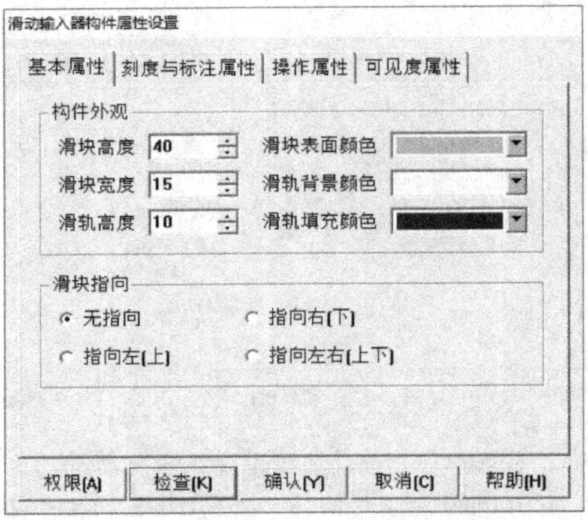

图 2-6-14　滑动输入器基本属性设置图 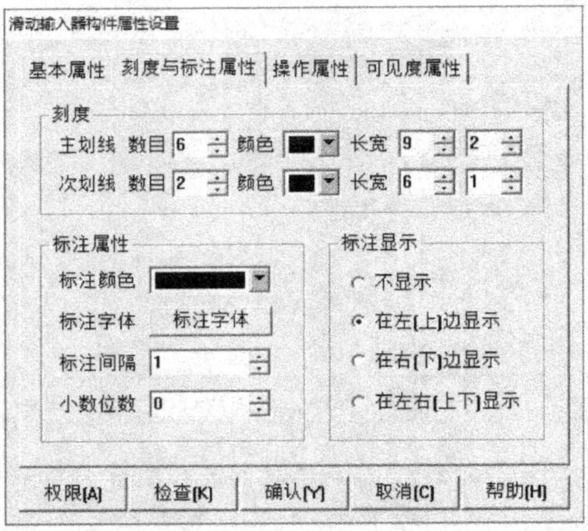　　　图 2-6-15　滑动输入器刻度与标注属性设置图

3) 操作属性页

本页为滑动输入器的主要属性设置页。设置对应数据对象的名称，一般为数值型，数据对象的值和滑块的位置构成一一对应的关系。具体设置如图 2-6-16 所示。

设置指针位置和数据对象值的连接：建立滑块位置和所连接的数据对象数值之间的极限关系。运行时，根据此项设置，根据滑块实际的位置，计算数据对象的值。

4) 可见度属性页

表达式：本项中输入一个表达式，决定滑动输入器构件是否可见。可以利用右侧的"？"按钮，从显示的表达式列表中选取。如不设置任何表达式，则运行时，构件始终处于可见状态。

当表达式非零时：本项指定表达式的值和构件可见度的对应关系。具体设置如图 2-6-17 所示。

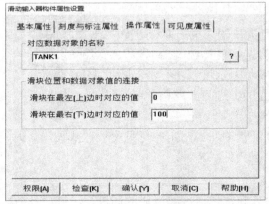

图 2-6-16　滑动输入器操作属性设置图

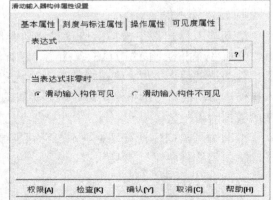

图 2-6-17　滑动输入器可见度属性设置图

4. 动画对象事件

在 MCGS 的动画界面组态中，可以组态处理动画事件。动画事件是在某个对象上发生的，可能带有参数也可能没有参数的动作驱动源。如用户窗口上可以发生事件：Load、Unload，分别在用户窗口打开和关闭时触发。可以对这两个事件组态一段脚本程序，当事件触发时(用户窗口打开或关闭时)被调用。

事件

用户窗口的 Load 和 Unload 事件是没有参数的，但是有些事件是有带参数的。如 MouseMove 事件带有 4 个参数。可以提供鼠标移动时鼠标的 X、Y 坐标等信息。在组态这个事件时，可以在参数组态中，选择把 MouseMove 事件的几个参数连接到数据对象上，这样，当 MouseMove 事件被触发时，就会把 MouseMove 的参数，包括鼠标位置、按键信息等送到连接的数据对象，然后，在事件连接的脚本程序中，就可以对这些数据对象进行处理。

不同的动画构件有不同的事件类型。如图 2-6-18 为标签构件的事件设置操作图，图 2-6-19 为标签构件可以触发的事件类型。包括：鼠标移动事件——MouseMove、鼠标左键单击事件——Click 等。后续案例中以标签构件的 MouseMove 事件进行具体的讲解。

图 2-6-18　事件设置操作图

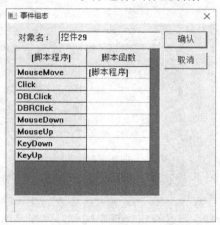

图 2-6-19　事件脚本组态图

(二) MCGS 配方处理

在工业生产过程中，配方是用来描述生产一件产品所用的不同配料之间的比例关系，是生产过程中一些变量对应的参数设定值的集合。例如，一个饲料厂生产饲料时有一个基本的配料配方，此配方列出所有要用来生产饲料的配料成份表，如大豆、玉米、豆粕、谷物等。另外，也列出所有可选配料成份表(如鱼粉、乳清粉、饲料添加剂等)，而这些可选配料成份可以被添加到基本配方中用以生产各种各样的饲料。又如，在钢铁厂，一个配方可能就是机器设置参数的一个集合。

MCGS 配方构件采用数据库处理方式，可以在一个用户工程中同时建立和保存多种配方，每种配方的配方成员和配方记录可以任意修改，各个配方成员的参数可以在开发和运行环境修改，可随时指定配方数据库中的某个记录为当前的配方记录，把当前配方记录的配方参数装载到 MCGS 实时数据库的对应变量中，也可把 MCGS 实时数据库的变量值保存到当前配方记录中，同时，提供对当前配方记录的保存、删除、锁定、解锁等功能。

MCGS 配方构件由三个部分组成：配方组态设计、配方操作和配方编辑。MCGS 配方构件一般分为三步：

第一步，配方组态设计，即在"工具"菜单下的"配方组态设计"中设置各个配方所要求的各种成员和参数值，如一个钢铁厂生产钢铁需要的各种原料及参数配置比例；

第二步，配方操作设计，即在运行策略中设置对配方参数的操作方式，如编辑配方记录，装载配方记录等操作；

第三步，动态编辑配方，即在运行环境中动态地编辑配方参数。

1. 配方组态设计

点击"工具"菜单下的"配方组态设计"菜单项，进入 MCGS 配方组态设计窗口。如图 2-6-20 所示。

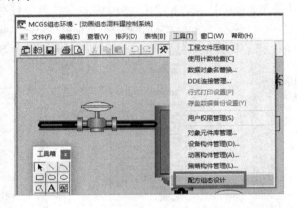

配方组态设计

图 2-6-20　配方组态设计操作图

如果"工具"菜单下没有"配方组态设计"菜单项，则先选择"工具"菜单下的"策略构件管理"菜单，打开"策略构件管理"对话框，如图 2-6-21 所示。在"所有策略构件"中选中"配方操作处理"构件，单击"增加"按钮，将该构件增加到右侧"选定策略构件"中去。按"确定"按钮后，"工具"菜单下会出现"配方组态设计"菜单项。

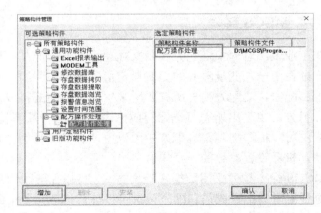

图 2-6-21　策略构件管理器对话框

"配方组态设计"是一个独立的编辑环境，如图 2-6-22 所示。用户在使用配方构件时必须熟悉配方组态设计的各种操作,"配方组态设计"由"配方菜单""配方列表框""配方显示表格"等几部分组成,"配方菜单"用于完成配方以及配方编辑和修改操作,"配方列表"用于显示工程中所有的配方,"配方结果显示"用于显示选定的配方的各种参数,可以在"编辑配方"中对各种配方参数进行编辑、修改。

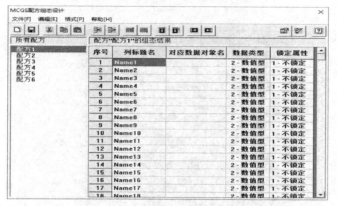

图 2-6-22　MCGS 配方组态设计图

使用配方组态设计进行配方参数设置的步骤如下。

1) 新建配方

点击"文件"中的"新增配方"菜单项,会自动建立一个缺省的配方结构,缺省的配方名字为配方 1,配方的参数个数为 32 个,配方参数名称为 Name1～Name32,对应的数据库变量为空,数据类型为数值型。配方的最大记录个数为 32 个。文件菜单下的"配方改名"可以修改配方构件的名字,"配方参数"可以修改配方的参数个数和最大记录个数,如图 2-6-22 所示,即配方表的行数和列数,行的含义就是某个配方中有多少条配方记录。列的含义就是这个配方中有多少种原材料或参数配置。本例中修改该配方为 2 行 3 列,即有 2 种配方记录,每种记录中有配方记录号、原料 A、原料 B 这 3 个数据。列标题名可以直接双击对应框进行修改。数据类型中也可以单击鼠标左键,在出现的下拉框中选择对应的数据类型。在"配方结果显示"中可以修改配方参数名称和变量连接,新建的配方如图 2-6-23 所示。

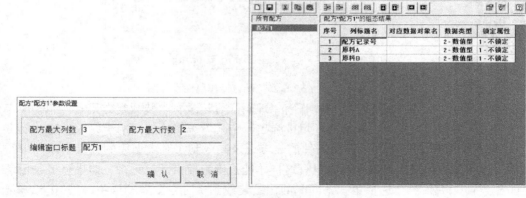

图 2-6-23　新建配方组态设计图

2) 编辑配方

双击某个配方进入配方编辑状态，如图 2-6-24 所示，在编辑状态可以编辑此配方的配方记录，即进行配方记录中的参数值设定。本界面可以对记录进行增加、删除、上下移动、存盘等操作。完成配方的编辑工作后存盘退出。

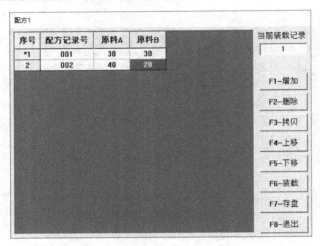

图 2-6-24　配方记录编辑设计图

2. 配方操作设计

当组建好一个配方后，就需要对配方进行操作，主要的操作有装载配方记录，保存配方记录值、编辑配方记录等，MCGS 使用特定的策略构件来实现对配方记录的操作，在策略构件中提供的配方操作如图 2-6-25 所示。

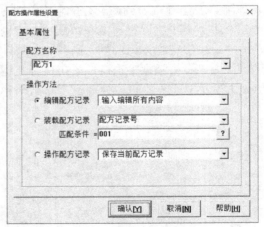

配方操作设计

图 2-6-25　配方操作属性设计图

在用户策略中可以对配方实现的操作有"编辑配方记录"，"装载配方记录"和"操作配方记录"。"编辑配方记录"在运行环境中弹出一个配方编辑窗口，用于修改指定的配方记录；"装载配方记录"把满足匹配条件的配方记录装载到实时数据库的变量中，其中匹配条件一般在配方记录中是唯一的，只有这样才能正确地取得配方记录，如果有多条记录满足匹配条件，则系统会选择第一条匹配的记录装载到实时数据库变量中；"操作配方记录"可以把当前实时数据库中变量的值保存到配方数据库，或者取前一个配方记录，或者取后一个配方记录。

3. 配方处理函数

MCGS 除了提供用户策略来对配方进行相应的操作，同时也提供了内部配方操作的函数。组态时，可在表达式或用户脚本程序中直接使用这些函数。系统内部函数的名称一律以"！"符号开头。内部配方操作函数主要有装载配方文件函数、移动配方记录函数、查找配方记录函数、保存配方文件函数等。常用的函数如下所示：

- !RecipeLoad(strFilename, strRecipeName)

函数意义：装载配方文件。

返　回　值：开关型。返回值为 0，操作成功；返回值小于 0，操作不成功。

参　　　数：strFilename，字符型，配方文件名。

　　　　　　strRecipeName，字符型，配方表名。

实　　　例：!RecipeLoad("d:\mcgs\work\1.csv", "rec")

　　　　　　!RecipeBind("rec", t1, t2, t3, t4)

实例说明：装载一个配方文件，文件名为："d:\mcgs\work\1.csv"，在该 csv 文件中可以预先编辑一些配方记录。装载后的配方表名为：rec，并将该配方表绑定到变量 t1，t2，t3，t4 上。

- !RecipeMoveFirst(strRecipeName)

函数意义：移动到第一个配方记录。

返　回　值：开关型。返回值为 0，操作成功；返回值小于 0，操作不成功。

参　　　数：strRecipeName，字符型，配方表名。

实　　　例：!RecipeMoveFirst("rec")

实例说明：移动到配方表 rec 的第一个配方记录。

- !RecipeMoveLast(strRecipeName)

函数意义：移动到最后一个配方记录。

返　回　值：开关型。返回值为 0，操作成功；返回值小于 0，操作不成功。

参　　　数：strRecipeName，字符型，配方表名。

实　　　例：!RecipeMoveLast("rec")

实例说明：移动到配方表 rec 的最后一个配方记录。

- !RecipeMoveNext(strRecipeName)

函数意义：移动到下一个配方记录。

返　回　值：开关型。返回值为 0，操作成功；返回值小于 0，操作不成功。

参　　　数：strRecipeName，字符型，配方表名。

实　　　例：!RecipeMoveNext("Rec")

实例说明：移动到配方表 Rec 的下一个配方记录。

- !RecipeMovePrev(strRecipeName)

函数意义：移动到前一个配方记录。

返　回　值：开关型。返回值为 0，操作成功；返回值小于 0，操作不成功；

参　　　数：strRecipeName，字符型，配方表名。

实　　　例：!RecipeMovePrev("Rec")

实例说明：移动到配方表 Rec 的前一个配方记录。

• !RecipeSeekTo(strRecipeName, DataName, str)

函数意义：查找配方。

返 回 值：开关型。返回值为 0，操作成功；返回值小于 0，操作不成功。

参　　　数：strRecipeName，字符型，配方表名。

　　　　　　DataName，数据对象名。

　　　　　　Str，字符型，数据对象对应的值。

实　　　例：!RecipeSeekTo("rec", t1, "111")

实例说明：跳转到配方表 Rec 中 t1 变量对应的值为 111 处(t1 变量即为前述!RecipeBind 函数绑定的变量)，若有多处匹配，则跳转到第一个匹配的配方记录。

• !RecipeSave(strRecipeName, strFilename)

函数意义：保存配方文件。

返 回 值：开关型。返回值为 0，操作成功；返回值小于 0，操作不成功。

参　　　数：strRecipeName，字符型，配方表名。

　　　　　　strFilename，字符型，配方文件名。

实　　　例：!RecipeSave("Rec", "d:\1.csv")

实例说明：保存一个配方文件，文件名为：d:\1csv，要保存的配方表名为：Rec。

注　　　意：进行配方的编辑、添加、修改、删除、排序等操作后，都要进行保存配方操作才有效。

• !RecipeSeekToPosition(strRecipeName, rPosition)

函数意义：跳转到配方表 strRecipeName 的指定的记录 rPosition。

返 回 值：开关型。返回值为 0，操作成功；返回值小于 0，操作不成功。

参　　　数：strRecipeName，字符型，配方表名。

　　　　　　rPosition，开关型，指定跳转的记录行。

实　　　例：!RecipeSeekToPosition("rec",5)

实例说明：跳转到配方表 rec 的记录 5。

注　　　意：记录是从 0 开始计算的。

• !RecipeSort(strRecipeName, DataName, Num)

函数意义：配方表排序。

返 回 值：开关型。返回值为 0，操作成功；返回值小于 0，操作不成功。

参　　　数：strRecipeName，字符型，配方表名。

　　　　　　DataName，数据对象名。

　　　　　　Num，开关型，0，表示按升序排列；1，表示按降序排列。

实　　　例：!RecipeSort("rec", t1, 0)

实例说明：对配方表 rec 按 t1 的升序排列。

注　　　意：排序后，需要进行保存配方操作，方才有效。

• !RecipeClose(strRecipeName)

函数意义：关闭配方表。

返 回 值：开关型。返回值为 0，操作成功；返回值小于 0，操作不成功。

参 　 数：strRecipeName，字符型，配方表名。

实 　 例：!RecipeClose("Rec")

实例说明：关闭名为 Rec 的配方表。

- !RecipeDelete(strRecipeName)

函数意义：删除配方表 strRecipeName 的当前配方。

返 回 值：开关型。返回值为 0，操作成功；返回值小于 0，操作不成功。

参 　 数：strRecipeName，字符型，配方表名。

实 　 例：!RecipeDelete("Rec")

实例说明：删除配方表 Rec 的当前配方。

- !RecipeEdit(strRecipeName)

函数意义：用当前数据对象的值来修改配方表 strRecipeName 中的当前配方。

返 回 值：开关型。返回值为 0，操作成功；返回值小于 0，操作不成功。

参 　 数：strRecipeName，字符型，配方表名。

实 　 例：!RecipeEdit("Rec")

实例说明：用当前数据对象的值来修改配方表 Rec 中的当前配方。

- !RecipeGetCount(strRecipeName)

函数意义：获取配方表 strRecipeName 中配方的个数；

返 回 值：开关型。返回值大于等于 0，操作成功，其值为配方个数；返回值小于 0，操作不成功。

参 　 数：strRecipeName，字符型，配方表名；

实 　 例：!RecipeGetCount("Rec")

实例说明：获取配方表 Rec 中配方的个数；

- !RecipeGetCurrentPosition(strRecipeName)

函数意义：获取配方表 strRecipeName 中当前的位置；

返 回 值：开关型。返回值大于等于 0，操作成功，其值为当前位置；返回值小于 0，操作不成功。

参 　 数：strRecipeName，字符型，配方表名。

实 　 例：x=!RecipeGetCurrentPosition("Rec")

实例说明：获取配方表 Rec 中当前的位置，并存储在变量 x 中。

- !RecipeGetCurrentValue(strRecipeName)

函数意义：将配方表 strRecipeName 中的值装载到与其绑定的数据对象上，起到刷新的作用。

返 回 值：开关型。返回值为 0，操作成功；返回值小于 0，操作不成功。

参 　 数：strRecipeName，字符型，配方表名。

实 　 例：!RecipeGetCurrentValue("Rec")

实例说明：将配方表 Rec 中的值装载到与其绑定的数据对象上。

- !RecipeInsertAt(strRecipeName, rPosition)

函数意义：将当前数据对象的值，添加到配方表 strRecipeName 的 rPosition 所指定的记录行上。

返 回 值：开关型。返回值为 0，操作成功；返回值小于 0，操作不成功。

参　　数：strRecipeName，字符型，配方表名。

　　　　　rPosition，开关型，指定添加的记录行。

实　　例：!RecipeInsertAt("rec", 5)

实例说明：将当前数据对象的值添加到配方表 rec 的记录 5 上。

!RecipeBind(strRecipeName，任意个数变量)

函数意义：把若干数据对象绑定到配方表 strRecipeName 上。

返 回 值：开关型。返回值为 0，操作成功；返回值为 −1，操作不成功。

参　　数：strRecipeName，字符型，配方表名。

实　　例：!RecipeBind("rec", t1, t2, t3, t4)

实例说明：把数据对象 t1, t2, t3, t4 绑定到配方表 rec 上。

· !RecipeAddNew(strRecipeName)

函数意义：在配方表中，用当前连接的数据对象的值添加一行。

返 回 值：开关型。返回值为 0，操作成功；返回值为 −1，操作不成功。

参　　数：strRecipeName，字符型，配方表名。

实　　例：!RecipeAddNew("rec")

实例说明：在配方表 rec 中，用当前连接的数据对象的值添加一行。

(三) 运行策略

对某些复杂的工程，监控系统必须设计成多分支、多层循环嵌套式结构，按照预定的条件，对系统的运行流程及设备的运行状态进行有针对性的选择和精确的控制。为此，MCGS 引入运行策略的概念，用以解决上述问题。

运行策略

所谓"运行策略"，是用户为实现对系统运行流程自由控制所组态生成的一系列功能块的总称。MCGS 为用户提供了进行策略组态的专用窗口和工具箱。

运行策略的建立，使系统能够按照设定的顺序和条件，操作实时数据库，控制用户窗口的打开、关闭以及设备构件的工作状态，从而实现对系统工作过程的精确控制及有序调度管理的目的。

通过对 MCGS 运行策略的组态，用户可以自行组态完成大多数复杂工程项目的监控软件，而不需要繁琐的编程工作。

MCGS 的运行策略由七种类型的策略组成，每种策略都可完成一项特定的功能，而每一项功能的实现又以满足指定的条件为前提，七种类型的策略除了启动方式各自不同之外，其功能没有本质的区别。每一个"条件—功能"实体构成策略中的一行，称为策略行，每种策略由多个策略行构成。运行策略的这种结构形式类似于 PLC 系统的梯形图编程语言，但更加图形化，更加面向对象化，所包含的功能比较复杂，实现过程则相当简单。

1. 运行策略类型

根据运行策略的不同作用和功能，MCGS 把运行策略分为启动策略、退出策略、循环策略、用户策略、报警策略、事件策略、热键策略七种。每种策略都由一系列功能模块组成。

MCGS 运行策略窗口中"启动策略""退出策略""循环策略"为系统固有的三个策略块，如图 2-6-26 所示，其余的则由用户根据需要自行定义，每个策略都有自己的专用名称，MCGS 系统的各个部分通过策略的名称来对策略进行调用和处理。

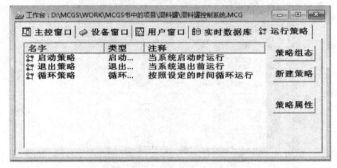

图 2-6-26　运行策略类型图

1) 启动策略

启动策略在 MCGS 进入运行时，首先由系统自动调用执行一次。一般在该策略中完成系统初始化功能，如：给特定的数据对象赋不同的初始值，调用硬件设备的初始化程序等，具体需要何种处理，由用户组态设置。

策略名字：输入启动策略的名字，由于系统必须有一个启动策略，所以此名字不能改变。

策略内容注释：用于对策略加以注释。启动策略属性设置如图 2-6-27 所示。

2) 退出策略

退出策略为系统固有策略，在退出 MCGS 系统时自动被调用一次，退出策略属性设置如图 2-6-28 所示。一般在该策略中完成系统结束时需处理的某些功能，如：给特定的数据对象赋不同的值，清除某些数据的记录等，具体需要何种处理，也由用户组态设置。

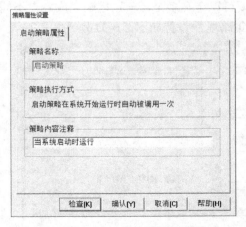

图 2-6-27　启动策略属性设置图

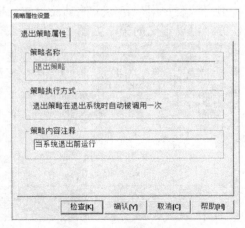

图 2-6-28　退出策略属性设置图

策略名字：退出策略的名字，由于系统必须有一个退出策略，所以此名字也不能改变。

策略内容注释：用于对策略加以注释。

3) 循环策略

循环策略为系统固有策略，也可以由用户在组态时创建，在 MCGS 系统运行时按照设定的时间循环运行，系统初始的循环时间为 60 000 ms，一般循环策略的时间需重新进行修改。在一个应用系统中，用户可以定义多个循环策略。循环策略属性设置如图 2-6-29 所示。

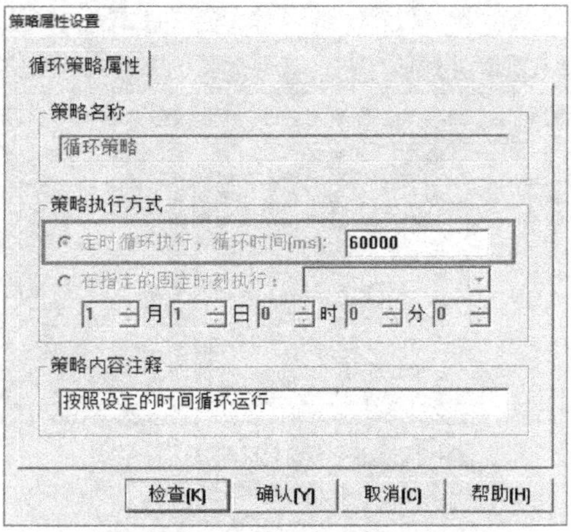

图 2-6-29　循环策略属性设置图

策略名字：输入循环策略的名字，一个应用系统必须有一个循环策略。循环执行方式有以下两种：

定时循环：按设定的时间间隔循环执行，直接用 ms 来设置循环时间。系统最小时间片：50～200 ms(缺省 50 ms)，动画刷新周期 50～1000 ms(缺省 50 ms)，闪烁周期的最小值为 200 ms(缺省 400 ms, 600 ms, 800 ms)。

固定时刻：策略在固定的时刻执行。

策略内容注释：用于对策略加以注释。

4) 用户策略

用户策略是用户自定义的功能模块，根据需要可以定义多个，分别用来完成各自不同的任务。可以定义的策略如图 2-6-30 所示。用户策略属性设置如图 2-6-31 所示。

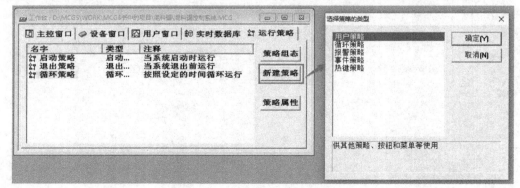

图 2-6-30　用户策略操作图

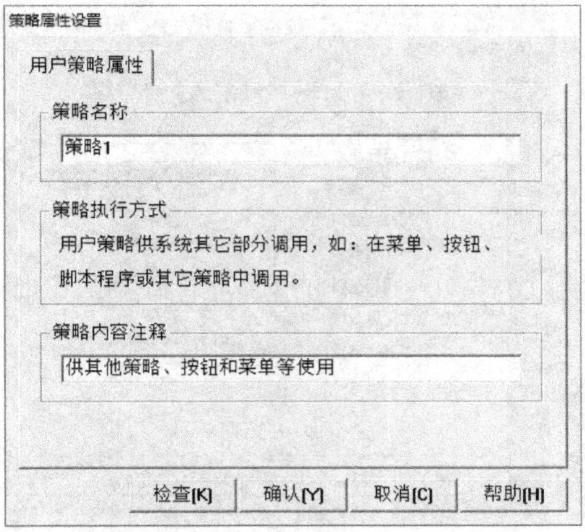

图 2-6-31 用户策略属性设置图

策略名字：输入用户策略的名字，该名称在某个工程中需是唯一的。

用户策略系统不会自动调用，需要在组态时指定调用用户策略的对象，MCGS 中可调用用户策略的地方有：

主控窗口的菜单命令可调用指定的用户策略。

在用户窗口内定义"按钮动作"动画连接时，可将图形对象与用户策略建立连接，当系统响应键盘或鼠标操作后，将执行策略块所设置的各项处理工作，如图 2-6-32 所示。

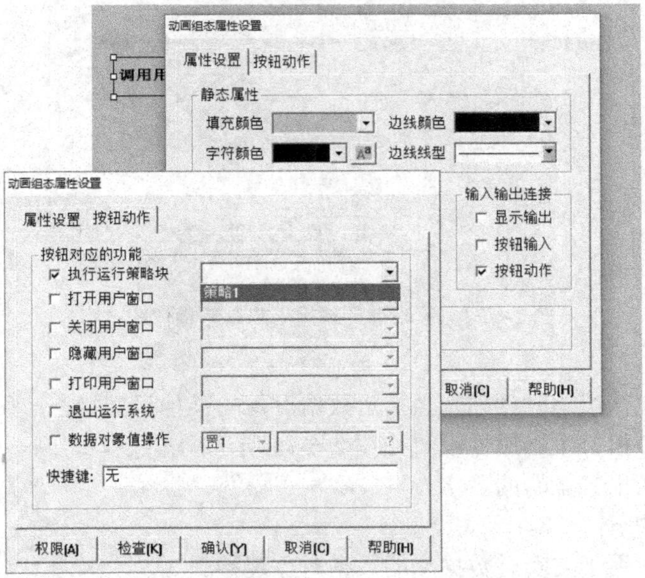

图 2-6-32 按钮动作执行用户策略操作图

选用系统提供的"标准按钮"动画构件作为用户窗口中的操作按钮时，将该构件与用户策略连接，单击此按钮或使用设定的快捷键，系统将执行该用户策略，如图 2-6-33 所示。

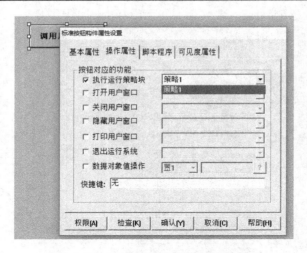

图 2-6-33 标准按钮执行用户策略操作图

策略构件中的"策略调用"构件，可调用其他的策略块，实现子策略块的功能。如图 2-6-34 所示。

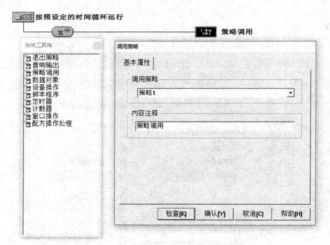

图 2-6-34 策略循环调用用户策略操作图

5) 报警策略

报警策略由用户在组态时创建，当指定数据对象的某种报警状态产生时，报警策略被系统自动调用一次。报警策略属性设置如图 2-6-35 所示，其操作如下：

策略名字：输入报警策略的名字。

策略执行方式如下：

对应数据对象：用于与实时数据库的数据对象连接。

对应报警状态：对应的报警状态有三种：报警产生时执行一次、报警结束时执行一次、报警应答时执行一次。

确认延时时间：当报警产生时，延时一定时间后，再检查数据对象是否还处在报警状态，如是，则条件成立，报警策略被系统自动调用一次。

策略内容注释：用于对策略加以注释。

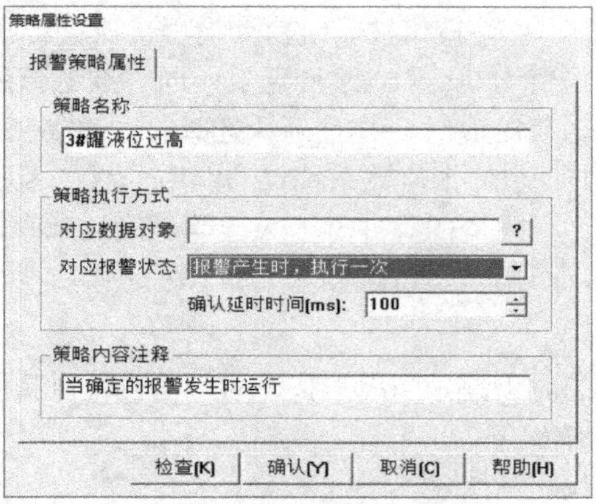

图2-6-35　报警策略属性设置图

6) 事件策略

事件策略由用户在组态时创建，当对应表达式的某种事件状态产生时，事件策略被系统自动调用一次。事件策略属性设置如图2-6-36所示，其操作如下：

策略名字：输入事件策略的名字。

策略执行方式如下：

对应表达式：用于输入事件对应的表达式。

事件内容：当对应表达式的某种事件状态产生时，事件策略被系统自动调用一次，表达式对应的事件内容有四种：表达式的值正跳变(0到1)、表达式的值负跳变(1到0)、表达式的值正负跳变(0到1到0)、表达式的值负正跳变(1到0到1)。判断表达式的值是否跳变时，表达式的值为0作为一种状态，表达式的值非0作为另一种状态。表达式的值不能为字符串。

确认延时时间：输入延时时间。确认延时时间的作用是为了排除偶然的因素所引起的误操作。确认延时时间为0时，表示不进行延时处理。

策略内容注释：用于对策略加以注释。

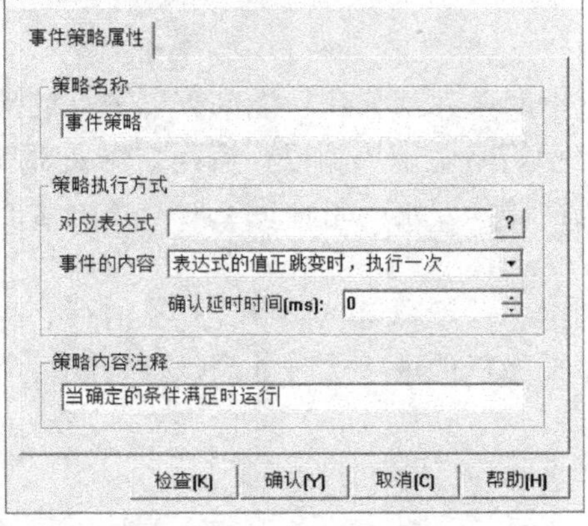

图2-6-36　事件策略属性设置图

正跳变：当表达式的值正跳变时，并且确认延时时间内(跳变开始时开始计时)表达式的值一直非 0，则条件成立，事件策略被系统自动调用一次；否则，本次跳变无效。(在确认延时时间内，如表达式的值为 0，本次跳变无效，同时准备记录下次跳变)。

负跳变：当表达式的值负跳变时，并且确认延时时间内(跳变开始时开始计时)表达式的值一直为 0，则条件成立，事件策略被系统自动调用一次；否则，本次跳变无效。

正负跳变和负正跳变：当跳变的脉冲宽度大于等于确认延时时间时，条件成立，事件策略被系统自动调用一次；否则，本次跳变无效。

7) 热键策略

热键策略由用户在组态时创建，当用户按下对应的热键时执行一次。热键策略属性设置如图 2-6-37 所示，其操作如下：

策略名字：输入热键策略的名字。

热键：输入对应的热键，同时按照功能键和对应字母或数字键，本例中同时按下 Ctrl 键和 F 键，系统自动读入键盘的按键数据，显示在该热键框内。

策略内容注释：用于对策略加以注释。

热键策略权限：设置热键权限属于哪个用户组，单击权限按钮将弹出权限设置对话框，选择列表框中的工作组，即设置了该工作组的成员拥有操作热键权限。

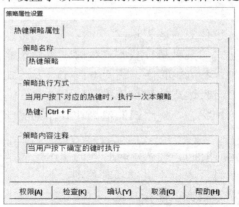

图 2-6-37　热键策略属性设置图

2．策略条件部分

策略条件部件：策略行中的条件部分和功能部分以独立的形式存在，策略行中的条件部分为策略条件部件。是运行策略用来控制运行流程的主要部件，如图 2-338 所示。在每一策略行内，只有当策略条件部分设定的条件成立时，系统才能对策略行中的策略构件进行操作。

通过对策略条件部分的组态，用户可以控制在什么时候、什么条件下、什么状态下，对实时数据库进行操作，对报警事件进行实时处理，打开或关闭指定的用户窗口，完成对系统运行流程的精确控制。

策略行条件属性设置：

在策略块中，每个策略行都有如图 2-6-38 所示的表达式条件部分，用户在使用策略行时可以对策略行的条件进行设置(缺省时表达式的条件为真)。

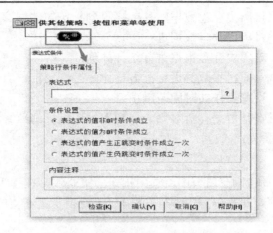

图 2-6-38 策略运行条件属性设置图

表达式：输入策略行条件表达式。

条件设置：用于设置策略行条件表达式的值成立的方式。

• 表达式的值非 0 时条件成立：当表达式的值非 0 时，条件成立，执行该策略。

• 表达式的值为 0 时条件成立：当表达式的值为 0 时，执行该策略。

• 表达式的值产生正跳变时条件成立一次：当表达式的值产生正跳变(值从 0 到 1)时，执行一次该策略。

• 表达式的值产生负跳变时条件成立一次：当表达式的值产生负跳变(值从 1 到 0)时，执行一次该策略。

3. 组态策略内容

在 MCGS 运行策略组态环境中，一个策略构件就是一个完整的功能实体，用户要做的工作是在构件属性对话框内，正确地设置各项内容(像填表一样)，就可完成所需的工作。同时，由于 MCGS 为用户提供了创建运行策略的良好构架，使用户能够比较容易地将自己编制的功能模块以构件的形式装入系统设立的策略工具箱内，以便在组态运行策略块时调用。

目前，MCGS 为用户提供了几种最基本的策略构件，它们是：

• 策略调用构件：调用指定的用户策略；

• 数据对象构件：数据值读写、存盘和报警处理；

• 设备操作构件：执行指定的设备命令；

• 退出策略构件：用于中断并退出所在的运行策略块；

• 脚本程序构件：执行用户编制的脚本程序；

• 音响输出构件：播放指定的声音文件；

• 定时器构件：用于定时；

• 计数器构件：用于计数；

• 窗口操作构件：打开、关闭、隐藏和打印用户窗口；

• Excel 报表输出：将历史存盘数据输出到 Excel 中，进行显示、处理、打印、修改等操作；

• 报警信息浏览：对报警存盘数据进行数据显示；

- 存盘数据拷贝：将历史存盘数据转移或拷贝到指定的数据库或文本文件中；
- 存盘数据浏览：对历史存盘数据进行数据显示，打印；
- 存盘数据提取：对历史存盘数据进行统计处理；
- 配方操作处理：对配料参数等进行配方操作；
- 设置时间范围：设置操作的时间范围；
- 修改数据库：对实时数据存盘对象、历史数据库进行修改、添加、删除。

组态策略内容的步骤为：

1) 新建策略

在工作台的"运行策略"窗口页中，选中指定的策略块，按"策略组态"按钮或用鼠标双击选中的策略块图标，即可打开策略组态窗口，对指定策略块的内容进行组态配置。如图 2-6-39 所示。

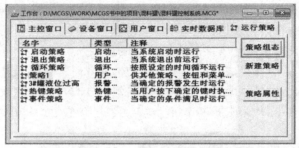

图 2-6-39　策略组态操作图

2) 新增策略行

在策略组态窗口里，可以增加或删除策略行。按工具条中的"新增策略行"按钮，或鼠标右键，在弹出的菜单中选择"新增策略行"命令，如图 2-6-40 所示。或按快捷键"Ctrl + I"，即可在当前行(光标所在行)之前增加一行空的策略行(放置构件处皆为空白框图)，作为配置策略构件的骨架。在未建立策略行之前，不能进行构件的组态操作。

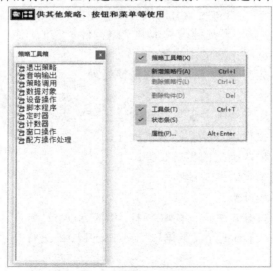

图 2-6-40　新建策略行操作图

　　MCGS 的策略块由若干策略行组成，策略行由条件部分和策略构件两部分组成，每一策略行的条件部分都可以单独组态，即设置策略构件的执行条件，每一策略行的策略构件只能有一个，当执行多个功能时，必须使用多个策略行。

　　系统运行时，首先判断策略行的条件部分是否成立，如果成立，则对策略行的策略构件进行处理，否则不进行任何工作。

　　3）添加策略内容

　　新增策略行后，在策略行的策略构件中，利用系统提供的"策略工具箱"对策略行中的构件进行重新配置或修改。鼠标选择工具箱中对应的功能模块，然后将鼠标移动到策略行的构件中即添加了策略行内的策略内容，如图 2-6-41 所示。

图 2-6-41　添加策略内容操作图

四、任务实施

任务实施

（一）建立工程

　　双击"组态环境"快捷图标 ，打开 MCGS 组态软件，然后按如下步骤建立工程：

1. 新建工程

　　选择"文件"菜单中的"新建工程"命令，弹出"新建工程"对话框，如图 2-6-42 所示。

图 2-6-42　"新建工程设置"对话框

2. 保存工程

选择"文件"菜单中的"工程另存为"命令,弹出"文件保存"窗口,在文件名一栏内输入"混料罐控制系统",单击"保存"按钮,完成工程创建。

(二) 窗口组态

1. 新建窗口

在工作台中选择"用户窗口"页面,单击"新建窗口"新建一个用户名窗口,右键选中该窗口,在弹出的菜单中选择"属性"菜单项,在"基本属性"页面中,将"窗口名称""窗口标题"都改成"混料罐控制系统","窗口位置"设置成"最大化显示","窗口边界"设置成"可变边",单击"确定"按钮,如图 2-6-43 所示。完成用户窗口属性设计。同时再设计 3 个窗口用于后续项目,窗口的名称分别为:曲线显示、报表显示、报警画面。如图 2-6-44 所示。

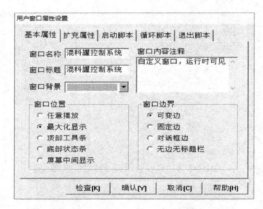

图 2-6-43   "用户窗口属性设置"对话框

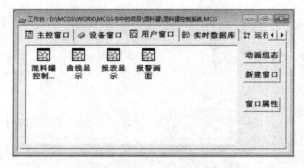

图 2-6-44   用户窗口画面组态设计图

2. 设置启动窗口

在工作台中的"用户窗口"中,左键选择该窗口,右键弹出菜单项,选择"设置为启动窗口"。这样系统启动的时候,该窗口会自动运行。

3. 绘制窗口标题

鼠标左键双击"混料罐控制系统"窗口,进行用户窗口组态,打开工具箱,单击"标签"构件 **A**，鼠标变成"+"形，在窗口的编辑区按住左键拖动出一个一定大小的文本框。然在该文本框内输入文字"混料罐控制系统"，在空白处左键单击鼠标结束输入。通过鼠标右键单击该标签，选择"属性"修改该标签的文字属性。在"属性设置"对话框中，将"边线颜色"选择成"无边线颜色"。选择"字符颜色"将其修改为蓝色，然后点击边上的 ，修改其字号大小，将其改成 60，其余保持默认设置。具体设置如图 2-6-45 所示。

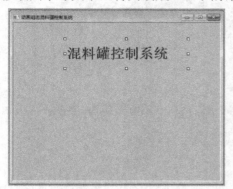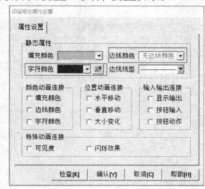

图 2-6-45　标题标签属性设置图

4. 绘制罐体、管道和显示标签

单击工具箱中的"插入元件"构件，在弹出的"对象元件库管理"窗口中，选择"储存罐"中的"罐 42"，在画面中绘制如图 2-6-46 所示的 3 个罐体。然后再在"对象元件库管理"窗口中，选择"管道"中的"管道 96"和"管道 97"两种管道，按图的 2-346 位置进行排列。再在 2# 罐体的边上绘制一个滑动输入器。将其操作属性中的最大值设置成 100，数据对象设置成 tank2。最后在 1# 罐体和 3# 罐体边上各绘制一个物料质量显示的标签。2# 罐体的上面也绘制一个物料质量显示的标签，该标签有两个子标签组成，其中一个用于显示 2# 罐体的质量值，另外一个标签用于显示单位，如图 2-6-47 所示。该标签后续将设置其属性，将这两个子标签合成一个单元，并让其跟随 2# 罐物料的高低进行上下浮动。

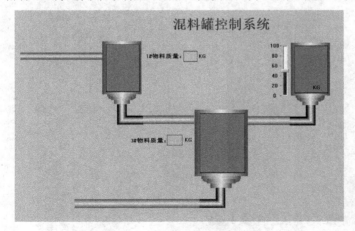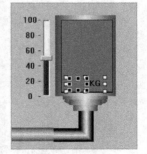

图 2-6-46　罐体管道组态设计图　　　　图 2-6-47　物料质量标签组态设计图

5. 绘制流动块

单击工具箱中的"流动块"构件，在管道上绘制对应的流动块。流动块可以连续绘制，在需要结束的时候，用鼠标左键双击或者单击鼠标右键即可。在流动块绘制过程中，如果在鼠标移动的同时按下 Shift 键，则流动块只能以水平或垂直的方式绘制和移动。这样可以保证流动块横平竖直。绘制完成后的设计图如图 2-6-48 所示。

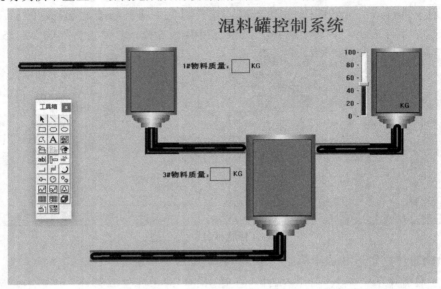

图 2-6-48　流动块组态设计图

6. 绘制阀门

单击工具箱中的 "插入元件" 构件，在弹出的"对象元件库管理"窗口中，选择"阀"中的 "阀 57"，将各个阀门加入到对应位置，并在各个阀门下绘制对应的标签。完成后的设计图如图 2-6-49 所示。

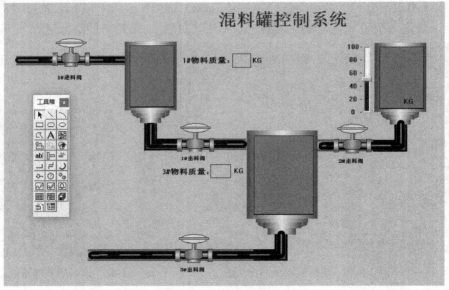

图 2-6-49　阀门组态设计图

7. 绘制数据显示及配方选择

在窗口的右侧绘制一个如图 2-6-50 所示的数据显示区，其包括显示 1# 罐和 2# 罐需进入混料罐内的设定物料数量。这两种物料的数量由不同的配方记录决定，同时由于某些时候需要将某种类型的数量配比存入新配方记录中，所以需采用输入框进行显示，这样可以在系统运行时，改变物料数量，便于将新数据存入新配方记录中。在该区域下方绘制一个下拉框，用于选择不同的配方。

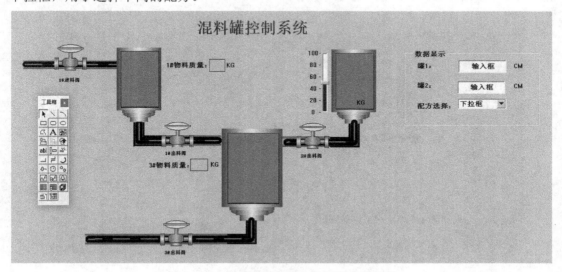

图 2-6-50　数据显示与配方选择组态设计图

8. 绘制操作区

根据系统任务要求，需要对配方进行操作，所以需要绘制 3 个标准按钮，分别用于装载配方、编辑配方、保存配方使用。另外再绘制一个标准按钮用于系统开始混料操作。由这 4 个标准按钮组成系统的操作区，具体设计如图 2-6-51 所示。实际系统操作时，各个阀门也可以进行单独控制。

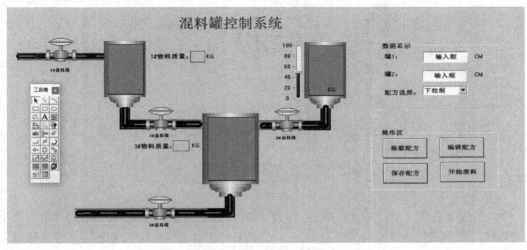

图 2-6-51　操作区组态设计图

9. 绘制页面选择

为了和后续任务相关联，可以相互进行页面的切换操作，所以在本页面中增加一个如图 2-6-52 所示的页面选择区域。本案例中采用标签的"按钮动作"动画来实现画面切换。所以在该区域内绘制 3 个标签。标签内容分别写上"曲线显示""报表显示""报警画面"。具体属性设置在后续动画连接中进行设置。至此该项目的静态画面绘制过程已经完成，点击"保存"按钮将画面的组态信息进行保存并关闭画面。接下来将进行"实时数据库"的建立工作。

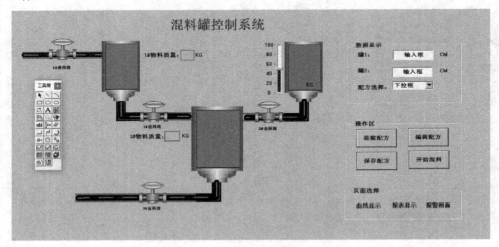

图 2-6-52　页面选择组态设计图

(三) 建立实时数据库

根据任务要求，本项目中需要建立如图 2-6-53 所示的实时数据库变量。

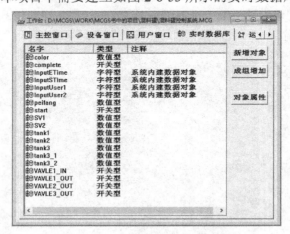

图 2-6-53　实时数据库组态设计图

开关型变量有 6 个：VAVLE1_IN 用于 1# 原料罐的进料阀门控制，VAVLE1_OUT 用于 1# 原料罐的出料阀门控制；VAVLE2_OUT、VAVLE3_OUT 分别用于 2# 原料罐的出料阀门控制和 3# 混料罐的出料阀门控制；start 变量用于控制是否开始混料过程；complete 变量用于控制一个混料过程是否完成。数值型变量有 9 个：tank1～tank3 用于各个罐的质量值显示；tank3_1 变量用于记录从 1# 原料罐进入混料罐内的物料 A 的质量；tank3_2 变量用于记录从 2# 原料罐进入混料罐内的物料 B 的质量；SV1、SV2 用于配方记录对应的 1# 罐、2# 罐的设定值，为了和系统默认配方记录相匹配，SV1 的初始值设置成 30，SV2 的初始值也设置成 30；peifang 变量用于配方选择下拉框和配方记录的序号，其初始值设置成 1；color 变量用于页面选择时对应标签颜色动画的设置。

(四) 动画连接

1. 罐体属性设置

在工作台中选择"用户窗口"页，鼠标双击打开"混料罐控制系统"用户窗口，双击 1# 原料罐，打开"单元属性设置"对话框。在 "数据对象"页的"大小变化"中，通过单击"?"按钮，在弹出的对话框中选择"tank1"数据对象，如图 2-6-54 所示。让 1# 原料罐内的质量随着 tank1 的数据值进行大小变化，如图 2-6-55 所示。同时再添加一个"填充颜色"动画，如图 2-6-56 所示。在弹出的"填充颜色"属性页中，增加填充颜色连接，0～20 之间为蓝色，20～80 之间为绿色，超过 80 的红色，如图 2-6-57 所示。这样 1# 原料罐会根据 tank1 数据的不同而填充不同的颜色属性。

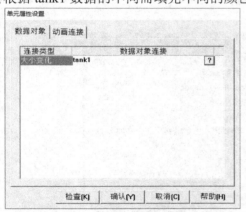

图 2-6-54　1# 原料罐大小属性操作图

图 2-6-55　1# 原料罐大小属性设置图

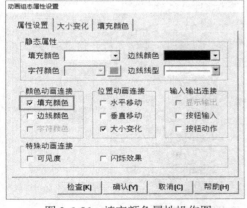

图 2-6-56　填充颜色属性操作图

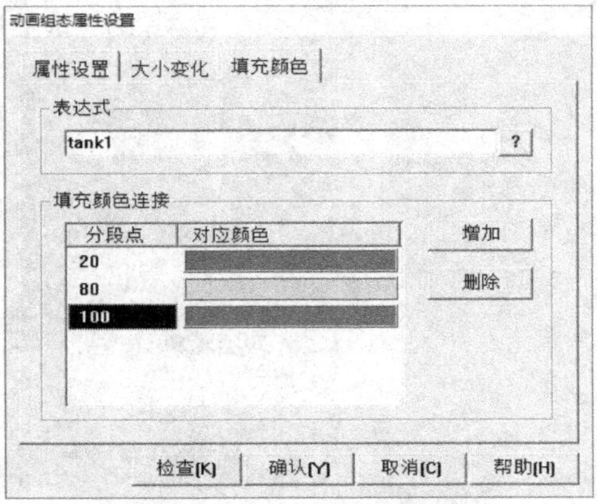

图 2-6-57　填充颜色属性设置图

同理，将 2# 原料罐也进行相同的属性设置，设置完成后的效果如图 2-6-58 所示。3# 混料罐只进行大小变化属性设置而没有填充颜色动画设置，设置完成后的效果如图 2-6-59 所示。

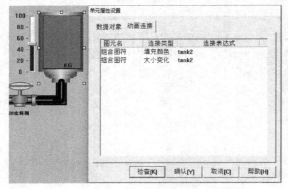 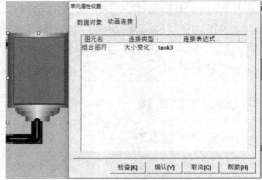

图 2-6-58   2# 原料罐属性操作图   图 2-6-59   3# 混料罐大小属性设置图

2. 显示标签属性设置

鼠标双击 1# 原料罐的质量值显示标签，在弹出的"动画组态属性设置"对话框中，选择"显示输出"动画，在"显示输出"页面中，"表达式"选择 tank1，"输出值类型"选择"数值量输出"，如图 2-6-60 所示。同理将 3# 混料罐也进行相同属性设置，"表达式"中选择 tank3 变量，如图 2-6-61 所示。

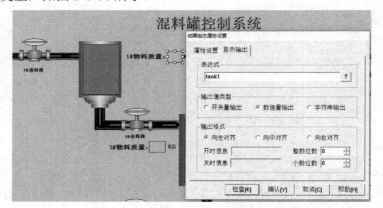

图 2-6-60   1# 原料罐显示输出属性设置图

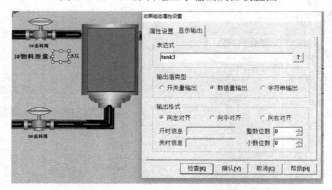

图 2-6-61   3# 混料罐显示输出属性设置图

2# 原料罐的质量值显示标签属性设置与 1# 原料罐有些不同，除了同样需要设置显示输出动画外。由于 2# 原料罐的质量值显示标签还需要随着物料高低浮动显示，所以还需要对该标签进行垂直移动动画设计。在"垂直移动"页中，"最大移动偏移量"的值需根据 2# 原料罐的大小像素点测量获得。具体设计如图 2-6-62 所示。

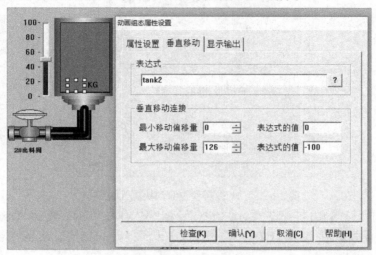

图 2-6-62　2# 原料罐显示输出垂直移动属性设置图

2# 原料罐的质量显示单位也需要随着物料高低浮动显示，所以单位显示标签也进行相同的"垂直移动"动画设计，如图 2-6-63 所示。完成设置后可以将这两个标签组合成一个单元，如图 2-6-64 所示。方便后续对这两个标签的移动等操作。

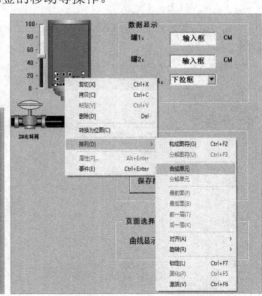

图 2-6-63　2# 罐单位显示输出垂直移动属性设置图　　　图 2-6-64　2# 原料罐显示输出合成操作图

3. 流动块和阀门属性设置

各个流动块的流动属性和可见度属性设置都和相关的阀门变量相一致。当对应阀门打开时，流动块开始流动并且可见，当对应阀门关闭时，流动块停止流动且不可见。1# 原料罐的进料管道流动块设置关联到 VAVLE1_IN 变量。具体设置如图 2-6-65 所示。

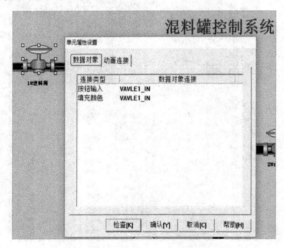

图 2-6-65　1# 进料管道流动块属性设置图

同理，1# 原料罐的出料管道流动块设置关联到 VAVLE1_OUT 变量，2# 原料罐的出料管道流动块设置关联到 VAVLE2_OUT 变量，3# 混料罐的出料管道流动块设置关联到 VAVLE3_OUT 变量。

各个阀门构件的属性设置也都和相关的阀门变量相对应。阀门构件中主要有两种类型的属性设置：按钮输入和填充颜色，如图 2-6-66 所示。1# 原料罐的进料阀按钮输入属性和填充颜色属性都设置成 VAVLE1_IN，按钮输入属性表示系统运行后，当鼠标单击 1# 进料阀时，VAVLE1_IN 变量值将取反。填充颜色属性设置表示当 VAVLE1_IN 变量为非零时，阀门显示绿色。当 VAVLE1_IN 变量为零时，阀门显示红色。1# 进料阀的具体设置如图 2-6-67 所示。

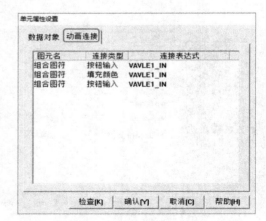

图 2-6-66　1# 进料阀属性操作图　　　　　　　图 2-6-67　1# 进料阀属性设置图

如果需要更改阀门的填充颜色，可以在"动画连接"页中，单击"填充颜色"后面的">"按钮，如图 2-6-68 所示，进入"动画组态属性设置"对话框的"填充颜色连接"，如图 2-6-69 所示，对其中的显示颜色进行更改操作。

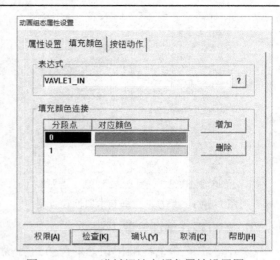

图 2-6-68　1# 进料阀属性更改操作图　　　　图 2-6-69　1# 进料阀填充颜色属性设置图

1# 出料阀、2# 出料阀和 3# 出料阀的设置和 1# 进料阀的设置类似，将其"按钮输入"属性和"填充颜色"属性都分别设置成 VAVLE1_OUT、VAVLE2_OUT 和 VAVLE3_OUT变量。

4. 数据显示属性设置

根据系统任务要求，1# 和 2# 原料罐的物料混合设定值需根据不同的配方记录，自动显示不同配方下的物料比例。所以本系统中将 1# 罐设定值的显示输出值连接到 SV1 变量，具体设置如图 2-6-70 所示，将 2# 罐设定值的显示输出值连接到 SV2 变量。

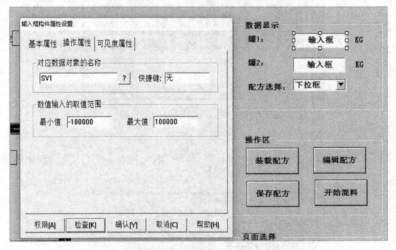

图 2-6-70　1# 罐设定值数据显示属性设置图

5. 下拉框属性设置

鼠标双击下拉框，弹出"下拉框构件属性设置"对话框，在"基本属性"设置页中，将"缺省内容"设置为"1"，"数据输出"设置为"peifang"。"构件类型"设置成"下拉组合框"，如图 2-6-71 所示。在"选项设置"页中添加 2 个选项：1、2，如图 2-6-72 所示。根据系统任务要求，本项目中配方只有 2 种，所以选项设置中也只设置该 2 种选项。

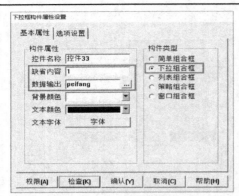

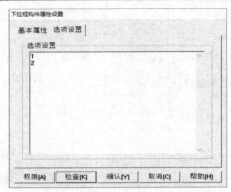

图 2-6-71 配方下拉框基本属性设置图   图 2-6-72 配方下拉框选项属性设置图

6. 配方操作属性设置

操作区中的 3 个标准按钮是对配方进行操作的。所以在设置这 3 个标准按钮属性前，需先进行两项工作：新建一个配方组态和增加配方策略。

增加配方策略可以在工作台的"运行策略"中增加任务需要的配方策略。本项目通过策略来实现对配方的各项操作。项目中新增 3 个用户策略：装载配方策略、编辑配方策略、保存配方策略。策略全部完成后的效果如图 2-6-73 所示。这些配方策略的功能也可以直接在这 3 个标准按钮的脚本程序上进行脚本代码的编写，通过前述的配方函数实现相应的功能。

图 2-6-73 配方操作策略组态图

1) 配方组态

点击"工具"菜单下的"配方组态设计"菜单项，进入 MCGS 配方组态设计窗口。如图 2-6-74 所示。

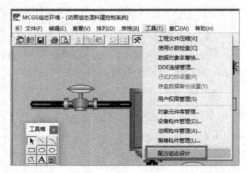

图 2-6-74 配方组态设计操作图

在弹出的"MCGS 配方组态设计"对话框中，删除默认的配方，只留下"配方 1"。点击"文件"菜单下的"配方参数"修改配方的参数个数和最大记录个数为 2 行 3 列。按"确认"按钮保存。直接鼠标双击列标题名对应框，修改列名称将其改成：配方记录号、原料 A、原料 B。数据类型全部为数值型。在"配方结果显示"的"对应数据对象名"中，将"配方记录号"连接"peifang"变量，"原料 A"连接"SV1"变量，"原料 B"连接"SV2"变量，具体设置如图 2-6-75 所示。

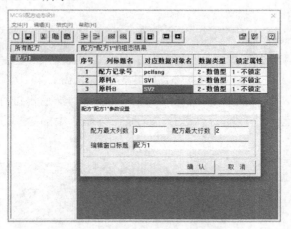

图 2-6-75　配方组态参数设置图

双击"配方 1"进入配方编辑状态，如图 2-6-76 所示，第一行将配方记录号设置成 1，原料 A 设置成 30，原料 B 设置成 30。第二行将配方记录号设置成 2，原料 A 设置成 40，原料 B 设置成 20。本项目中后续将采用配方记录号来完成配方记录的装载，所以在配方编辑中，需保证该列内的数据都具有唯一性。完成配方的编辑工作后按"存盘"按钮进行配方存盘，按"退出"按钮退出配方编辑状态。

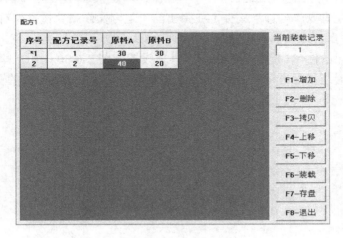

图 2-6-76　配方记录操作图

2) 策略组态

在工作台的"运行策略"页中，通过鼠标单击"新建策略"按钮，在弹出的"选择策略的类型"对话框中，选择"用户策略"，如图 2-6-77 所示。

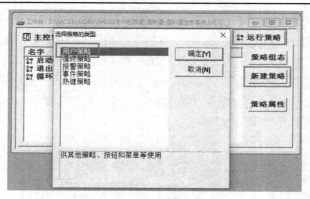

图 2-6-77　新建用户策略组态图

　　修改策略名称为：装载配方策略，如图 2-6-78 所示。然后再进行策略组态，在"策略组态"对话框中，新建一个策略行，选择"策略工具箱"中的"配方操作处理"构件。如图 2-6-79 所示。

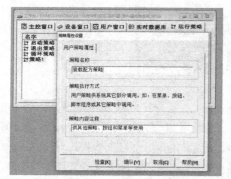

图 2-6-78　装载配方操作策略组态图

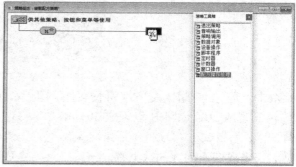

图 2-6-79　装载配方策略行属性设置图

　　鼠标双击"配方操作处理"构件，在弹出的"配方操作属性设置"对话框中，将"配方名称"选择成"配方 1"，"操作方法"中选择"装载配方记录"，通过点击下拉框选中"配方记录号"，"匹配条件="选择"peifang"。具体设置如图 2-6-80 所示。即如果系统调用该策略，则该策略会装载配方记录号 = peifang 变量值的这条记录到对应的变量内。

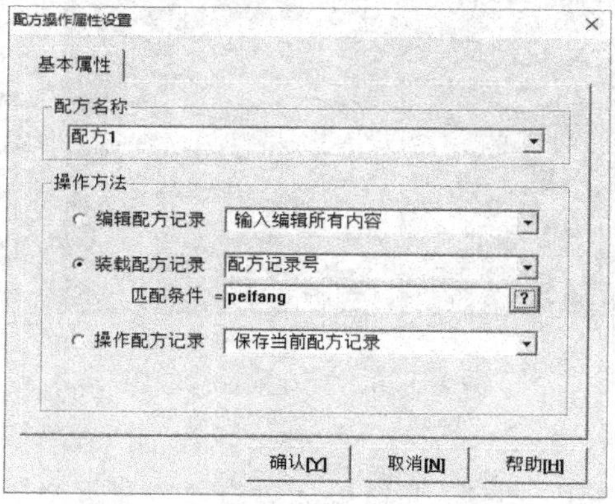

图 2-6-80　装载配方记录属性设置图

同理，对编辑配方策略和保存配方策略也进行相同的组态设计。并将策略名称修改成：编辑配方策略和保存配方策略。具体设置如图 2-6-81 和图 2-6-82 所示。

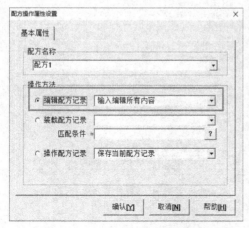

图 2-6-81　编辑配方记录属性设置图

图 2-6-82　保存配方记录属性设置图

3) 按钮属性设置

完成相应配方组态和策略组态后，可以对 3 个配方操作按钮进行属性设置。双击"装载配方"按钮，将"操作属性"页中的"执行运行策略块"，通过下拉菜单选择刚刚建立起来的"装载配方策略"，如图 2-6-83 所示。双击"编辑配方"按钮，将其"操作属性"页中的"执行运行策略块"，通过下拉菜单选择 "编辑配方策略"，如图 2-6-84 所示。

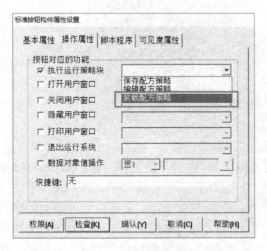

图 2-6-83　装载配方按钮属性设置图

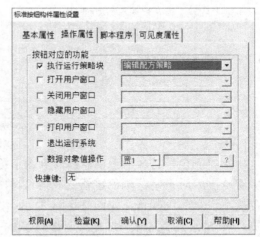

图 2-6-84　编辑配方按钮属性设置图

双击"保存配方"按钮，同样将其"操作属性"页中的"执行运行策略块"，通过下拉菜单选择 "保存配方策略"，如图 2-6-85 所示。

双击"开始混料"按钮，则只需选择 "数据对象值操作"中的"按 1 松 0"开始混料变量"start"，如图 2-6-86 所示。在后续脚本程序设计中，通过 start 变量来控制两个原料罐的出料阀的开启和关闭。

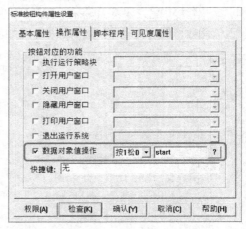

图 2-6-85 保存配方按钮属性设置图   图 2-6-86 开始混料按钮属性设置图

7. 页面选择属性设置

1) 属性设置

鼠标双击"曲线显示"标签，在弹出的"动画组态属性设置"对话框中，选择"字符颜色"和"按钮动作"两种动画，如图 2-6-87 所示。

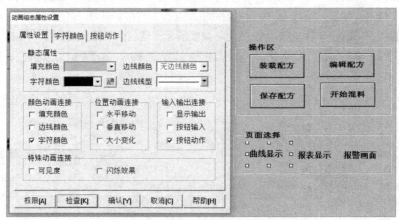

图 2-6-87 "曲线显示"属性设置图

"字符颜色"动画用于鼠标移动到该字符范围内时将字符颜色改变成红色，鼠标移出该字符范围外时将字符颜色重新变成黑色。由于系统具有 3 个切换标签，所以至少需要 4 个分段点进行颜色配置，如图 2-6-88 所示。字符颜色会根据 color 变量值显示不同的字符颜色。color 变量值又受鼠标移动事件更改。当鼠标移动到"曲线显示"标签内时，会触发"鼠标移动"事件，在该事件的脚本程序设计中，将会把 color 变量设置成 1。当鼠标在这 3 个标签外面移动时，同样触发"鼠标移动"事件，在该事件的脚本程序中将把 color 变量设置成 0。当鼠标在"报表显示"标签内移动时，鼠标移动事件将把 color 变量设置成 2。当鼠标在"报警画面"标签内移动时，鼠标移动事件将把 color 变量设置成 3。这样进行鼠标移动事件和字符颜色动画设计后，相应字符颜色会根据 color 变量值的不同，显示不同的字符颜色。"按钮动作"动画用于完成不同画面的切换动作，具体设置如图 2-6-89 所示。

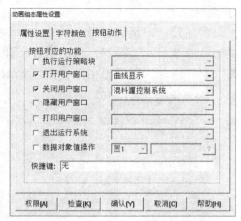

图 2-6-88　"曲线显示"字符颜色属性设置图　　图 2-6-89　"曲线显示"按钮动作属性设置图

在"报表显示"标签中，同样设置"字符颜色"和"按钮动作"两种动画。具体设计如图 2-6-90 和图 2-6-91 所示。

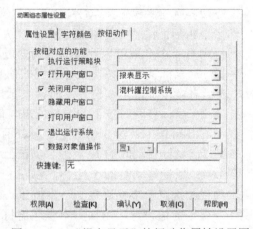

图 2-6-90　"报表显示"字符颜色属性设置图　　图 2-6-91　"报表显示"按钮动作属性设置图

在"报警画面"标签中，也设置"字符颜色"和"按钮动作"两种动画。具体设计如图 2-6-92 和图 2-6-93 所示。

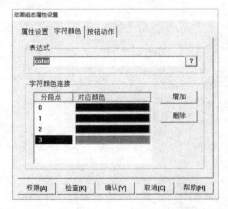

图 2-6-92　"报警画面"字符颜色属性设置图　　图 2-6-93　"报警画面"按钮动作属性设置图

2) 事件设置

根据前述设计，页面选择中的 3 个标签除了需要设置属性外，还需要进行事件设置。鼠标单击"曲线显示"标签，按右键并在弹出菜单中选择"事件"，如图 2-6-94 所示。在弹出的"事件组态"对话框中选择"MouseMove"事件，如图 2-6-95 所示。

　　　　图 2-6-94　"曲线显示"事件设置组态图　　　图 2-6-95　"曲线显示"事件属性设置图

然后单击后面的"…"按钮，弹出如图 2-6-96 所示的"事件参数连接组态"对话框，该对话框中有 4 个参数可以连接对应的变量。也可以连接脚本。4 个参数的含义如下：

参数 1：鼠标移动时按下鼠标按键的信息，最低位为 1 时，表示左键按下，第 2 位为 1 时，表示右键按下，第 3 位为 1 时，表示鼠标中键按下。

参数 2：鼠标移动时按下的键盘信息，最低位为 1 时，表示 Shift 键按下，第 2 位为 1 时，表示 Ctrl 键按下，第 3 位为 1 时，表示 Alt 键按下。

参数 3：鼠标移动时的 X 坐标。以左上角为原点，X 坐标值的单位为像素点。

参数 4：鼠标移动时的 Y 坐标。以左上角为原点，Y 坐标值的单位为像素点。

本项目中选择"事件连接脚本"按钮，在弹出的脚本程序编辑器中进行相应的脚本程序设计。根据前述设计，本次脚本程序需将 color 变量设置成 1。所以脚本程序只需写入 color = 1。如图 2-6-97 所示。

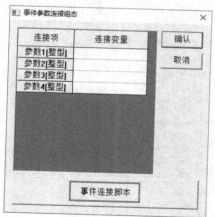

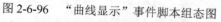

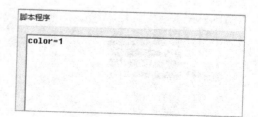

图 2-6-96　"曲线显示"事件脚本组态图　　　　图 2-6-97　"曲线显示"脚本程序设计图

在"报表显示"标签中，同样设置相应的事件，其脚本程序为：color = 2。"报警画面"

标签的事件脚本程序为：color = 3。在本画面的其他空白处，也添加一个"MouseMove"
事件。其脚本程序设计成：color = 0。

(五) 脚本程序

在混料罐控制系统用户窗口的空白处双击，打开"用户窗口属性设置"对话框，在其
"循环脚本"页中，进行脚本程序设计，将循环时间修改成 200 ms。完整的脚本程序设计
如图 2-6-98 所示。

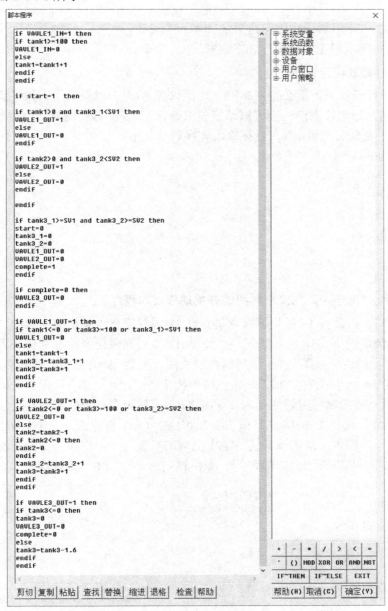

完整脚本
程序设计图

图 2-6-98　完整脚本程序设计图

　　根据任务要求，在本次脚本程序设计中，主要需完成如下动画的脚本程序设计。

- 1# 进料阀打开时，进入 1# 原料罐内的物料动画脚本设计。
- 系统开始混料后，1# 原料罐、2# 原料罐出料阀的开关动作。
- 如果混料过程未完成过，则不允许 3# 出料阀进行出料动作。
- 如果混料过程完成后，需置位混料完成标志，以便 3# 出料阀可以进行出料动作。

并清除混料罐内记录 1# 原料罐和 2# 原料罐进入的物料质量等。

- 根据 1# 出料阀和 2# 出料阀的打开关闭情况，进行各个罐体内物料的进出料动画脚本设计。
- 3# 出料阀打开时，3# 混料罐内物料出料的脚本程序设计。

后续将对各个部分的脚本程序设计进行详细讲解。

1. 1# 进料阀打开时脚本程序设计

　　如果 1# 进料阀处于打开状态，那么先判断 1# 原料罐的物料是否已经满了。如果满了则将 1# 进料阀自动关闭，如果没有满，则根据系统要求每秒 1# 原料罐内的物料将增加 5 kg，即每 200 毫秒 tank1 变量的值自增 1。具体脚本程序设计如下：

```
if VAVLE1_IN=1 then
   if tank1>=100 then
      VAVLE1_IN=0
   else
      tank1=tank1+1
   endif
endif
```

2. 系统开始混料后，1# 出料阀、2# 出料阀的开关动作脚本程序

　　用户单击"开始混料"后，在 1# 原料罐有物料并且 1# 原料罐进入混料罐内的物料质量未达到配方比例要求的情况下，1# 出料阀开启。如果 1# 原料罐内已经没有物料或者本次混料罐原料 A 的比例已经达标，那么 1# 出料阀自动关闭。注意：start 是由"开始混料"按钮通过"按 1 松 0"在某一时刻置 1 的。"开始混料"按钮不能采用"置 1"操作，因为如果 start 在所有混料未完成的循环周期内都为 1 的话，1# 出料阀在这个时期内将无法手动暂时关闭(在运行界面中，鼠标单击 1# 出料阀，将 VAVLE1_OUT 取反清 0，但是循环脚本程序马上重新执行本循环脚本，从而重新将 VAVLE1_OUT 置 1，用户的感受为无法将1# 出料阀进行关闭)。2# 出料阀的动作脚本程序与 1# 出料阀的动作脚本程序完全一致。具体脚本程序设计如下：

```
if start=1 then
   if tank1>0 and tank3_1<SV1 then
      VAVLE1_OUT=1
   else
      VAVLE1_OUT=0
   endif
if tank2>0 and tank3_2<SV2 then
```

```
          VAVLE2_OUT=1
      else
          VAVLE2_OUT=0
      endif
  endif
```

3. 混料过程未完成脚本程序设计

根据任务要求，在系统未完成一次混料过程的情况下，系统是不允许进行出料动作的，即进入 3# 混料罐内物料未达到配方比例要求的情况下，循环脚本不断去将 3# 出料阀进行关闭动作。具体脚本程序设计如下：

```
  if complete=0 then
      VAVLE3_OUT=0
  endif
```

4. 一次混料过程完成后脚本程序设计

本次项目中，系统认为原料 A 和原料 B 进入 3# 混料罐内的物料都达到相应配方记录要求的质量，即完成了一次混料动作。如果一种物料的质量未达标，则不认为混料过程完成。

当混料过程完成后，需要将混料完成标志 complete 置 1，将 3# 混料罐内记录的原料 A 和原料 B 的质量清除以便进行下一次记录。同时将 1# 出料阀和 2# 出料阀关闭。具体脚本程序设计如下：

```
  if tank3_1>=SV1 and tank3_2>=SV2 then
      start=0
      tank3_1=0
      tank3_2=0
      VAVLE1_OUT=0
      VAVLE2_OUT=0
      complete=1
  endif
```

5. 1# 出料阀打开时脚本程序设计

通过前述脚本程序设计，完成了各个阀门的自动开关动作。后续脚本中将根据各个阀门的打开情况，进行罐体内物料动画脚本设计。在 1# 出料阀打开时，系统首先判断 3 个条件，条件 1：1# 原料罐内是否还有物料；条件 2：3# 混料罐是否已经满；条件 3：原料 A 本次进入混料罐内的物料是否已经达到配方记录要求。如果其中任何一个条件符合的话，1# 出料阀需自动关闭。如果 3 个条件都没有满足的话，那么说明原料 A 可以进入混料罐内。1# 原料罐内的物料需以 5 kg/s 的速度出料，记录原料 A 进入混料罐内的物料需同速度增加，同时 3# 混料罐内的总体物料也需同步增加。具体脚本程序设计如下：

```
  if VAVLE1_OUT=1 then
      if tank1<=0 or tank3>=100 or tank3_1>=SV1 then
          VAVLE1_OUT=0
```

```
        else
            tank1=tank1-1
            tank3_1=tank3_1+1
            tank3=tank3+1
        endif
    endif
```

6. 2# 出料阀打开时脚本程序设计

2# 出料阀打开时的脚本程序设计与 1#出料阀打开时的脚本程序设计动作一样。所以代码也基本相同。但是由于 2# 原料罐内的物料是通过滑动输入器输入的，所以 2# 原料罐出料的代码需再次判断 2# 原料罐是否为空。如为空则强制将 2# 原料罐内的物料质量置为 0 kg。否则 2# 原料罐的物料质量会出现 "-0" 等重量显示。具体脚本程序设计如下：

```
    if VAVLE2_OUT=1 then
        if tank2<=0 or tank3>=100 or tank3_2>=SV2 then
            VAVLE2_OUT=0
        else
            tank2=tank2-1
            if tank2<=0 then
                tank2=0
            endif
            tank3_2=tank3_2+1
            tank3=tank3+1
        endif
    endif
```

7. 3# 出料阀打开时脚本程序设计

3# 出料阀只对 3#混料罐内的物料有影响，当 3# 出料阀打开时，首先判断 3# 混料罐内是否还有物料，如果已经没有物料了，那么将 3# 出料阀自动关闭，并将 "混料完成标志" 位清除，以便记录下次混料完成情况。如果 3# 混料罐内还有物料未完成出料，则 3# 混料罐物料记录变量 tank3 以 8 kg/s 的速度往外出料。

```
    if VAVLE3_OUT=1 then
        if tank3<=0 then
            tank3=0
            VAVLE3_OUT=0
            complete=0
        else
            tank3=tank3-1.6
        endif
    endif
```

完成全部脚本程序的编写后，通过点击 "脚本程序编辑器" 中的 "检查" 按钮进行检查。如果没有语法错误，则会显示"组态设置正确，没有错误！"，如图 2-6-99 所示。

图 2-6-99 脚本程序语法组态正确检查图

(六) 仿真运行

系统全部组态完成后，即可以进行仿真运行。点击工具栏中的"进入运行环境"按钮或者点击"文件"菜单下的"进入运行环境"或按键盘 F5 键即可进行仿真运行。仿真运行过程如图 2-6-100～图 2-6-105 所示。

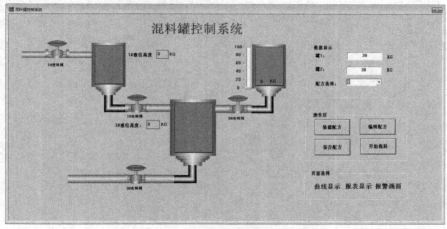

图 2-6-100 初始状态仿真运行效果图

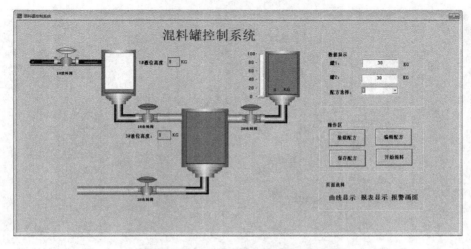

图 2-6-101 1# 进料阀打开运行效果图

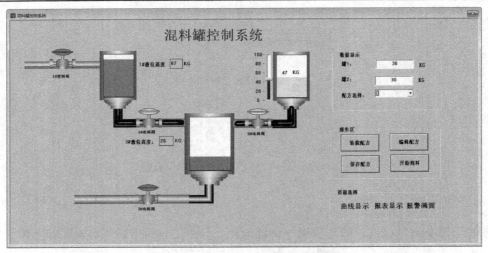

图 2-6-102　开始混料运行效果图

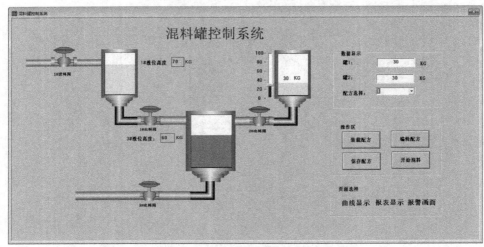

图 2-6-103　混料完成运行效果图

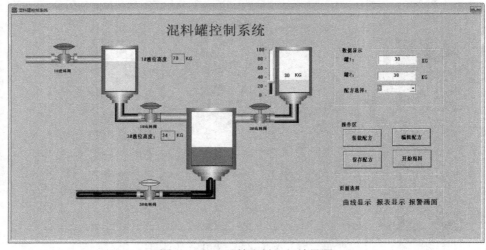

图 2-6-104　开始出料运行效果图

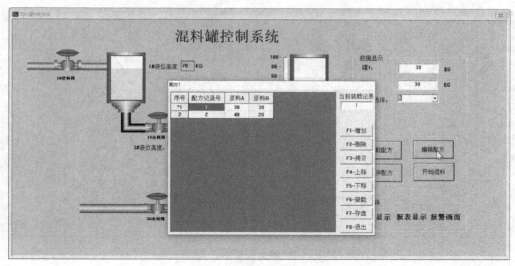

图 2-6-105 编辑配方运行界面图

五、同步训练

(1) 将原系统中所有的配方操作功能都采用配方函数来实现。

(2) 在原系统中增加一项功能要求，使得当原料质量未达到配方记录要求时也可以进行混料动作，如：当 1# 原料罐内的原料 A 和 2# 原料罐内的原料 B 未达到配方记录要求的质量时，用户点击"开始混料"后，原料 A 和原料 B 进入混料罐内的质量要求按配方比例进入。例如原料 A 只有 20 kg，原料 B 有 35 kg，选择配方 1 时。则开始混料后，原料 B 最多也只能进入 20 kg。选择配方 2 时，原料 B 最多只能进入 10 kg。

任务七 混料罐控制系统——曲线显示

一、任务目标

(1) 掌握 MCGS 组态软件组对象变量的设计方法；

(2) 掌握混料罐控制系统曲线显示画面组态方法；

(3) 掌握实时曲线、历史曲线等构件的组态方法。

二、任务设计

在实际应用的控制系统中，对罐体内的实时物料数据、历史数据需进行查看、分析与统计等处理。有时必须能根据数据信息绘制出相应的曲线，分析曲线的变化规律。本任务根据任务一设计的混

仿真运行

料罐控制系统，将该系统中 3 个罐体的物料进行实时曲线和历史曲线显示。系统完整设计如图 2-7-1 所示。

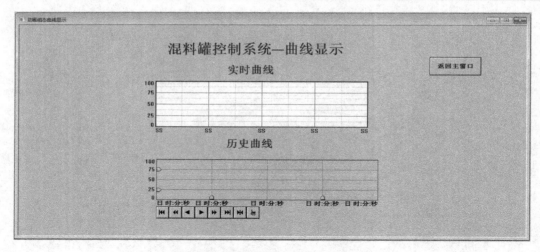

图 2-7-1　混料罐曲线显示仿真运行图

三、知识学习

(一) MCGS 曲线操作

MCGS 组态软件能为用户提供功能强大的趋势曲线。通过各种功能各异的曲线构件，例如：历史曲线、实时曲线、计划曲线、相对曲线和条件曲线，用户能够组态出各种类型的趋势曲线，从而满足实际工程项目的不同需求。

- 历史曲线

历史曲线是将历史存盘数据从数据库中读出，以时间为横坐标，数据值为纵坐标进行曲线绘制。同时历史曲线也可以实现实时刷新的效果。历史曲线主要用于事后查看数据分布和状态变化趋势以及总结信号变化规律。

- 实时曲线

实时曲线是在 MCGS 系统运行时，从 MCGS 实时数据库中读取数据，同时以时间为 X 轴进行曲线绘制。X 轴的时间标注可以按照用户组态要求，显示绝对时间或相对时间。

实时曲线

- 条件曲线

条件曲线构件用于把在历史存盘数据库中，满足一定条件的数据以曲线的形式显示出来，和历史曲线不同的是，条件曲线没有实时刷新功能，条件曲线处理的数据不是整个历史数据库，而只是其中满足一定条件的数据集合。同时，条件曲线构件的 X 轴可以为绝对时间、相对时间或数值型变量等多种形式。

- 相对曲线

相对曲线构件能以实时曲线的方式显示一个或若干个变量与某一指定变量的函数关系。例如：显示当温度发生变化时，压力对应的变化情况。

- 计划曲线

使用计划曲线构件，用户可以预先设置一段时间内的数据变化情况，然后在运行时，由构件自动地对用户指定变量的值进行设置，使变量的值与用户设置的值一致；同时，计划曲线还可以在构件内显示最多 16 条实时曲线，以及计划曲线的上偏差和下偏差线，从而与用户设定的计划曲线形成对比。

虽然，每种曲线构件分别实现了不同的功能，但在 MCGS 中提供的曲线构件也有很多相似之处，但对于 MCGS 组态软件中的每一种曲线构件，都包括了如下部分：数据来源、曲线坐标轴、曲线背景网格以及曲线参数。

1. 设置曲线数据源

趋势曲线是以曲线的形式，形象地反映生产现场实时或历史数据信息。因此，无论何种曲线，都需要为其定义显示数据的来源。

数据源一般分为两类，历史数据源和实时数据源。历史数据源一般使用 MCGS 数据对象的存盘数据库，但同时也可以是普通的 Access 或 ODBC 数据库。当使用普通的 Access 或 ODBC 数据库作为历史数据源时，除能够显示相对曲线的条件曲线构件和相对曲线构件外，都要求作为历史数据源的数据库表至少有一个表示时间的字段。此外，通过使用 ODBC 数据库作为数据源，还可以显示位于网络中其他计算机上的数据库中的历史数据。

实时数据源则使用 MCGS 实时数据库作为数据来源。组态时，将曲线与 MCGS 实时数据库中的数据对象相连接，运行时，曲线构件即定时地从 MCGS 实时数据库中读取相关数据对象的值，从而实现实时刷新曲线的功能。

MCGS 提供的曲线构件中，数据源的使用如表 2-7-1 所示。

表 2-7-1　曲线数据源使用情况表

曲线构件	使用历史数据源	使用实时数据源
历史曲线	可以	可以
实时曲线	不可以	可以
条件曲线	可以	不可以
相对曲线	不可以	可以
计划曲线	不可以	可以

2. 设置曲线坐标轴

在每一个 MCGS 曲线构件中，都需要设置曲线的 X 方向和 Y 方向的坐标轴及标注属性。

1) X 轴标注属性设置

MCGS 曲线构件的 X 轴类型大致可分为时间和数值两种类型。

对于时间型 X 坐标轴，通常需要设置其对应的时间字段、长度、时间单位、时间显示格式、标注间隔以及 X 轴标注的颜色、字体等属性。其中：

时间字段标明了 X 轴数据的数据来源。

长度和时间单位确定了 X 轴的总长度，例如：X 轴长度设置为 10，X 轴时间单位设置为"分"，则 X 轴总长度为 10 分钟。

时间显示格式、时间间隔以及 X 轴标注的颜色、字体设定的 X 轴的标注属性。

对于数值型 X 坐标轴，通常需要设置 X 轴对应的数据变量名或字段名、最大值、最小值、小数位数、标注间隔以及标注的颜色和字体等属性。

对于不同的趋势曲线构件，可使用的 X 坐标轴类型如表 2-7-2 所示。

表 2-7-2　曲线 X 轴类型设置表

曲线构件	使用时间型 X 轴	使用数值型 X 轴
历史曲线	可以	不可以
实时曲线	可以	不可以
条件曲线	可以	可以
相对曲线	不可以	可以
计划曲线	可以	不可以

2) Y 轴标注属性设置

在所有 MCGS 的曲线构件中，Y 坐标轴只允许连接类型为开关型或数值型的数据源。曲线的 Y 轴数据通常可能连接很多个数据源，用于在一个坐标系内显示多条曲线。对于每一个数据源，可以设置的属性包括：数据源对应的数据对象名或字段名、最大值、最小值、小数位数据、标注间隔以及 Y 轴标注的颜色和字体等属性。

3. 设置曲线网格

为了使趋势曲线显示更准确，MCGS 提供的所有曲线构件都可以自由地设置曲线背景网格的属性。

曲线网格分为与 X 坐标轴垂直的划分线和与 Y 坐标轴垂直的划分线，每个方向上的划分线又分为主划分线与次划分线。其中，主划分线用于划分整个曲线区域，例如：主划分线数目设置为 4，则整个曲线区域即被主划分线划分为大小相同的 4 个区域。次划分线则在主划分线的基础上，将主划分线划分好的每一个小区域，划分成若干个相同大小的区域，例如：若主划分线数目为 4，次划分线数目为 2，则曲线区域共被划分为 $4 \times 2 = 8$ 个区域。

此外，X 坐标轴及 Y 坐标轴的标注也依赖于各个方向的主划分线，通常，坐标轴的标注文字都只在相应的主划分线下，按照用户设定的标注间隔依次标注。

(二) 历史曲线

1. 创建历史曲线

在绘图工具箱中点击历史曲线图表按钮，鼠标会变成十字光标形状，在窗口上的任意位置按下鼠标左键拖拽鼠标，在适当的位置松开鼠标左键，历史曲线就绘制在用户的窗口上，如图 2-7-2 所示。在用户窗口上的历史曲线可以任意地移动和缩放。

历史曲线

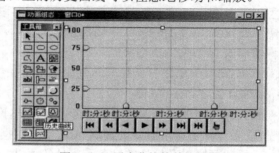

图 2-7-2　历史曲线构件设置图

在绘制的历史曲线上存在一个显示网格的区域，类似一张坐标纸，曲线将绘制在这个区域以内。在历史曲线矩形框的下方有一排按钮，按钮上有前进、后退、快进、快退、到最后、到最前以及曲线设置和时间设置按钮。这些按钮是历史曲线操作的缺省按钮。网格左方和下方分别是 Y 轴(数值轴)和 X 轴(时间轴)的坐标标注。可以使用一般组态工具条上的按钮来对曲线进行组态。边线颜色是曲线区域边框的颜色。填充颜色改变的是曲线区域内填充的颜色，至于坐标和按钮区域，都使用透明底色。

2. 历史曲线组态

绘制了历史曲线后，在历史曲线上双击鼠标左键，将弹出"历史曲线构件属性设置"对话框。历史曲线构件属性设置对话框由六个选项页"基本属性""存盘数据""标注设置""曲线标识""输出信息""高级属性"组成。下面来详细介绍历史曲线的组态。

1) 基本属性

设置历史曲线的名称及网格、网格线显示与否、密度以及历史曲线背景颜色和边线的颜色线形，如图 2-7-3 所示。可以组态的项目包括：

曲线名称：曲线名称是用户窗口中所组态的历史趋势曲线的唯一标识。历史趋势曲线属性和方法的调用都必须引用此曲线名称。

曲线网格：曲线网格中罗列了 X 轴和 Y 轴主划线和次划线的分度间隔、线色和线型。主划线是指曲线的网格中颜色较深的几条划线，用于把整个坐标轴区域划分为相等的几个部分。而次划线通常指颜色比较浅的几条划线，用于把主划线划出的区

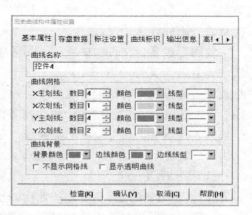

图 2-7-3　历史曲线基本属性设置图

域再等分为相等的几个部分。数目项的组态决定了把区域划分为几个部分。如使用 X 主划线数目为 4，则在历史趋势曲线中，纵向划出 3 根主划线，把整个 X 轴等分为 4 个部分。使用 X 次划线数目为 2，则每个主划线区域被一根次划线等分为两个部分。

曲线背景：在曲线背景中，可以更改背景的颜色、边线的颜色、边线的线型，"不显示网格"和"透明曲线"分别表示在历史曲线中不绘制曲线网格、不填充背景颜色。在比较小的趋势曲线中，通常选择不绘制网格，以免显得过于紧促。透明曲线通常用于要把曲线层叠于其图形之上显示。

2) 存盘数据

在这个选项页中，组态历史趋势曲线的数据源，数据源可以选择使用 MCGS 的存盘组对象产生的数据。也可以选择从独立的 Access 数据库中产生的数据。同时还可以从外部的 ODBC 数据库中获取数据。历史趋势曲线的组态必须在这一页中组态一个数据源，如图 2-7-4 所示。可以组态的选项包括：

图 2-7-4　历史曲线存盘数据属性设置图

组对象对应的存盘数据：可以在下拉框中选择一个具有存盘属性的组对象，MCGS 自

动在下拉框中列出了所有的具有存盘属性的组对象。

标准 Access 数据库文件：标准的 Access 数据库是 Windows 操作系统中最常见的数据库，在 MCGS 中提供了对独立的 Access 数据库使用历史曲线的方法，只要数据格式具有一个时间列，就可以通过历史曲线构件把 Access 数据库中的数据绘制成为曲线。通常，在 MCGS 的工程项目中应用得较多的 Access 数据库包括以下几个来源：由用户程序创建的存盘数据库；使用转储功能或者拷贝功能从其他 MCGS 工程中获得的实验数据库；需要在计算机上进行分析的现场数据；直接从网络上打开的其他计算机上的 MCGS 存盘数据库；通过数据提取产生的 Access 数据库。

ODBC 数据库(如 SQL Server)：该选项是选择 ODBC 数据库，其中可以定义连接类型、数据库名、数据表名、服务器名、用户名、用户密码。在该项中，还可以进行连接测试，检查数据库的连接情况。

使用存盘备份文件中的数据：此选项只有在选择了组对象对应的存盘数据选项后才可选。建立备份文件的方法是：在"工具"菜单中选择"存盘数据备份设置"，将弹出"存盘数据备份设置"对话框。可以用来设置"最大保存时间""最大刷新时间""备份文件路径"等。在 MCGS 中使用了一套数据备份的机制，备份文件中的数据和工程使用的数据是一致的，使用备份文件绘制历史曲线，可以保证在工程原数据库被损坏的情况下仍然能绘制出曲线。

3) 标注设置

在此页中，可以对历史趋势曲线的 X 坐标(时间轴)进行组态设置。在曲线起始点选项框中，可以根据需要确定曲线显示的起始时间和位置，如图 2-7-5 所示。可以组态的选项包括：

· X 轴标识设置：在 X 轴标识设置框中，可以对 X 轴的属性进行设置。可以组态的项目包括：

对应的列：组态历史趋势曲线横坐标(时间轴)连接的数据列，必须使用存盘数据属性页中组态好的数据源的数据表中的时间列，在这一项的下拉框中列出的所有可用的时间列。如果使用 MCGS 的存盘数据组对象，则对应的数据列应该选择 MCGS_TIME，使用其他数据源时可以根据自己的需要选择。

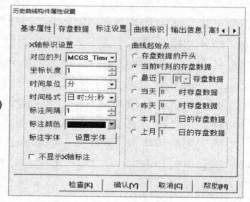

图 2-7-5　历史曲线标注属性设置图

坐标长度：X 轴的整个长度的数值。X 轴的真实长度是由坐标长度和时间单位共同决定的。比如，当坐标长度为 1 而时间单位为天，则整个 X 轴长度就是一天。

时间单位：设置 X 轴的时间单位。可以是秒、分、时、天、月、年。

时间格式：X 轴坐标标注中时间的表示方式，可以选择的方式有："分：秒""时：分""日 时""月-日""年-月""时：分：秒""日 时：分""月-日 时""年-月-日""日 时：分：秒""月-日 时：分""年-月-日 时""月-日 时：分：秒""年-月-日 时：分""年-月-日 时：分：秒"。

标注间隔：是指在 X 轴横坐标上时间标识单位分布间隔的长度。标注间隔为 1 时，在每个 X 轴主划线有一个时间标注。当标注间隔为 2 时，每隔一个 X 轴主划线有一个时间标注。

标注颜色：X 轴标注的颜色。

标注字体：X 轴标注的字体。

不显示 X 轴标注：关闭 X 轴标注的显示和 Y 轴标注的显示，并关闭历史曲线的操作按钮的显示后，可以构造一个干净的历史曲线。用户可以自己制作标注和操作按钮，进行个性化定制。

· 曲线起始点：曲线起始点组态是设置历史曲线绘制的起始时间位置，通过改变不同的起始位置，可以帮助用户迅速定位到需要的时间上，了解趋势的变化。曲线起始点组态可以组态的内容包括：

存盘数据的开头：表示历史曲线以数据源中时间列里最早的时间作为起始点来绘制曲线。也就是说，以数据源中最早的时间作为 X 轴坐标的起点，把 X 轴长度内的记录的数值绘制在历史曲线的显示网格中。

当前时刻的存盘数据：历史趋势曲线以当前时刻作为 X 轴的结束点，X 轴的起始点是从结束点向前倒推 X 轴长度。

最近时间段存盘数据：这个选项比较灵活，通过改变不同的时间单位设置和不同数值设置，可以得到时间跨度很大的历史曲线。比如选择：最近 6 小时，则以当前时刻为 X 轴结束点，以 6 小时为 X 轴时间长度，以当前时刻倒推 6 小时作为 X 轴起始点。

当天 C 时的存盘数据：X 轴起始点定为当天 C 时。这种用法通常用于观察一天内的生产曲线。如选择当天 6 时，长度是 8 小时，就是在查看当天头一班生产的生产曲线。

昨天 C 时的存盘数据：同上，但是时间起始从昨天 C 时开始。

本月 C 日的存盘数据：同上，但是时间起始从本月 C 日开始。

上月 C 日的存盘数据：同上，但是时间起始从上月 C 日开始。

4) 曲线标识

在 MCGS 组态软件的历史曲线中，能进行总共 16 条曲线的组态。同时显示 16 条曲线，会导致曲线显示过密，无法查看。因此，一般只同时显示 1～4 条曲线。但是，通过在脚本程序中调用历史曲线的"方法"，用户可以在运行时决定显示哪条曲线，以方便进行 16 条曲线之间的比较。在曲线标识页中，左上部分是曲线列表，曲线列表中，要使用一条曲线，必须在这条曲线左边的复选框中给这条曲线打勾，此时，右上部分曲线组态项目就可以使用了。通过曲线组态项的组态，可以使得这条曲线以合适的方式显示出来。为了组态其曲线，可以在曲线列表中选择其曲线，此时，正在组态的曲线信息将被保存，而选中曲线的信息将装载到曲线组态项目的各个组态项中，如图 2-7-6 所示。

曲线的组态项包括：

图 2-7-6　历史曲线标识属性设置图

　　曲线内容：每一条曲线的组态都必须组态曲线内容，曲线内容的组态决定了数据源中哪个数据列的数据将被作为趋势曲线的数值绘制成趋势曲线。在曲线内容组态的下拉框中，列出了所有可以使用的数据列。

　　曲线线型：不同的趋势曲线在用户的眼中有不同的意义，设定独特的曲线线形，可以区分不同的趋势曲线。

　　曲线颜色：同上，有助于区分不同的曲线。

　　工程单位：曲线连接的数据列的工程单位。在运行时，工程单位将显示在曲线信息窗口中，如图 2-7-7 所示。如果不使用曲线信息窗口，则不需要进行工程单位的组态。

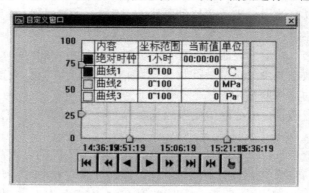

图 2-7-7　历史曲线仿真运行效果图

　　小数位数：在信息窗口中，显示游标指示数值时，使用的小数位数。可以在考虑到实际需要和显示效果后折衷选择。如果不使用曲线信息窗口，则不需要进行小数位数的组态。

　　最小坐标、最大坐标：设定了曲线的最小、最大值。同时，Y 轴标注的绘制，也由这个组态项目决定。当使用多条曲线时，MCGS 使用第一条曲线的最大最小值来进行 Y 轴的标注。Y 轴以第一条曲线的最小值作为 Y 坐标原点起始值，以第一条曲线的最大值作为 Y 坐标最大值。最小值可以大于最大值，此时 Y 轴方向是数值减少的方向。使用多条曲线时，每条曲线都按照自己的最大值和最小值的组态映射到整个 Y 轴坐标上。因此多条曲线可以使用不同的比例结合到同一个趋势曲线中显示。

　　实时刷新：在高级属性页中选择了使用实时刷新功能后，组态的每条曲线都必须组态实时刷新项。实时刷新功能只针对 MCGS 存盘组对象作为数据源的情况提供，在这种情况下，每条曲线连接的数据列在实时数据库中都有一个对应的数据对象，在本组态项中连接对应的数据对象，MCGS 就可以在运行时动态地从实时数据库中获取数据对象的值，在趋势曲线上动态绘制，刷新曲线内容。而不需要用户手工操作来获得最新的趋势变化情况。

　　标注颜色、标注间隔、标注字体：这些都是对历史曲线 Y 轴上的标识字符的属性的设置。可以参见 X 轴标注的相关解释。

　　不显示 Y 轴坐标：不显示历史曲线上 Y 轴标注。使用这个选项通常是因为用户需要自己定制 Y 轴标注。

　　5) 输出信息

　　输出信息页组态了历史曲线操作过程中产生的一些信息的输出办法。通过在对应的项目上连接数据对象，可以在数据对象中，实时地获取历史趋势曲线产生的值。输出属性页属性设置如图 2-7-8 所示，可以组态的项目包括：

X 轴起始时间：可以连接一个字符型变量，在每次 X 轴起始时间改变包括翻页和重新设置起始时间等操作时，输出 X 轴的起始时间。

图 2-7-8　历史曲线输出信息属性设置图

X 轴时间长度：可以连接一个数值型变量，在 X 轴长度改变时，输出 X 轴长度的值。

X 轴时间单位：可以连接一个字符型变量，在 X 轴单位改变时，输出 X 轴单位的值。可能的值包括：秒，分，时，天，周，月，年等。

曲线 1～曲线 16：可以连接一个数值型变量，当用户的鼠标在曲线区域内移动时，会导致光标移动，此时，光标指定的时刻每条曲线的值会通过这个数值型变量输出。通过这个连接，用户可以自己构造一个曲线数值显示区，用来显示曲线光标指定的时刻各个趋势曲线的精确值。

6）高级属性

在高级属性中的设置主要是对历史曲线运行时的各种属性进行组态设置。高级属性页属性设置如图 2-7-9 所示。可以选择的组态项目包括：

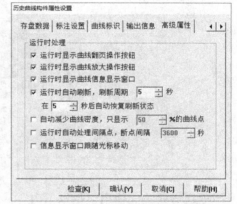

图 2-7-9　历史曲线高级属性设置图

运行时显示曲线翻页操作按钮：去掉这个选项时，历史趋势曲线将不会显示翻页的按钮。这里的翻页操作按钮包括曲线下方的所有按钮，如时间设置和曲线设置按钮等。因此，去掉这个选项后，曲线下方将没有任何按钮。

运行时显示曲线放大操作按钮：去掉这个选项时，历史趋势曲线将不会显示放大操作按钮。这里的放大操作按钮是指位于 X 坐标轴和 Y 坐标轴上的两个放大游标。

运行时显示曲线信息显示窗口：去掉这个选项时，历史趋势曲线将不会显示曲线信息的窗口。但是，仍然可以在运行时通过脚本程序调用历史趋势曲线的方法来打开和关闭曲线信息窗口的显示。

运行时自动刷新：选上这个选项时，将导致历史曲线自动进行曲线刷新。注意，这个选项只对使用存盘组对象作为数据源时有效，而且在进行曲线的组态时，需要对每条曲线指定一个对应的数据对象，以便趋势曲线进行动态刷新。

刷新周期：设置动态刷新时，多长时间往趋势曲线上增加一个数据点。太短则 CPU 占用率太大。太长则曲线粗糙。通常选择 10～60 秒比较合适。

在 X 秒后自动恢复刷新状态：当用户进行历史趋势浏览操作时，MCGS 停止了历史趋势的刷新操作，以免妨碍用户的操作。当用户在 X 秒内不再进行翻页等操作后，MCGS 自动开始历史趋势的刷新操作。通常选择 60～120 秒比较合适。

自动减少曲线密度：在数据的存盘间隔比较密，而曲线的时间跨度比较大时，让曲线自动减少绘制点的间隔可以有效提高曲线绘制速度。

运行时自动处理间隔点：由于不可避免的原因，数据在存储时会出现不连续的现象，如计算机停止运行等。在绘制曲线时，对没有数据的时间段，MCGS 会使用一条直线来连接这个时间段之前的最后一条记录和这个时间段之后的第一条记录，这样会导致一条长直线出现，影响用户对趋势的判断。为了防止类似的现象影响对数据的分析，选择运行时自动处理间隔点，可以使 MCGS 忽略缺少数据记录的时间段，在这个时间段内，不绘制任何曲线，此处理有助于用户正确的理解趋势曲线的含义。

断点间隔：组态多长时间内没有数据可以认为出现了停顿。这个间隔选得太短，则正常的存盘间隔也被认为是存盘中断，而间隔设得太长，则真正的存盘记录中断也被忽略。通常，考虑到计算机重新启动的时间长短，选择 300~3600 秒比较合适。

信息显示窗口跟随光标移动：信息显示窗口的位置有两种摆放方法。一种是固定显示在曲线区域的四个角。信息窗口显示在与鼠标位置相对的角落里。另一种是跟随鼠标移动。使用哪种方法，可以根据曲线的大小决定，曲线很大时，可以选择跟随光标，以免用户的目光在光标和信息窗口之间来回转移时距离太大。曲线比较小时，可以选择固定显示，此时光标和信息窗口距离并不远，选择跟随光标反而影响用户观察数据。

3. 历史曲线使用

历史趋势曲线在运行环境中，如图 2-7-10 所示。

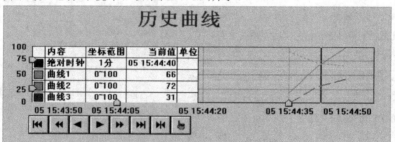

图 2-7-10　历史曲线仿真运行图

历史趋势曲线的使用包括以下内容：

(1) 操作按钮：如图 2-7-11 所示，操作按钮包含了对历史趋势曲线的一些基本操作，这些按从左到右依次为：

▐◀◀▌　翻到最前面，使得 X 轴的起始位置移动到所有数据的最前面。

图 2-7-11　历史曲线基本操作按钮图

◀◀　向前翻动一页，以当前 X 轴起始时间为 X 轴结束时间，以当前 X 轴起始时间倒推 X 轴长度为 X 轴起始时间。

◀　向前翻动一个主划线的时间。用于小量向前翻动曲线的显示。

▶　向后翻动一个主划线的时间。用于小量向后翻动曲线的显示。

▶▶　向后翻动一页，以当前 X 轴结束时间为 X 轴起始时间，以当前 X 轴结束时间加上 X 轴长度为 X 轴结束时间。

　　▶◀　翻到最后面，使得 X 轴的结束位置移动到所有数据的最后面。

　　◀▶　设置 X 轴起始点。点击此按钮，弹出如图 2-7-12 所示的时间设置对话框。在设置曲线开始时间中，有如下选项可以选择：

图 2-7-12　历史曲线起点设置图

　　最近 X 时的存盘数据：通过选择时间长度和单位，可以得到最近适当时间内的曲线。可以选择的时间单位包括：秒，分，时，天，月。通常选择如：1 小时。

　　当天 X 时存盘数据：指定起始时间为当天的某个固定时刻，通常用于观察某个班的生产曲线。

　　昨天 X 时存盘数据：同上，时间是昨天。

　　本月 X 日存盘数据：同上，时间是本月。

　　上月 X 日存盘数据：同上，时间是上月。

　　指定时刻存盘数据：直接指定 X 轴开始时间。用户可以使用这个选项直接跳转到需要的时刻。

　　🖐 弹出曲线设置对话框。使用这个对话框用户可以在运行时直接设置曲线显示和每条曲线的上下限，也可以使用历史趋势曲线的方法在脚本程序中弹出曲线设置对话框。如图 2-7-13 所示，对话框的设置可以参见历史曲线组态对话框中曲线标识页中的相应介绍。

图 2-7-13　历史曲线组态对话框

　　(2) 游标：游标是 X 轴和 Y 轴坐标线上的四个 ⌂ 小图标。通过这个小图标，可以进行曲线的放大和缩小以及平移操作。

　　通过对 X 轴上的两个游标的操作，可以进行曲线水平平移和放大操作，将鼠标放在两个箭头图标之间，鼠标呈现双头光标样，按下鼠标，水平拖拽，可以拖动整个 X 轴的时间范围。将鼠标放在左边光标的左边，鼠标呈现左向箭头样，按下鼠标拖拽，此时 X 轴起始时间将改变，而结束时间不变，导致 X 轴长度变化。将鼠标放在右边光标的右边，鼠标呈现右向箭头样，按下鼠标拖拽，此时 X 轴结束时间将改变，而开始时间不变，导致 X 轴时间长度变化。

　　通过对 Y 轴上的两个游标的操作，可以进行曲线上下平移和放大操作。操作类似于 X 轴游标的操作。

　　(3) 光标：光标是曲线区域中的一根线，随着鼠标移动，在信息窗口中，显示了光标当前指向的时间，以及此刻这些趋势点的值。

四、任务实施

(一) 打开工程

　　双击"组态环境"快捷图标 🔲，打开 MCGS 组态软件，然后按如下步骤打开工程。

　　(1) 选择"文件"菜单中的"打开工程"命令，弹出"打开工程设置"对话框。

任务实施

(2) 选择打开任务一新建的"混料罐控制系统"工程。

(二) 窗口组态

1. 打开用户窗口

在工作台中选择"用户窗口",双击任务一中新建的"曲线显示"用户窗口,进行用户窗口组态。

2. 绘制窗口标题

打开工具箱,单击"标签"构件 **A**,鼠标变成"+"形,在窗口的编辑区按住左键拖动出一个一定大小的文本框。然在该文本框内输入文字"混料罐控制系统——曲线显示",在空白处左键单击鼠标结束输入。通过鼠标右键单击该标签,选择"属性"修改该标签的文字属性。在"属性设置"对话框中,将"边线颜色"选择成"无边线颜色"。选择"字符颜色"将其修改为蓝色,然后点击边上的"▨",修改其字号大小,将其改成 60,其余保持默认设置即可。在下方再绘制一个"实时曲线"和"历史曲线"标签。

3. 绘制实时曲线

单击工具箱中的"实时曲线"构件,当鼠标变成"+"形后在合适的位置绘制一个适合大小的实时曲线,完成效果如图 2-7-14 所示。

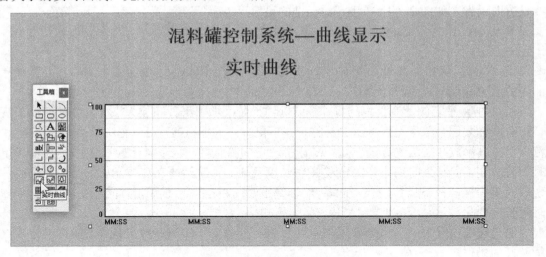

图 2-7-14　实时曲线组态设计图

4. 设置实时曲线属性

双击实时曲线构件,弹出如图 2-7-15 所示的"实时曲线构件属性设置"对话框。在"标注属性"页中,将 X 轴时间单位设置成分钟,长度设置成 5。Y 轴最大值设置成 100,如图 2-7-16 所示。在"画笔属性"页中,将曲线 1 设置成红色,实线;曲线 2 设置成蓝色,虚线;曲线 3 设置成绿色,点划线,如图 2-7-17 所示。可见度不需要设置属性,其设置如图 2-7-18 所示。

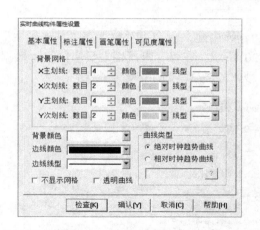

图 2-7-15 实时曲线基本属性设置图

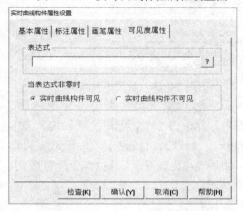

图 2-7-16 实时曲线标注属性设置图

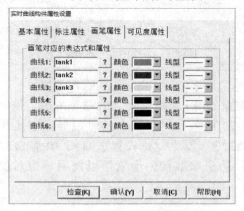

图 2-7-17 实时曲线画笔属性设置图

图 2-7-18 实时曲线可见度属性设置图

5. 绘制历史曲线

单击工具箱中的"历史曲线"构件，当鼠标变成"+"形后在实时曲线下方合适的位置绘制一个如图 2-7-19 所示的历史曲线。

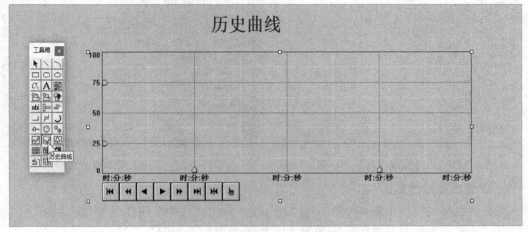

图 2-7-19 历史曲线组态设计图

6. 设置组对象

在设置历史曲线的属性前，需要先在实时数据库中建立一个组对象。在"基本属性"页中将组对象的名称设置成"tank"，如图 2-7-20 所示。在"存盘属性"页中，将"数据对象值的存盘"改成定时存盘，存盘周期为 10 秒，如图 2-7-21 所示。

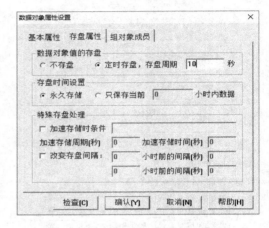

图 2-7-20　新建组对象图　　　　　　　图 2-7-21　组对象存盘属性设置图

在"组对象成员"页中，将原料罐 1 的对象 tank1、原料罐 2 的对象 tank2 和混料罐的对象 tank3 加入到该组对象内，如图 2-7-22 所示。另外，在实时数据库中还需要对 tank1、tank2、tank3 这 3 个变量的存盘属性进行设置。也设置成每隔 10 秒定时存盘，如图 2-7-23 所示。这样设置完成后，后续历史曲线构件中就可以使用该组对象作为数据源。

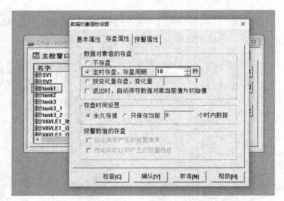

图 2-7-22　组对象成员属性设置图　　　　　图 2-7-23　成员存盘属性设置图

7. 设置历史曲线属性

双击历史曲线构件，弹出如图 2-7-24 所示的"历史曲线构件属性设置"对话框。在"存盘数据"页中，将历史存盘数据来源设置成 tank 组对象，如图 2-7-25 所示。

图 2-7-24　历史曲线基本属性设置图　　　　　图 2-7-25　历史曲线存盘属性设置图

在"标注设置"页中，将"时间单位"设置成分钟，"时间格式"设置成"分：秒"。"曲线起始点"设置成"当前时刻的存盘数据"，具体设置如图 2-7-26 所示。在"曲线标识"页中，将曲线1、曲线2、曲线3设置：tank1、tank2、tank3。线型等设置和实时曲线类似。具体设置如图 2-7-27 所示。

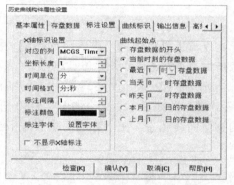
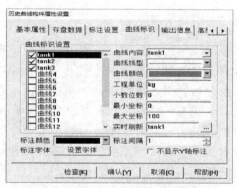

图 2-7-26　历史曲线标注设置图　　　　　　图 2-7-27　历史曲线标识设置图

8. 绘制返回主窗口按钮

在窗口的右上角绘制一个如图 2-7-28 所示的标准按钮。在"基本属性"页中将"按钮

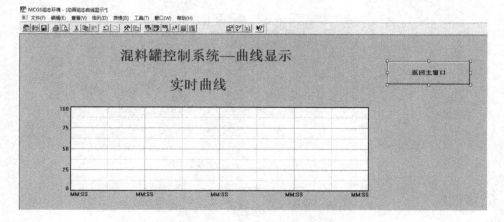

图 2-7-28　返回按钮组态设计图

标题"修改成"返回主窗口"。在"操作属性"页中，勾选"打开用户窗口"，并在后续下拉框中选中"混料罐控制系统"用户窗口。勾选"关闭用户窗口"，并在后续下拉框中选中"曲线显示"用户窗口。具体设置如图 2-7-29 所示。

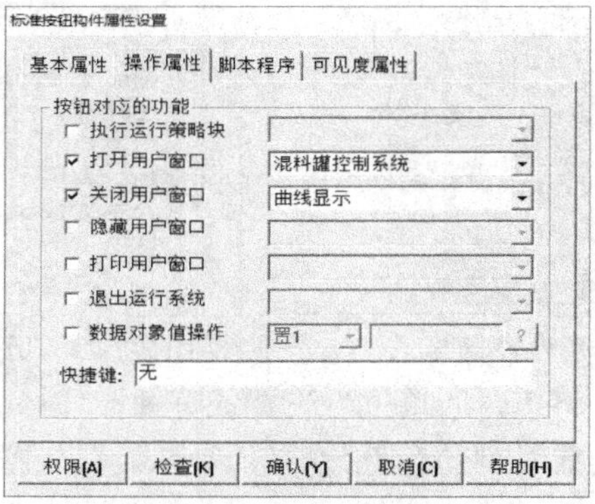

图 2-7-29　返回按钮操作属性设置图

(三) 仿真运行

系统全部组态完成后，即可以进行仿真运行。点击工具栏中的"进入运行环境"按钮或者点击"文件"菜单下的"进入运行环境"或按键盘 F5 键即可进行仿真运行。

系统首先进入混料罐控制系统画面，操作各个进料阀和出料阀将 3 个罐体内的物料处于某一个状态，然后点击下方的"曲线显示"标签，进入曲线显示页面。如图 2-7-30 所示，在该页面的实时曲线中可查看到当前 3 个罐体的物料曲线状态。在下方的历史曲线中也可以查看到从当前时刻往前的 3 个罐体保存的数据。

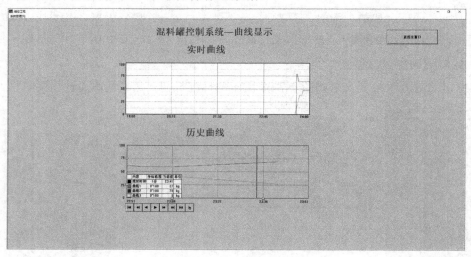

图 2-7-30　曲线显示运行效果图

五、同步训练

使用系统提供的历史曲线的方法，自己定义按钮来显示某一条曲线的状态。

任务八　混料罐控制系统——报表显示

一、任务目标

(1) 掌握混料罐控制系统报表显示画面组态方法；

(2) 掌握实时报表、历史报表、存盘数据浏览构件的组态方法；

(3) 掌握 Access 报表存盘数据提取、Excel 报表输出等策略的组态方法。

仿真运行

二、任务设计

在实际工程应用中，对罐体内物料的实时数据、历史数据需进行存盘、统计分析，并根据实际情况打印出数据报表，所谓数据报表就是根据实际需要以一定格式将统计分析后的数据记录显示并打印出来，以便对生产过程中系统监控对象的状态进行综合记录和规律总结。本任务根据任务一设计的混料罐控制系统，对该系统中 3 个罐体的物料质量进行实时数据报表、历史数据报表和存盘数据浏览显示，并将这 3 个罐体的历史存盘数据按时间顺序进行 Access 数据库和 Excel 数据形式保存。系统完整设计如图 2-8-1 所示。

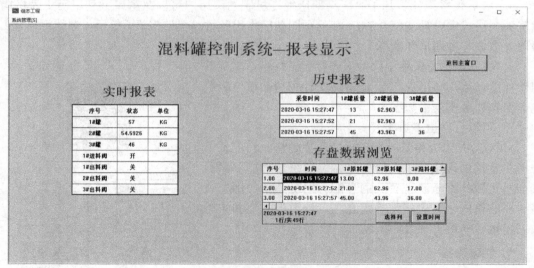

图 2-8-1　混料罐报表显示仿真运行图

三、知识学习

(一) 表格输出

在大多数应用系统中，数据报表一般分成两种类型，即实时数据报表和历史数据报表。实时数据报表是实时地将当前时刻的数据对象的值按一定的报告格式(用户组态)进行显示和打印出来，它是对瞬时量的反映。实时数据报表可以通过 MCGS 系统的自由表格构件来组态显示实时数据报表并将它打印输出。历史数据报表是从历史数据库中提取存盘数据记录，把历史数据以一定的格式显示和打印出来。

为了能够快速方便地组态工程数据报表，MCGS 系统提供了灵活方便的报表组态功能。系统提供了"Excel 报表输出"策略构件和"历史表格"动画构件，两者均可以用于报表组态。

"Excel 报表输出"策略构件用于对数据进行处理并生成数据报表，通过 Excel 强大的数据处理能力，把 MCGS 存盘数据库或其数据库中的数据进行相应的处理，以 Excel 报表的形式保存，并可以将报表进行实时显示和打印输出。

"历史表格"动画构件是 MCGS 系统提供的内嵌的报表组态构件，用户只需在 MCGS 系统下组态绘制报表，通过 MCGS 的打印和显示窗口即可打印和显示数据报表。

MCGS 历史表格构件实现了强大的报表和统计功能，主要特性有：

- 可以显示静态数据、实时数据库的动态数据、历史数据库中的历史记录以及对它们的统计结果。

- 可以方便、快捷地完成各种报表的显示和打印功能。

- 在历史表格构件中内建了数据库查询功能和数据统计功能，可以很轻松地完成各种查询和统计任务。

- 历史表格具有数据修改功能，可以使报表的制作更加完美。

- 历史表格构件是基于"所见即所得"机制的，用户可以在窗口上利用历史表格构件强大的格式编辑功能配合 MCGS 的画图功能作出各种精美的报表，包括与曲线混排，在报表上放置各种图形和徽标。

- 可以把历史表格中的数据保存到文件中，复制到剪贴板上，拷贝到 Excel 里，或者从文件和剪贴板中装载先前保存的历史表格数据。

- 可以打印出多页报表。

表格

MCGS 自由表格是一个简化的历史表格，它取消了与历史数据的连接，以及历史表格中的统计功能。以及其与历史数据报表制作有关的功能。但是具备与历史表格一样的格式化和表格结构组态，可以很方便地和实时数据连接，构造实时数据报表。

1. 创建表格

在 MCGS 的绘图工具箱中，选择自由表格或历史表格，在用户窗口中，按下鼠标左键就可以在用户窗口中绘制出一个表格来。自由表格与历史表格控件如图 2-8-2 所示。

选中表格，使用工具箱中的工具，如放置一条直线，放置一幅位图等，如图 2-8-3 所示。也可以使用工具条上的按钮对表格的各种属性进行调节，比如去掉外面的粗

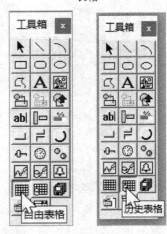

图 2-8-2　自由表格与历史表格构件

边框。改变填充颜色，改变边框线型等。表格编辑工具如图 2-8-4 所示。

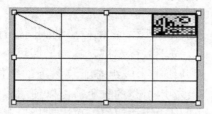

图 2-8-3　自由表格组态设计图

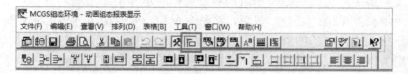

图 2-8-4　表格编辑工具图

也可以对表格的事件进行组态：在表格上点击鼠标右键，在右键菜单中选择事件编辑，弹出如图 2-8-5 所示的事件编辑菜单项，就可以对表格的事件进行编辑。

图 2-8-5　表格事件属性设置图

2. 表格基本编辑方法

鼠标左键单击某单元格，选中的单元格上有黑框显示。

鼠标左键单击某个单元格后拖动则为选择多个单元格。选中的单元格区域周围有黑框显示，第一个单元格反白显示，其他单元格反黑显示。

鼠标左键单击行列索引条(报表中标识行列的灰色单元格)为选择整行或整列。

单击报表左上角的固定单元格为选择整个报表。

允许在获得焦点的单元格直接输入文本。用鼠标左键双击单元格使输入光标位于该单元格内，输入字符。按下回车键或鼠标左键单击其他单元格为确认输入，按 Esc 键取消本次输入。

如果某个单元格在界面组态状态下输入了文本，而且没有在连接组态状态下连接任何内容，则在运行时，输入的文本被当作标签直接显示；如果在连接组态状态下连接了数据，则在运行时，输入的文本被试图解释为格式化字符串，如果不能被解释为格式化字符串(不符合要求)，则忽略输入的文本。

在单元格内输入文本时，可以使用 Ctrl + Enter 组合键(同时按下 Ctrl 键和回车键)来输入一个回车。利用这个方法可以在一个表格单元内书写多行文本，或输入竖状文字。

允许通过鼠标拖动来改变行高、列宽。将鼠标移动到固定行或固定列之间的分割线上，鼠标形状变为双向黑色尖头时，按下鼠标左键，拖动，即可修改行高、列宽。

当选定一个单元格时，可以使用一般组态工具条上的字体设置按钮来设置字体和字色。可以使用填充色来设置单元格内填充的颜色。可以使用线型、线色来设置单元格的边线。通过表格组态工具条中的设置边线按钮组，可以选择设置哪条边线的线型和颜色。通过表格组态工具条中的边线消隐按钮组，可以选择显示和消隐边线。

可以使用编辑菜单中的复制、剪切、粘贴命令和一般组态工具条上的复制、剪切和粘贴按钮来进行单元格内容的编辑。

可以使用表格编辑工具条中的对齐按钮来进行单元格的对齐设置。

可以使用合并单元格和拆分单元格来进行单元格的合并与拆分。

对自由表格的界面组态，只有直接填写显示文本和直接填写格式化字符串两种方式，对历史表格，除了填写显示文本和填写格式化字符串以外，还可以进行单元的编辑和输出组态，方法是在界面组态状态下，选定需要组态的一个或一组单元格，按下鼠标右键，弹出右键菜单，选择表元连接，或者在表格菜单中选择表元连接，则弹出单元格界面属性设置对话框。

图 2-8-6 所示为单元格界面属性设置对话框。

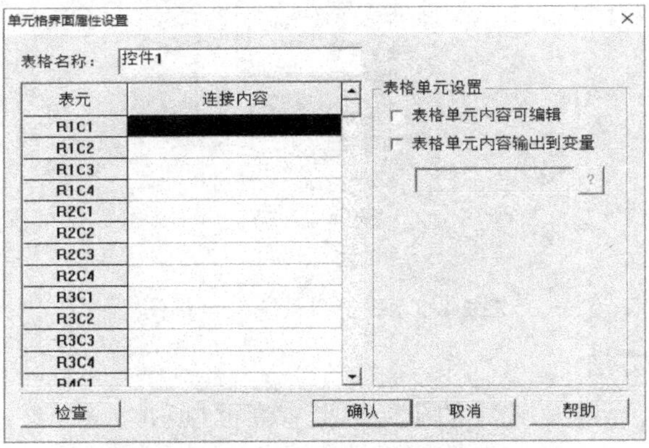

图 2-8-6　单元格界面属性设置对话框

在单元格界面属性设置对话框中有如下选项：

表格名称：历史表格的名称，用于在用户窗口中标识历史表格。比如，可以使用控件 1.Visible = 0 脚本，使名为"控件 1"的历史表格不可见。

单元格列表：列出了所有正在组态的单元格。R3C2 表示第 3 行第 2 列的单元格。使用鼠标选定某列后，就可以在右边的表格单元设置中对选定的单元格进行设置。

表格单元设置：在表格单元中可以设置如下选项：

◆ 表格单元内容可编辑：指定的表格单元内容可以编辑，这个功能通常有两种用途，一种是在空白表格内，允许内容可编辑，用于输入大量数据，如配方，参数等，并可以通过把表格内容保存到文件中或从文件中恢复来保持表格内容；另一种用途是对从历史数据中装载数据形成的报表，修改的部分内容以符合实际需要。

◆ 表格单元内容输出到变量：使用此功能，必须在下面的编辑框中，连接输出变量。使用此功能后，表格单元内的内容会被输出到指定的输出变量中，这个功能通常用于把历史表格中的统计数据输出到某个变量中。

3. 表格组态

表格的组态有两种模式：表格编辑模式和表格连接模式，如图 2-8-7 和图 2-8-8 所示。编辑模式下可以对表格进行输入文本、位图等操作。如果在表格连接模式下没有连接任何内容，则在运行时，输入的文本被当作标签直接显示；如果在连接模式下连接了数据，则在运行时，输入的文本被试图解释为格式化字符串，如果不能被解释为格式化字符串(不符合要求)，则忽略输入的文本。表格连接模式下可以对表格进行数据连接，即可以显示动态的实时数据或者历史数据。

图 2-8-7　表格编辑模式右键菜单图

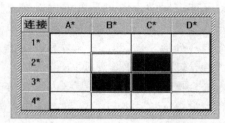

图 2-8-8　自由表格连接模式

自由表格的连接组态非常简单，只需要切换到连接模式下，然后在各个单元格中直接填写数据对象名，或者直接按照脚本程序语法填写表达式，表达式可以是字符型、数值型和开关型。充分利用索引拷贝的功能，可以快速填充连接。同时也可以一次填充多个单元格，方法是选定一组单元格，在选定的单元格上按下鼠标右键，弹出数据对象浏览对话框，在对话框的列表框中，选定多个数据对象，然后按下回车键，MCGS 将按照从左到右，从上到下的顺序填充各个单元框，如图 2-8-9 所示。

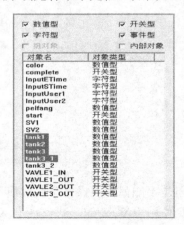

图 2-8-9　表格连接变量设置图

历史表格的连接组态则比较复杂，在历史表格的连接组态状态下，表格单元可以作为单个表格单元来组态连接，也可以形成表格单元区域来组态连接，如图 2-8-10 所示。图 2-8-11 所示为单元连接属性设置对话框。

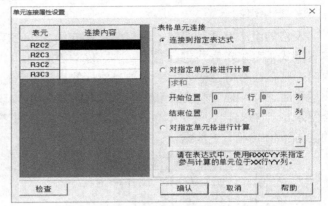

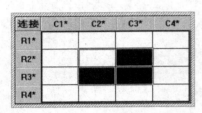

图 2-8-10　表格单元区域组态设计图　　　图 2-8-11　单元连接属性设置对话框

在单元连接属性设置对话框中可以设置如下选项：

单元格列表：列出了所有正在组态的单元格。R2C2 表示第 2 行第 2 列的单元格。使用鼠标选定某列后，就可以在右边的表格单元连接中对选定的单元格进行连接设置。

表格单元连接：可以组态如下选项：

◆ 连接到指定表达式：把表格内容连接到一个脚本程序表达式。

◆ 对指定单元格进行计算：可以选定对某个区域内的单元格进行计算。此选项通常用于在汇总单元格内对一行或一列内的一批单元格进行汇总统计。可以提供的计算方法有：求和、求平均值、求最大值等等。

◆ 对指定单元格进行计算：可以写出一个单元格表达式，对几个单元格进行计算。注意，这里的单元格表达式不同于脚本程序表达式。

详细的单元格表达式用法请参看如下介绍。

单元格表达式可以使用加、减、乘、除四则运算符号，并具备以下运算符号：

!：取反运算符。

^：乘方运算符。

>：大于号。

<：小于号。

()：括号。

同时具备以下函数：

三角函数：Sin，Cos，Tg，Ctg，Asin，Acos，Atg。

指数函数：Exp。

对数函数：LOG。

开方：SQRT。

在表达式中，可以使用实时数据库中的值，但是不能使用点操作来获取属性值。

在表达式中，可以引用单元格内的值，方法是使用 RXCY 的形式，这里 X 是行号，从 1 开始，Y 是列号，从 1 开始。

　　把表格单元连接到脚本程序表达式，单元格表达式以及单元格统计结果，必须把单元格作为单个表格单元来组态，把表格单元连接到数据源则必须把表格单元组成表格区域来组态，即使是一个表格单元，也要组成表格区域来进行组态。

　　为了组成表格区域，首先在连接组态状态下，选定一组或一个单元格，使用表格编辑工具条上的合并单元按钮或表格菜单中的合并单元命令，这些单元格内就用斜线填充，表示已经组成一个表格区域，必须一起组态他们的连接属性。如图 2-8-12 所示。

　　对表元区域进行组态，使用表格菜单中的表元连接命令或鼠标右键，弹出数据库连接设置对话框，如图 2-8-13 所示。

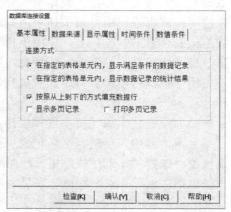

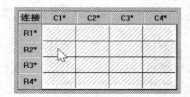

图 2-8-12　表元区域组态设计图　　　　　图 2-8-13　数据库连接设置对话框

1）基本属性

第一页是基本属性页，可以组态的选项包括：

连接方式：可以选择显示数据记录或显示统计结果。选择显示数据记录，则数据源直接从数据库中根据指定的查询条件提取一行到多行数据；如果选择显示统计结果，则数据源根据指定的查询条件，从数据库中提取到需要的数据后，进行统计分析处理，然后生成一行数据，填充到选定表元区域中。

按照从上到下的方式填充数据行：选择此选项，导致 MCGS 按照水平填充的方式填充数据，也就是说，当需要填充多行数据时，是按照从上到下的方式填充的。反之，如果不选择此选项，则数据按照从左到右的方式填充。

显示多页记录：选择这个选项，当填充的数据行数多于表元区域的行数时，在表元区域的右边，会出现一个滚动条，可以滚动来浏览所有的数据行。当对这个窗口进行打印时，MCGS 自动增加打印页数，并滚动数据行，填充新的一页，以便把所有的数据打印出来。

2）数据来源

数据库连接设置的第二页是如图 2-8-14 所示的"数据来源"页，可以选择的选项有：

组对象对应的存盘数据库：选择这个选项后，

图 2-8-14　数据来源属性设置对话框

可以从下拉框中选择一个有存盘属性的组对象，本项目中可以选择 tank 组对象。

标准 Access 数据库文件：使用这个选项，可以连接到一个 Access 数据库的数据表中。

ODBC 数据库如［SQL Server］：使用这个选项，可以连接到一个 ODBC 数据源上。

3) 显示属性

第三页是显示属性页，如图 2-8-15 所示。在这一页中，可以将获取到的数据连接到表元上。可使用的组态配置包括：

对应数据列：如果已经连接了数据来源并且数据源可以使用，就可以使用复位按钮将所有的表元列自动连接到合适的数据列上，使用上移下移按钮可以改变连接数据列的顺序。或者在对应数据列中，使用下拉框列出所有可用的数据列，并从中选择合适的一个。

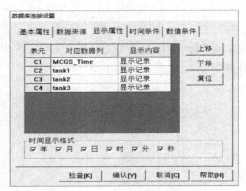

图 2-8-15　显示属性设置对话框

显示内容：如果在基本属性页中选择了显示所有记录，则显示内容中只能选择显示记录。如果在基本属性页中选择了显示统计结果，则在显示内容中可以选择显示统计结果。可以选择的统计方法包括：求和、求平均值、求最大值、求最小值、首记录、末记录、求累计值等。其中，首记录和末记录是指所有满足条件的记录中的第一条记录和最后一条记录的对应的数据列的值，通常用于时间列或字符串列。累计值是指从记录的数据中提取的值，在这里，记录的数据不是普通数据，而是某种累计仪表产生的数据，比如在一个小时内，水表产生的数据是：32.1, 32.9, 33.4…211.11；则这个小时内提取出来的累计水量为：211.11 − 32.1 = 179.01。

时间显示格式：组态时间列在表格中的显示格式。

4) 时间条件

第四页是时间条件页，如图 2-8-16 所示。组态的结果将影响从数据库中选择哪些记录和记录的排列顺序。可以组态的选项包括：

排序列名：可以选择一个排序列，然后选择一个升序或者降序，就可以把从数据库中提出的数据记录按照需要的顺序排列。

时间列名：选择一个时间列，才能进行下面有关时间范围的选择。

设定时间范围：在选定了时间列后，就可以进行时间范围的选择了。通过时间范围的选择，可以提取出需要的时间段内的数据记录，填充到报表中。时间范围的填充方法有：

图 2-8-16　时间条件属性设置对话框

所有存盘数据：所有存盘数据都满足要求。

最近时间：最近 X 分钟内的存盘数据。

固定时间：可以选择当天、前一天、本周、前一周、本月、前一月。分割时间点是指从什么时间开始计算这一天。如：选择前一天，分割时间点是 6 点，则最后设定的时间范围是从昨天 6 点到今天 6 点。

按变量设置时间范围处理存盘数据：可以连接两个变量，用于把需要的时间在填充历史表格时送进来。变量应该是字符型变量，格式为："YYYY-mm-DD HH:MM:SS"，或"YYYY 年 mm 月 DD 日 HH 时 MM 分 SS 秒"的形式。在用户窗口打开时，进行一次历史表格填充，用户也可以使用脚本函数 !SetWindow，附带参数 5 来强制进行历史表格填充，还可以使用用户窗口的方法 Refresh 来强制进行历史表格填充。因此，常见的用法是首先弹出一个用户窗口，以对话框方式让用户填写需要的时间段，把时间送到连接的变量中，然后在关闭这个窗口时，打开包含有历史表格的窗口，此时用户设置的变量将在历史表格的填充中过滤数据记录，生成用户需要的报表；或者在包含有历史表格的窗口中，让用户填写时间，形成时间字符串，送到变量中，然后使用一个按钮，命名为刷新按钮，调用窗口的 Refresh 方法，强制表格重新装载数据，生成合适的报表。

5) 数值条件

第五页是数值条件页，如图 2-8-17 所示。在这一页中，用于按设置的数值条件过滤数据库中的记录。可以组态的项目包括：

数值条件组态：包括三个部分，数据列名选择、运算符号和比较对象，任何一个数值条件都包括这三个部分，运算符号包括：=、>、<、>=、<=、Between。Between 是为时间列准备的，使用 Between 时，需要两个比较对象，形成："MCGS_TIME Between 时间1 And 时间 2"的形式。比较对象可以是一个常数，也可以是表达式。在数值条件中完成组态后，可以使用增加按钮来将数值条件添加到条件列表框中。

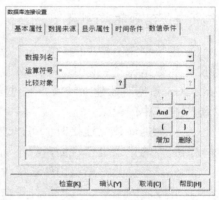

图 2-8-17　数值条件属性设置对话框

条件列表框：条件列表框中列出了所有的条件和逻辑运算关系，在条件列表框下面的只读编辑框中，显示出最后合成的数值条件的表达式。

条件逻辑编辑按钮：包括上移、下移、And 操作、Or 操作、左括号、右括号、增加和删除等，仔细调节逻辑编辑关系，可以形成复杂的逻辑数值条件表达式。注意条件列表框下面合成的最后表达式，有助于组态出正确的表达式。

4. 格式化字符串

格式化字符串用于格式化显示单元格内连接的数值。根据单元格内连接的数值类型不同，MCGS 试图把在表格编辑模式下输入单元格内的文本解释为相应的格式化字符串，如果输入的文本不能解释为合适的格式化字符串形式或者没有输入任何文本，则 MCGS 试图用缺省的形式显示单元格内连接的数值。

根据单元格内连接的不同数值，有如下几种格式化字符串可以使用：

• 数值格式化字符串：表示为 X | Y 的形式，如：2 | 1，竖线左边是小数位数。右边是在格式化好的文本的右边添加的空格的个数。使用这个方法可以避免右对齐显示的数值

量太挨近单元格的右边。数值格式化字符串只对数值型和整型数值有效。

• 日期格式化字符串：使用如下的字符来代表时间格式。

YYYY(或 yyyy)：四位数的年份，如：2020。

YY(或 yy)：两位数年份，如：01。

MM：两位数月份，如：02。

DD(或 dd)：两位数日期，如：03。

HH(或 hh)：两位数时间，如：23。

mm：两位数分钟，如：59。

SS(或 ss)：两位数秒数，如：59。

因此，使用"yy-MM-DD HH 时 mm 分 SS 秒"就可以格式化出：20-01-03 23 时 59 分 59 秒。

日期格式化字符串只对日期值有效。

• 开关型数值格式化字符串：表示为 S1 | S2 的形式，当开关型数值不等于 0 时，显示字符串 S1，当开关型数值等于 0 时，显示字符串 S2。如：开 | 关 ，使得单元格连接到数值 0 时显示关，连接到数值 1 时显示开。

(二) 存盘数据浏览

存盘数据浏览构件的功能在于，通过 MCGS 变量对数据库实现各种操作和数据浏览。使用本构件，用户可以将数据库中的数据列(字段)与 MCGS 数据对象建立连接。通过这种方式，在 MCGS 中可以取得、浏览数据库中的记录。

存盘数据浏览

在与数据库建立连接时，可以通过指定相应的时间及数值条件，对数据库中的记录进行过滤，将不满足条件的记录滤掉。

此外，存盘数据浏览构件还提供了一系列的构件操作命令，如：在数据库中移动、查找以及修改时间条件、数值条件等命令。通过这些命令，用户可以在组态工程运行时，动态地对构件进行操作。

1. 存盘数据浏览构件组态基本步骤

在 MCGS 用户窗口工作区中，选择并打开要进行数据处理的窗口，从工具箱中选择"存盘数据浏览"构件，如图 2-8-18 所示。然后在窗口中适当的位置拖动鼠标，以放置构件。

在图标上双击鼠标左键，或单击鼠标右键并在打开的快捷菜单中选择属性，以打开存盘数据浏览构件的属性设置窗口。存盘数据浏览构件的属性设置窗口包含五页，分别是：

基本属性页：设置构件的基本属性，如构件名称；

数据来源页：设置要进行连接的数据；

显示属性页：设置数据库中的字段的显示格式以及时间显示格式；

时间条件页：设置对源数据库中哪个时间范围内的数据进

图 2-8-18　存盘数据浏览构件

行处理；

数值条件页：设置数值条件，只有满足条件的记录，才能进行处理。

外观设置页：设置该构件运行时的外观。

2. 存盘数据浏览构件组态设置

1) 基本属性

在图 2-8-19 所示的基本属性页中，当用户选择并放置一个存盘数据浏览构件时，MCGS 将初始化其中的构件名称属性，该属性为构件在窗口中的标识，在使用构件函数操作命令时，用户也可以根据实际的需要，修改该属性。

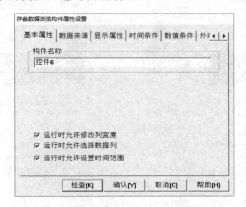

图 2-8-19　存盘数据浏览基本属性设置对话框

2) 数据来源

存盘数据浏览构件可以使用的数据库，包括 MCGS 组对象对应的存盘数据库、独立的 Access 数据库、Microsoft 所支持的 ODBC 数据库(如：SQL Server)，如图 2-8-20 所示。

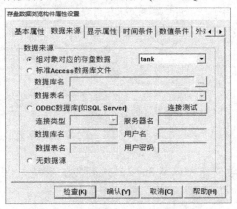

图 2-8-20　存盘数据浏览数据来源属性设置对话框

当数据来源为 MCGS 组对象对应的存盘数据表时，如组态的工程没有运行过，则对应的数据表不存在，无法进行组态。此时，应把组对象存盘属性的存盘周期改为 0，进入 MCGS 的运行环境运行一次后，则该组对象对应的存盘数据表已建立，可以进行组态设置。

对独立的 Access 数据库，需要同时正确设定数据库名和数据表名。不是所有的数据库都可以用来进行处理，只有当数据表中的数据记录是按时间的顺序保存而且有对应时间列，才能进行相应的处理。在对 ODBC 数据库进行提取时，要正确配置，确保组态时能打开操作数据库，否则不能进行组态设置工作。

3) 显示属性

在显示属性页中，用户可以设置显示的数据列、显示标题、显示单位、小数位数、对齐方式和时间显示格式，如图 2-8-21 和图 2-8-22 所示。

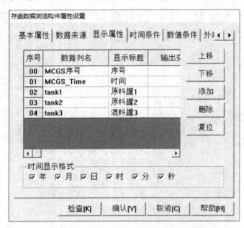

图 2-8-21　存盘数据浏览显示属性设置对话框

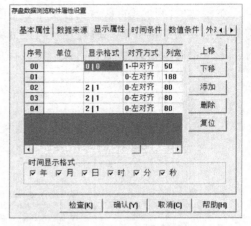

图 2-8-22　存盘数据浏览显示属性设置对话框

4) 时间条件

时间条件用于设置来源数据库中要被处理数据的时间范围和排序方式，如图 2-8-23 所示。排序列名为需要进行排序的字段，缺省时为时间字段并按升序处理。时间列名为来源数据表中的时间字段，处理时以该字段为依据确定时间范围，必须正确设置，没有时间字段的数据表不能进行处理操作。

本构件提供四种选择时间范围的方式，分别是：

所有存盘数据：处理所有时间段的存盘数据。

最近时间：处理满足数值范围条件和最近若干分钟内的存盘数据。

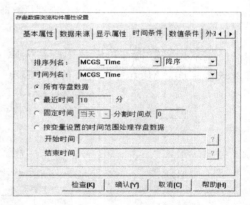

图 2-8-23　存盘数据浏览时间属性设置对话框

固定时间：处理满足数值范围条件和指定时间段的存盘数据，固定时间包括当天、本月、本星期、前一天、前一月、前星期。天的分割时间点，用于设置天的起点，即每天的几点几分算作这一天的开始。

按变量设置的时间范围处理存盘数据：把开始时间和结束时间和 MCGS 的字符型数据对象建立连接，操作员可以在运行时任意设定需要进行处理的时间范围，即到运行时时间条件才确定。

5) 数值条件

数值条件用来指定来源数据表中，只有哪些数据列的值满足指定条件的数据记录，才能被进行处理。数值条件和时间条件的关系是"与"的关系，即运行时，只对同时满足时间条件和数值条件的数据记录进行处理。具体可设置的条件如图2-8-24 所示。

数据列名：来源数据表中字段的列表，用于选择需要构成数值条件的字段。

运算符号：设置数据表字段的操作比较方式，包括 > 、>=、=、<、<=、<>、Between。

比较对象：构成字段比较的表达式，可以是常数，也可以是包括 MCGS 数据对象和数学函数的表达式。如：原料罐1_液位 + 原料罐2_液位 + 10。

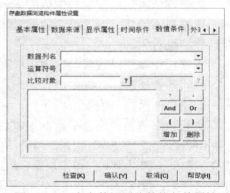

图 2-8-24 存盘数据浏览数值条件属性设置对话框

按"增加"按钮，把设定的条件选择到列表框中。数值条件可以有多个逻辑运算语句构成，各个逻辑运算语句之间通过逻辑运算符号——And、Or 以及括号连接在一起，构成数值条件。按"检查"按钮可以检查数值条件设置的正确性。

按"删除"按钮，输出列表框中选定的一项。按"↑""↓"按钮，移动列表框中选定的项的位置。按"And""Or""[""]"按钮，在各逻辑语句之间增加连接关系。

构成数值条件的完整表达式显示在属性页底部的一行上。

6) 外观设置

外观设置主要设置存盘数据浏览构件外观的显示方式，可以规定其显示起始位置、显示总行数等，也可以规定固定单元格的显示属性，如背景颜色、字体颜色等。具体设置如图 2-8-25 所示。系统运行后滚动单元格的属性页同样可以进行设置其背景颜色、字体颜色等属性。

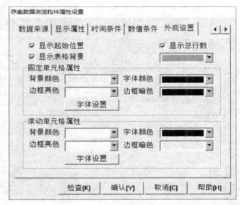

图 2-8-25 存盘数据浏览外观属性设置对话框

(三) Excel 报表输出

Excel 报表输出策略构件用于对数据进行处理并生成数据报表，通过调用 Excel 强大的数据处理能力，把 MCGS 存盘数据库或其他数据库中的数据进行相应的数据处理，以 Excel 报表的形式保存，并可以实时显示和打印。

Excel 报表输出

1. Excel 报表输出基本步骤

组态时，使用 Excel 报表输出功能构件的步骤如下：

从策略工具箱中，把 Excel 报表输出功能构件选择到策略行上，该构件主要有以下属性设置。

操作方法属性：设置对生成的 Excel 表格文件的操作方式。

数据来源属性：设置提取数据来源：设置提取数据来源，包括数据库名和数据表名或存盘数据组对象。

数据选择属性：设置数据表中的要进行处理和输出到 Excel 表格的数据列。

时间条件属性：设置要进行处理和输出到 Excel 表格的数据的时间范围。

数值条件属性：设置数值条件，只对源数据库中满足条件的记录进行提取。

数据输出属性：设置把数据提取后，保存到什么地方，即目标数据库。

组态时，按"检查"按钮，检查所组态的结果是否正确；按"帮助"按钮，打开本构件的在线帮助；按"确认"按钮，保存组态结果后退出。注意：如组态结果不正确，则无法保存组态结果。按"取消"按钮，不保存本次组态设置退出；按"测试"按钮，进行提取工作。注意：因为测试是在组态环境下进行 Excel 报表输出，时间条件和数值条件中所连接的变量无法取到有实际值，输出结果可能会不正确，此时应使用常数来代替变量进行测试。

2. Excel 报表输出组态设置

在"运行策略"页中，通过"新建策略"添加一个"循环策略"，如图 2-8-26 所示。在该循环策略中增加一个策略行，在策略行中添加"Excel 报表输出"构件，如图 2-8-27 所示。如果系统工具箱内没有"Excel 报表输出"构件，则通过"工具"菜单下的"策略构件管理"添加"Excel 报表输出"构件到工具箱内，如图 2-8-28 和图 2-8-29 所示。

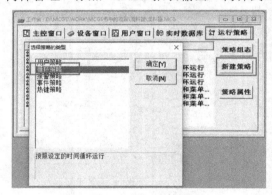

图 2-8-26　新建运行策略对话框

图 2-8-27　Excel 报表输出构件组态图

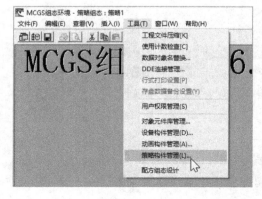

图 2-8-28　策略构件管理组态图

图 2-8-29　增加 Excel 报表输出构件

1) 操作方法

双击策略行中的"Excel 报表输出",弹出如图 2-8-30 所示的"Excel 报表输出构件属性设置"对话框。在"操作方法"页中用户首先选择一个 Excel 表格文件,然后可以使用各种操作方法对其进行处理。

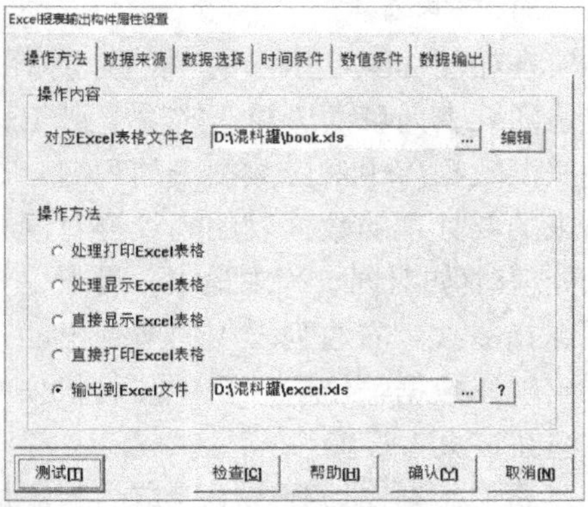

当选择处理打印 Excel 表格时,Excel 在后台运行,并将数据报表输出的结果用打印机打印出来。

当选择处理显示 Excel 表格时,运行 Excel 并显示数据报表输出的结果。

当选择直接显示 Excel 表格时,运行 Excel 直接显示选定文件,不进行报表输出。

当选择直接打印 Excel 表格时,Excel 在后台运行,将选定文件直接用打印机打印出来。

当选择输出到 Excel 文件时,Excel 在后台运行,将相应的数据以指定的显示格式和处理方法输出并保存到指定得 Excel 文件中。

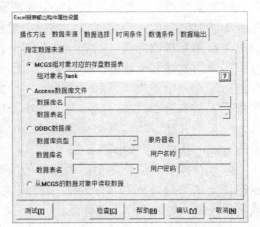

图 2-8-30 Excel 报表输出操作方法属性
设置对话框

当用户在组态时选择了"直接显示""直接打印""处理打印"和"处理显示"时,输出的 Excel 数据报表不存盘,如需要存盘的话,请使用"输出到文件"或使用 Excel 进行保存。

2) 数据来源

Excel 报表输出构件处理的对象是 MCGS 的实时数据对象和数据库,包括 MCGS 组对象对应的存盘数据库、独立的 Access 数据库、MicroSoft 所支持的 ODBC 数据库(如:SQL Server 等),如图 2-8-31 所示。当从本属性页切换到其他属性页时,如对应的来源数据库不存在,会出现"数据库设置错误"的提示,所以在组态时应事先准备好需要进行提取的数据库。

当数据来源为 MCGS 组对象对应的存盘数据表时,如组态的工程没有运行过,则对应的数据表不存在,无法进行组态。此时,应把组对象存盘属性的存盘周期改为 0,进入 MCGS 的运行环境运行一次后,则该组对象对应的存盘数据表已建立,即可进行组态设置。注意应将存盘周期改回到原来的值。

对独立的 Access 数据库,需要同时正确设定数据库名和数据表名。当数据库名已经正确填写后,可以在数据表名处选择该数据库的任意一个数据表。

图 2-8-31 Excel 报表输出数据来源
属性设置对话框

在对 ODBC 数据库进行提取时,要正确配置 ODBC 数据源,确保组态时能打开操作数据库,否则不能进行组态设置工作。当数据库类型、数据库名、服务器名、用户名和用户密码已经正确填写时，可以在数据表名处选择该数据库的任意一个数据表。

当选中从 MCGS 的数据对象中读取数据时，Excel 报表输出构件将当前选定的 MCGS 数据对象的值按指定方式写入 Excel 报表文件。

3) 数据选择

在如图 2-8-32 所示的"数据选择"属性页中，左边的列表为可供选择的能输出到 Excel 表格中的来源数据库中对应数据表的列名，右边为选择出来的要处理的数据表的列。当对同一列进行多种处理时(如对同一列求最大、最小、平均值)，需要选择多次。右边列表中的所列出的数据对象都将出现在数据输出属性页中，每一列的具体处理方法在该页中设置。

图 2-8-32　Excel 报表输出数据选择
属性设置对话框

添加：把左边列表中选定的列添加到右边的列表中。

删除：把右边列表中选定的列删除。

全加：把左边列表中所有的列添加右边列表中，同时删除右边列表中原来已有的列。

全删：全部删除右边列表中所有的列。

用鼠标双击左边列表的数据对象可把该数据添加到右边列表中。

用鼠标双击右边列表的数据对象可把该数据删除。

4) 时间条件

时间条件用于设置来源数据库中要被输出的数据对象的时间范围，时间列名为来源数据表中的时间字段，提取时以该字段为依据确定时间范围和提取区间，必须正确设置。没有时间字段的数据表不能进行提取操作。月/天的分割时间点，用于设置月和天的起点，即每月的哪一天作为一个月的开始，每天的哪个时刻作为一天的开始。本构件提供四种选择时间范围的方式，具体设置如图 2-8-33 所示。

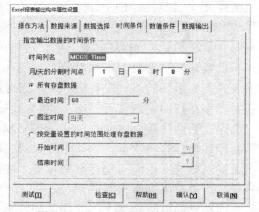

图 2-8-33　Excel 报表输出时间条件
属性设置对话框

所有存盘数据：把满足数值条件的所有数据按指定的处理方式和显示格式输出到 Excel 数据报表中，时间不作为条件。

最近时间：把满足数值范围条件和最近若干分钟内的存盘数据按指定的处理方式和显示格式输出到 Excel 数据报表中。

固定时间：把满足数值范围条件和指定时间段的存盘数据按指定的处理方式和显示格式输出到 Excel 数据报表中，固定时间包括当天、本月、本星期、前一天、前一月、前星期，使用固定时间段配合相应的提取方式可以很方便地完成标准的日报表、月报表和年报表。

按变量设置的时间范围处理存盘数据：把开始时间和结束时间和 MCGS 的字符型数据对象建立连接，操作员可以在运行时任意设定需要提取的时间范围，即到运行时时间条件才确定。按"测试"按钮进行报表输出测试时，不能选择此项指定时间条件。

5) 数值条件

数值条件用来指定来源数据表中，只有那些数据列的值满足指定条件的数据记录，才能被进行输出到 Excel 报表。数值条件和时间条件的关系是逻辑与的关系，即提取时只对同时满足时间条件和数值条件的数据记录进行处理。具体设置如图 2-8-34 所示。

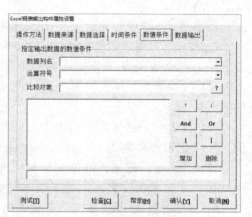

数据列名：来源数据表中字段的列表，用于选择需要构成数值条件的字段。

运算符号：设置数据表字段的操作比较方式，包括 >、>=、=、<、<=、<>、Between。

比较对象：构成字段比较的表达式，可以是常数，也可以是包括 MCGS 数据对象和数学函数的表达式。如：原料罐 1_液位 + 原料罐 2_液位 + 10。

图 2-8-34 Excel 报表输出数值条件属性设置对话框

按"增加"按钮，把设定的条件选择到列表框中。数值条件可以有多个逻辑运算语句构成，各个逻辑运算语句之间通过逻辑运算符号——And、Or 以及括号连接在一起，构成数值条件。按"检查"按钮可以检查数值条件设置的正确性。

按"删除"按钮，删除输出列表框中选定的一项。按"↑""↓"按钮，移动列表框中选定的项的位置。按"And""Or""[""]"按钮，在各逻辑语句之间增加连接关系。

构成数值条件的完整表达式显示在属性页底部的一行上。

6) 数据输出

在本属性页中，将对在数据选择属性页中选中的要输出到 Excel 表格中的数据库或 MCGS 的数据对象的输出格式进行设置。同一个数据对象可以以不同的显示格式和处理方法输出到 Excel 数据报表中。图 2-8-35 和图 2-8-36 所示的就是数据对象在 Excel 表格中的显示属性。

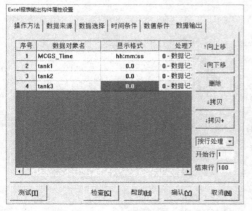

图 2-8-35 数据输出属性设置对话框(1)

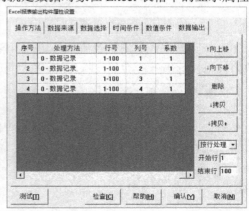

图 2-8-36 数据输出属性设置对话框(2)

　　数据对象名：来源数据表中，需要进行处理并输出到 Excel 表格的数据。在数据选择属性页中设置，本属性中不能修改。

　　显示格式：设置数据对象在 Excel 表格中的显示格式。数据对象为时间量时，显示格式"YYYY-MM-DD"代表"年-月-日"，"HH:MM:SS"代表"时:分:秒"。数据对象为开关量，显示格式为"ON|OFF"时，开关量为"1"时，显示"ON"，为"0"时，显示"OFF"。

　　处理方法：用于设置对选定的数据对象的处理方法，构件将处理的结果输出到 Excel 报表中，存盘数据提取提供 10 种提取处理方法：

　　(1) 数据记录：源数据表中满足时间条件和数值条件的所有值，或 MCGS 的数据对象的实时值。

　　(2) 首记录：把来源数据表中对应列在指定时间区间内的所有记录作为一组，取该组的第一个记录保存到输出数据表中的对应列。

　　(3) 末记录：把来源数据表中对应列在指定时间区间内的所有记录作为一组，取该组的最后一个记录保存到输出数据表中的对应列。

　　(4) 最大值：把来源数据表中对应列在指定时间区间内的所有记录作为一组求最大值，结果作为一个记录保存到输出数据表中的对应列。

　　(5) 最小值：把来源数据表中对应列在指定时间区间内的所有记录作为一组求最小值，结果作为一个记录保存到输出数据表中的对应列。

　　(6) 平均值：把来源数据表中对应列在指定时间区间内的所有记录作为一组求平均值，结果作为一个记录保存到输出数据表中的对应列。

　　(7) 求和：把来源数据表中对应列在指定时间区间内的所有记录作为一组求和，结果作为一个记录保存到输出数据表中的对应列。

　　(8) 样本方差：把来源数据表中对应列在指定时间区间内的所有记录作为一组求样本方差，结果作为一个记录保存到输出数据表中的对应列。样本方差的算法如下：

$$S^2 = (\sum_{i=1}^{n} x_i^2 - nx^2) \div (n-1)$$

　　(9) 样本标准差：把来源数据表中对应列在指定时间区间内的所有记录作为一组求样本标准差，结果作为一个记录保存到输出数据表中的对应列。样本方差的算法如下：

$$s = \sqrt{s^2}$$

　　(10) 标记数据：当满足数值条件和时间条件的数据对象的值具有某种特殊的意义时，可以使用标记来标出此段数据，Excel 报表中的相应单元格的内容将是此行显示格式中的内容。

　　行号和列号规定了要输出的数据对象在 Excel 表格中的位置。可以使用按钮"拷贝"和"拷贝+"来方便的设置。

　　系数：当输出的数据对象是数值型的时候，Excel 数据报表中显示的内容将是实际值与系数的乘积。

（四）Access 报表

Access 报表输出即存盘数据提取。该构件把 MCGS 存盘数据从一个数据库提取到另一个数据库中，或把数据库内的一个数据表提取到另一个数据表中。提取时，把源存盘数据记录按指定的时间间隔进行分组，对每组数据进行处理，包括求每组数据的最大值、最小值、平均值等统计处理，处理结果作为一条记录提取出来保存，完成从原始存盘数据中提取有用数据的任务。

在实际工程应用中，采集数据的存盘间隔一般在几秒钟，而输出日报表时，要求一小时一个数据；输出月报表时，要求一天一个数据。存盘数据提取构件能从原始存盘数据中，按设定的时间条件、数值条件、提取间隔，把所需要数据记录提取到另一个数据库或者数据表中。如：把上个月的存盘数据中，所有温度大于 100 的数据记录提取出来；按小时提取温度的平均值和流量的累积值，供输出日报表使用；提取某段时间内的首末记录或者最大值最小值等。

1. Access 报表输出基本步骤

在"运行策略"页中，通过"新建策略"添加一个"循环策略"，在该循环策略中增加一个策略行。在策略行中添加"存盘数据提取"构件。如果系统工具箱内没有"存盘数据提取"构件，则通过"工具"菜单下的"策略构件管理"添加"存盘数据提取"构件到工具箱内。存盘数据提取有如下属性设置页，各个属性设置页的主要作用如下。

Access 存盘
数据提取

数据来源：设置从什么地方提取数据，包括数据库名和数据表名；

数据选择：设置要对数据表中的哪些数据列进行提取处理；

数据输出：设置把数据提取后，保存到什么地方，即目标数据库；

时间条件：设置对源数据库中某个时间范围内的数据进行提取；

数值条件：设置数值条件，只对源数据库中满足数值条件的记录进行提取；

提取方式：设置如何提取数据，包括提取间隔、目标数据表中的对应列名。

2. Access 报表输出组态

1) 数据来源

存盘数据提取构件处理的对象是数据库，包括 MCGS 组对象对应的存盘数据库、独立的 Access 数据库、Microsoft 所支持的 ODBC 数据库(如：SQL Server)，如图 2-8-37 所示。在组态时，应事先准备好需要进行提取的数据库。

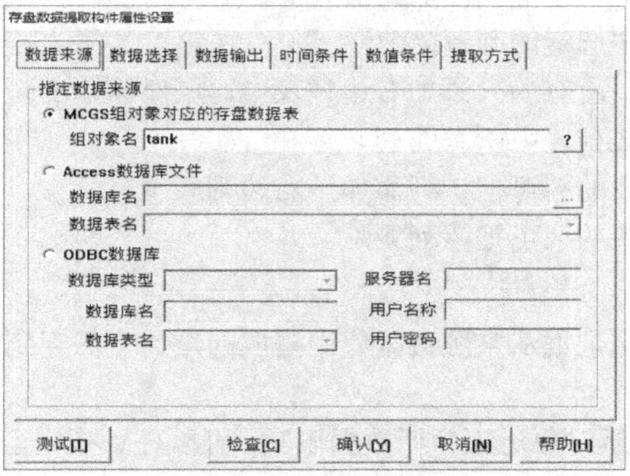

图 2-8-37 存盘数据提取数据来源属性设置对话框

当数据来源为 MCGS 组对象对应的存盘数据表时，如组态的工程没有运行过，则对应的数据表不存在，无法进行组态。此时，应把组对象存盘属性的存盘周期改为 0，进入 MCGS 的运行环境运行一次后，则该组对象对应的存盘数据表已建立，可以进行组态设置。

对独立的 Access 数据库，需要同时正确设定数据库名和数据表名。不是所有的数据库都可以用来进行数据提取，只有当数据表的中的数据记录是按时间的顺序保存而且有对应时间列，进行提取处理才有意义。

在对 ODBC 数据库进行提取时，要正确配置 ODBC 数据源，确保组态时能打开操作数据库，否则不能进行组态设置工作，数据提取构件不能正常工作。详见相应的 OBDC 数据库使用。

2) 数据选择

在如图 2-8-38 所示的"数据选择"属性页中，左边的列表为可供选择的能进行数据提取的来源数据库中对应数据表的列名，右边为选择出来的要处理的数据表的列。当对同一列进行多种处理时(如对同一列求最大、最小、平均值)，可对该列字段选择多次。右边列表中的所有列都将出现在提取方式属性页中，每一列的具体处理方法则在提取方式属性页中设置。

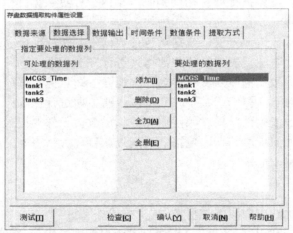

图 2-8-38　存盘数据提取数据选择属性设置对话框

添加：把左边列表中选定的列添加到右边的列表中。

删除：把右边列表中选定的列删除。

全加：把左边列表中所有的列添加右边列表中，同时删除右边列表中原来已有的列。

全删：全部删除右边列表中所有的列。

用鼠标双击左边列表的列可把该列添加到右边列表中。

用鼠标双击右边列表的列可把该列删除。

3) 数据输出

数据输出属性用来指定把从来源数据库中提取的结果，保存到什么地方。具体设置如图 2-8-39 所示。

数据输出到 MCGS 组对象对应的新数据表时，可以任意指定名称，本构件可以自动创建该数据表。

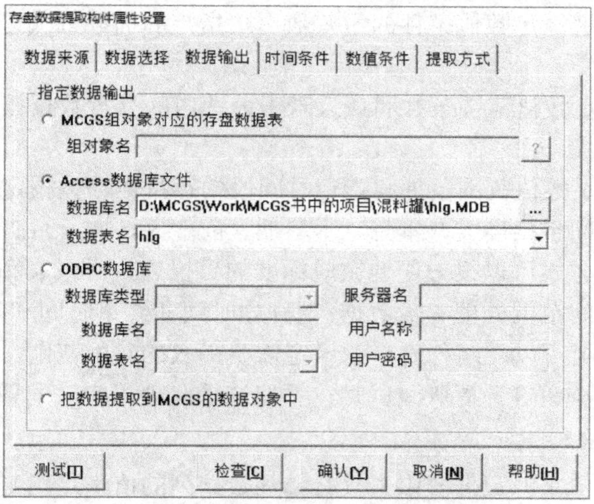

图 2-8-39　存盘数据提取数据输出属性设置对话框

当输出数据库为独立的 Access 数据库中，如对应的数据库或数据表不存在，本构件能自动创建，但要保证文件路径正确无误，否则提取操作不成功。

输出到 ODBC 数据库时，要正确配置 ODBC 数据源，确保运行时能打开操作数据库，否则提取结果不能保存。详见相应的 OBDC 数据库使用。

提取的结果不仅能保存到其他设定的数据库中，也可以把提取结果直接送入 MCGS 的实时数据对象中使用。选择本项后，每一列的提取结果具体送入哪个数据对象将在提取方式属性中设置。

4) 时间条件

时间条件用于设置来源数据库中要被提取数据的时间范围。时间列名为来源数据表中的时间字段，提取时以该字段为依据确定时间范围和提取区间，必须正确设置。没有时间字段的数据表不能进行提取操作。月/天的分割时间点，用于设置月和天的起点，即每月的几号算做一月的开始，每天的几点几分算作这一天的开始。本构件提供四种选择时间范围的方式，如图 2-8-40 所示。

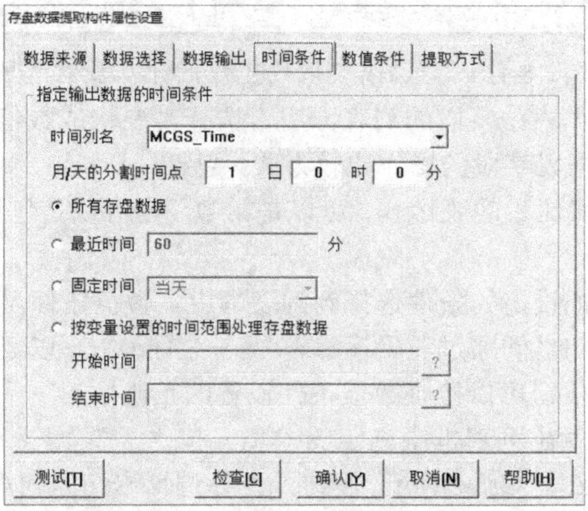

图 2-8-40　存盘数据提取时间条件属性设置对话框

　　所有存盘数据：把满足数值条件的所有数据按指定的提取方式提取到目标表中，时间不作为条件。

　　最近时间：把满足数值范围条件和最近若干分钟内的存盘数据按指定的提取方式提取到目标数据表中。

　　固定时间：把满足数值范围条件和指定时间段的存盘数据按指定的提取方式提取到目标表数据中，固定时间包括当天、本月、本星期、前一天、前一月、前星期，使用固定时间段配合相应的提取方式可以很方便地完成标准的日报表，月报表和年报表；

　　按变量设置的时间范围处理存盘数据：把开始时间和结束时间和 MCGS 的字符型数据对象建立连接，操作员可以在运行时任意设定需要提取的时间范围。即到运行时时间条件才确定。按"测试"按钮进行提取测试时，不能选择此项指定时间条件。

　　5) 数值条件

　　数值条件用来指定来源数据表中，只有哪些数据列的值满足指定条件的数据记录，才能被进行提取处理。数值条件和时间条件的关系是"与"的关系，即提取时，只对同时满足时间条件和数值条件的数据记录进行处理。如没有必要，可以不组态设置数值条件，如图 2-8-41 所示。

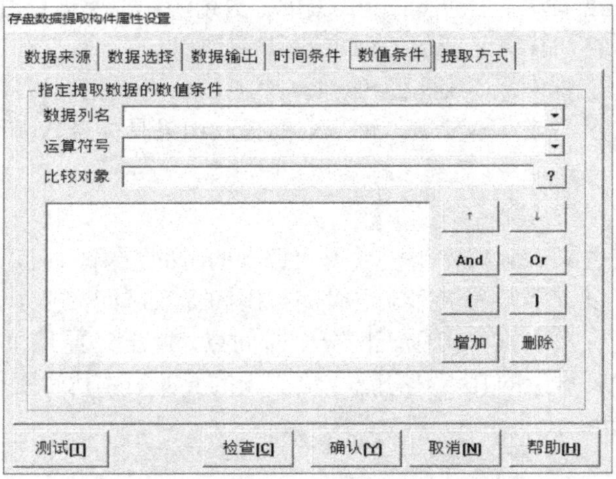

图 2-8-41　存盘数据提取数值条件属性设置对话框

　　数据列名：来源数据表中字段的列表，用于选择需要构成数值条件的字段。

　　运算符号：设置数据表字段的操作比较方式，包括 >、>=、=、<、<=、<>、Between。

　　比较对象：构成字段比较的表达式，可以是常数，也可以是包括 MCGS 数据对象和数学函数的表达式。

　　按"增加"按钮，把设定的条件选择到列表框中。数值条件可以有多个逻辑运算语句构成，各个逻辑运算语句之间通过逻辑运算符号——And、Or 以及 Not 连接在一起，构成数值条件。按"检查"按钮可以检查数值条件设置的正确性。

　　按"删除"按钮，输出列表框中选定的一项。按"↑""↓"按钮，移动列表框中选定的项的位置。按"And""Or""Not"按钮，在各逻辑语句之间增加连接关系。

　　构成数值条件的完整表达式显示在属性页底部的一行上。

6) 提取方式

本属性页用于设置存盘数据提取的方式，包括设定与来源数据表列对应的目标数据表列的名称、存盘数据提取方法、提取间隔，具体设置如图 2-8-42 所示。

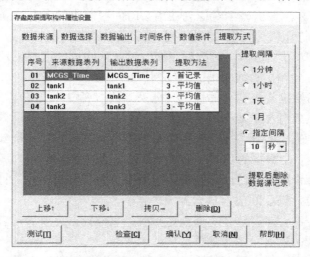

图 2-8-42　存盘数据提取构件提取方式属性设置对话框

来源数据表列：来源数据表中，需要进行数据提取数据表列。在数据选择属性页中设置，本属性中不能修改。

输出数据表列：用于设置来源数据表列的提取结果存放到输出数据表中字段(列)名，建立数据表和输出数据表各列之间的对应关系。当在输出数据属性页中选择"输出数据到MCGS 数据对象"选项时，本列为对应数据对象的名称。此时，按鼠标右键，弹出数据对象选择对话框，选择所需数据对象。

提取方法：用于设置对来源数据表进行提取的方法。存盘数据提取提供 9 种提取处理方法：

(1) 求和：把来源数据表中对应列在指定时间区间内的所有记录作为一组求和，结果作为一个记录保存到输出数据表中的对应列。

(2) 最大值：把来源数据表中对应列在指定时间区间内的所有记录作为一组求最大值，结果作为一个记录保存到输出数据表中的对应列。

(3) 最小值：把来源数据表中对应列在指定时间区间内的所有记录作为一组求最小值，结果作为一个记录保存到输出数据表中的对应列。

(4) 平均值：把来源数据表中对应列在指定时间区间内的所有记录作为一组求平均值，结果作为一个记录保存到输出数据表中的对应列。

(5) 累积量：把来源数据表中对应列在指定时间区间内的所有记录作为一组求累积量，结果作为一个记录保存到输出数据表中的对应列。计算累积量的前提是：在来源数据表中对应列的数据是递增保存。如流量累积对于的存盘数据，其值在数据库的记录中是递增的数据，当流量累积记录到其最大值后会回零，此时进行报表处理时就应进行"累积量"处理，以求某一时间段内的流量累积值。

(6) 样本方差：把来源数据表中对应列在指定时间区间内的所有记录作为一组求样本

方差，结果作为一个记录保存到输出数据表中的对应列。

(7) 样本标准差：把来源数据表中对应列在指定时间区间内的所有记录作为一组求样本标准差，结果作为一个记录保存到输出数据表中的对应列。

(8) 首记录：把来源数据表中对应列在指定时间区间内的所有记录作为一组，取该组的第一个记录保存到输出数据表中的对应列。

(9) 末记录：把来源数据表中对应列在指定时间区间内的所有记录作为一组，取该组的最后一个记录保存到输出数据表中的对应列。

提取间隔：存盘数据提取构件的作用是把来源数据表中的众多数据记录，按指定的时间间隔进行分组，然后对每组数据进行计算处理，把每组数据处理后得到的一个结果作为一个数据记录保存到输出数据表中。其特点是把多个数据处理成一个数据，从而实现从大量数据中分析、提取有用数据的目的。提取间隔设定的时间区间有：1分钟、1小时、1天、1月和可由用户任意设定时间区间。在实际应用中，生成日报表时，把提取间隔设置为 1小时；生成月报表时，提取间隔设置为 1 天。

提取后删除数据源记录：选择本选项运行时，完成数据提取后，自动把来源数据表中已被进行过提取处理的所有记录删除掉。

按"上移""下移"按钮可以改变相应字段在输出数据表中位置；按"拷贝"按钮：让当前选定的输出数据表中字段(列)名等于来源数据表中对应字段(列)名；按"删除"按钮可以删除选定表行。

当数据量很大时，提取操作要花费很长的时间。如原始数据每 10 秒中一个数据记录，一天共有 8640 个数据记录，生成日报表。在一天的结束时，一次提取操作时间较长，会造成系统运行不畅。正确的做法是，建立一个循环策略，一小时执行一次提取操作，每次只提取最近一个小时的数据(360 个数据记录)，所用时间就会减少很多。原始数据分别保存在两个数据表中，而日报表要汇总显示所有的数据信息存盘，也就是要从两个原始数据表中提取数据，生成一个用于输出报表的数据表。具体做法是：建立一个一小时执行一次的循环策略，增加两个策略行，添加两个存盘数据提取构件，每个提取构件中，数据来源数据表分别是对应的存盘数据，输出数据表是日报数据表。

四、任务实施

(一) 打开工程

双击"组态环境"快捷图标 ![MCGS]，打开 MCGS 组态软件，然后按如下步骤打开工程：

任务实施

(1) 选择"文件"菜单中的"打开工程"命令，弹出"打开工程设置"对话框。
(2) 选择打开任务一新建的"混料罐控制系统"工程。

(二) 窗口组态

1. 打开用户窗口

在工作台中选择"用户窗口"，双击任务一中新建的"报表显示"用户窗口，进行用户窗口组态。

2. 绘制窗口标题

打开工具箱，单击"标签"构件**A**，鼠标变成"+"形，在窗口的编辑区按住左键拖动出一个一定大小的文本框。然在该文本框内输入文字"混料罐控制系统—报表显示"，在空白处单击鼠标左键结束输入。通过鼠标右键单击该标签，选择"属性"修改该标签的文字属性。在"属性设置"对话框中，将"边线颜色"选择成"无边线颜色"。选择"字符颜色"将其修改为蓝色，然后点击边上的，修改其字号大小，将其改成 60，其余保持默认设置。在标题下方再绘制"实时报表""历史报表"和"存盘数据浏览"三个标签。

3. 绘制实时报表

单击工具箱中的"自由表格"构件，当鼠标变成"+"形后在合适的位置绘制一个适合大小的实时报表。绘制完成后的效果如图 2-8-43 所示。

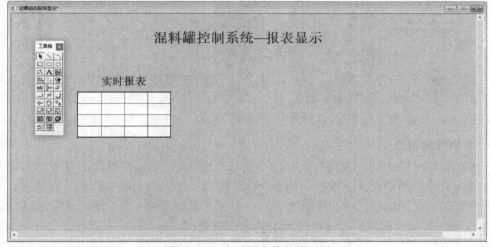

图 2-8-43　实时报表构件绘制图

双击自由表格构件，使其进入表格编辑模式，在此模式下鼠标右键，弹出如图 2-8-44 所示的表格编辑菜单，选择"添加一行"将自由表格增加为 8 行 3 列的表格。然后在每一个单元格中输入想要显示的文本显示或显示格式。完成后的组态效果如图 2-8-45 所示。

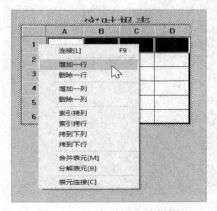

序号	状态	单位
1#罐		KG
2#罐		KG
3#罐		KG
1#进料阀	开|关	
1#出料阀	开|关	
2#出料阀	开|关	
3#出料阀	开|关	

图 2-8-44　实时报表编辑图　　　　图 2-8-45　实时报表组态完成图

4. 设置自由表格连接

在表格编辑模式下，鼠标右键选择"连接"，进入表格连接模式，如图 2-8-46 所示。在每个需显示不同内容的单元格内通过鼠标右键在弹出的实时数据库中选择不同的显示变量，具体设置如图 2-8-47 所示。这样设置完成后，即在对应单元格内会根据变量的不同而显示不同的数据内容。其中开关量将根据各个阀门的状态显示"开"或者"关"。

图 2-8-46　实时报表变量连接操作图 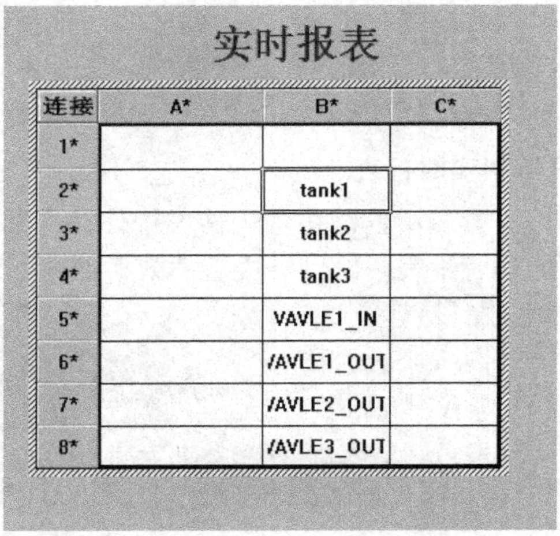　　　　图 2-8-47　实时报表变量连接组态完成图

5. 绘制历史报表

单击工具箱中的"历史表格"构件，当鼠标变成"+"形后在画面右方合适的位置绘制一个适合大小的历史报表。双击"历史表格"构件，进入表格编辑模式，在此模式下，将各列设置成合适的宽度，并在表格第一行中输入"采集时间""1# 罐质量""2# 罐质量""3# 罐质量"等文本信息。完成的效果如图 2-8-48 所示。

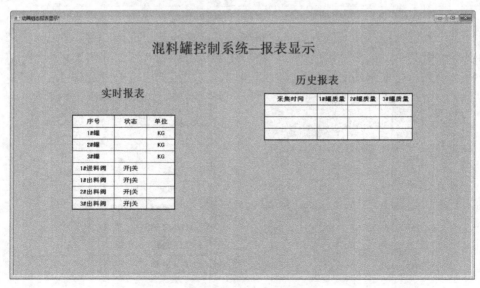

图 2-8-48　历史报表绘制图

6. 历史表格连接

在表格编辑模式下，通过鼠标右键选择"连接"，使表格进入连接模式。如图 2-8-49 所示。在此模式下鼠标左键选中除第一行以外的各个单元格。然后通过"表格"菜单下的"合并表元"，将这些单元格合并成一个合成单元。此时这些单元格会以斜线反显，如图 2-8-50 所示。

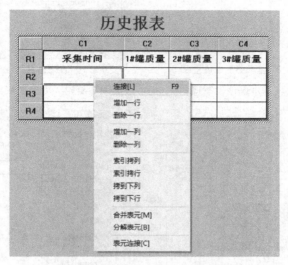

图 2-8-49　历史报表变量连接操作图

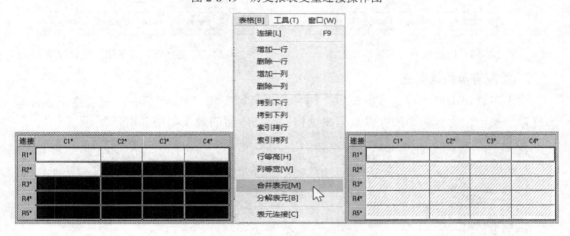

图 2-8-50　历史报表合并表元操作图

7. 设置历史表格数据库连接属性

在历史表格单元处于合并表元状态下，再点击鼠标右键，弹出数据库连接设置对话框。在"基本属性"页中，保持默认设置，如图 2-8-51 所示。在"数据来源"页中，选择数据来源于"tank"组对象，如图 2-8-52 所示。

在"显示属性"页中，将对应数据列分别选择为"MCGS_Time""tank1""tank2""tank3" 4 个变量。在"时间条件"页中选择按"升序"排列。"数值条件"页保持默认设置，如图 2-5-53 和图 2-8-54 所示。

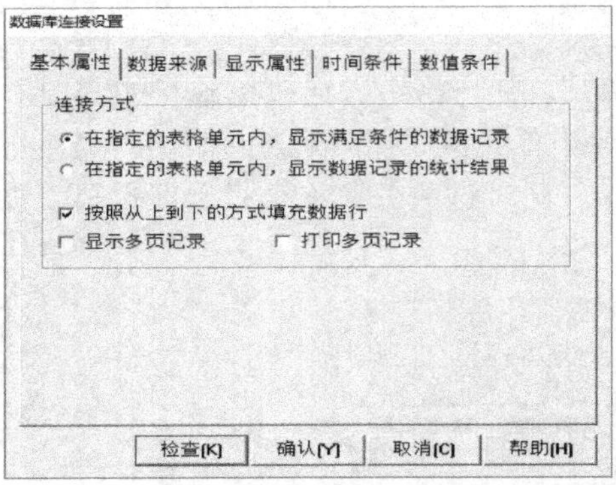

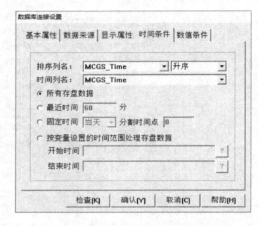

图 2-8-51　历史报表基本属性设置图 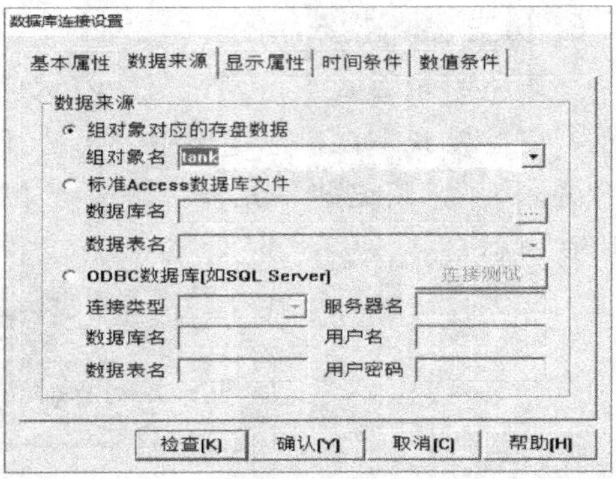　　　　　图 2-8-52　历史报表数据来源属性设置图

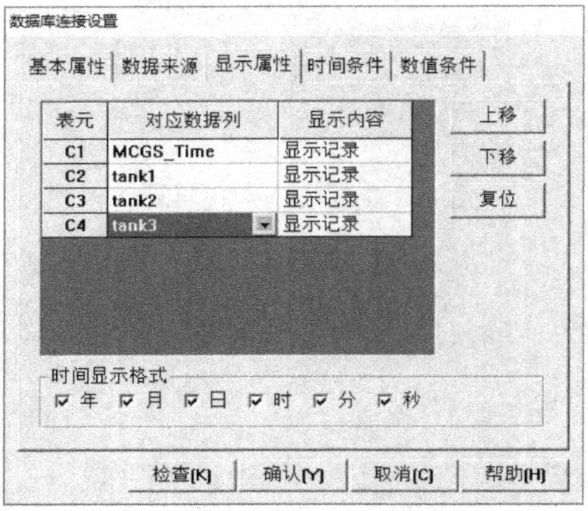

图 2-8-53　历史报表显示属性设置图　　　　　图 2-8-54　历史报表时间条件属性设置图

8. 绘制存盘数据浏览

单击工具箱中的"存盘数据浏览"构件，当鼠标变成"+"形后在历史表格下方合适的位置绘制一个适合大小的存盘数据浏览构件，完成后的效果如图 2-8-55 所示。

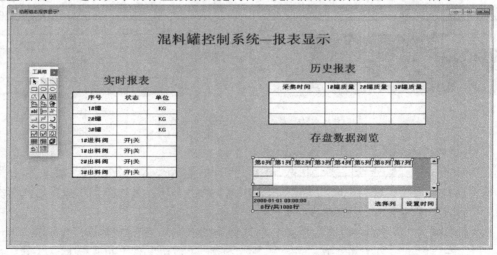

图 2-8-55　存盘数据浏览构件绘制图

9.设置存盘数据浏览属性

鼠标双击"存盘数据浏览"构件，在弹出的"存盘数据浏览构件属性设置"对话框中，进行如下设置。在"数据来源"页中，可以选择"tank"组对象，或者选择后续通过"存盘数据提取"构件获得的 Access 数据库文件，如图 2-8-56 所示。在"显示属性"页中，需要设置"数据列名""显示标题""显示格式""对齐方式""列宽度"等信息。具体设置如图 2-8-57 和图 2-8-58 所示。在"时间条件"页中，选择根据"MCGS_Time"升序排列显示"所有"数据，具体设置如图 2-8-59 所示。

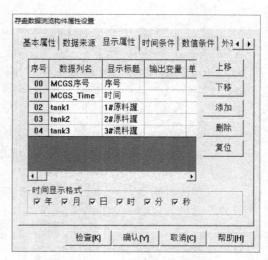

图 2-8-56　数据来源属性设置图　　　　　　图 2-8-57　显示属性设置图(1)

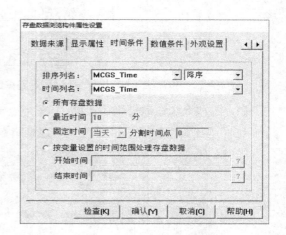

图 2-8-58　显示属性设置图(2)　　　　　　图 2-8-59　时间条件属性设置图

10.绘制返回主窗口按钮

在窗口的右上角绘制一个如图 2-8-60 所示的标准按钮，在"基本属性"页中将"按钮标题"修改成"返回主窗口"。在"操作属性"页中，勾选"打开用户窗口"，在后续下拉框中选中"混料罐控制系统"用户窗口。勾选"关闭用户窗口"，在后续下拉框中选中"报表显示"用户窗口。具体设置如图 2-8-61 所示。

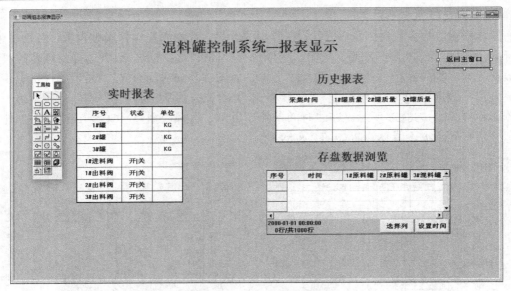

图 2-8-60　返回按钮绘制图

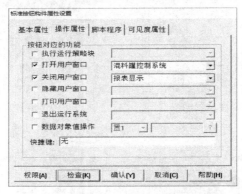

图 2-8-61　返回按钮操作属性设置图

11. 添加 Excel 数据输出策略

在"运行策略"页中，通过"新建策略"添加一个"循环策略"，如图 2-8-62 所示。

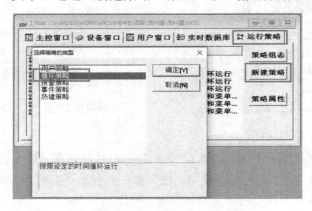

图 2-8-62　新建 Excel 报表输出策略

鼠标右键修改策略名称为"Excel 报表策略"，循环时间可以设置成 60 秒。双击"Excel 报表策略"在该循环策略中增加一个策略行。在策略行中添加"Excel 报表输出"构件。如果系统工具箱内没有"Excel 报表输出"构件，则通过"工具"菜单下的"策略构件管理"添加"Excel 报表输出"构件到工具箱内，如图 2-8-63 所示。

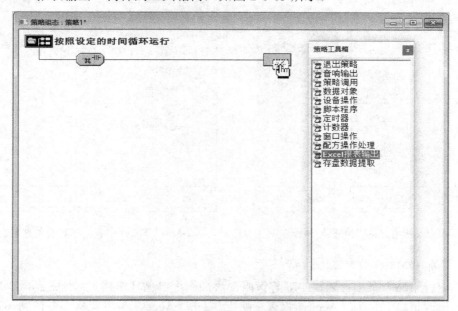

图 2-8-63　Excel 报表输出策略组态图

双击"Excel 报表输出"构件，弹出 Excel 报表构件属性设置对话框，在"操作方法"页中，将"操作内容"选择到"D:\混料罐\excel.xls"，"操作方法"选择为"输出到 Excel 文件 D:\混料罐\excel.xls"(book.xls 文件需提前创建，并且该 Excel 文件的版本需由 Office 2003 以前的版本建立，即计算机上的 Office 版本如果高于 2003，则 MCGS 将无法进行 Excel 报表输出)，如图 2-8-64 所示。在"数据来源"页中，选择"tank"组对象，如图 2-8-65 所示。

图 2-8-64　Excel 报表输出操作方法设置图

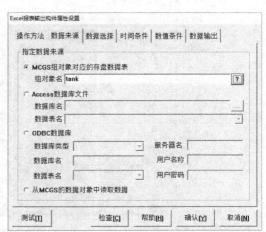

图 2-8-65　Excel 报表输出数据来源设置图

在"数据选择"页中选中需要处理的列，如图 2-8-66 所示。在"时间条件"页中，选择"MCGS_Time"及所有存盘数据，如图 2-8-67 所示，其余页面保持默认设置。

图 2-8-66　Excel 报表输出数据选择设置图　　　　图 2-8-67　Excel 报表输出时间条件属设置图

12. 添加 Access 数据输出策略

在"运行策略"页中，通过"新建策略"添加一个"循环策略"，如图 2-8-68 所示，鼠标右键修改策略名称为"Access 报表策略"。双击"Access 报表策略"在该循环策略中增加一个策略行。在策略行中添加"存盘数据提取"构件。如果系统工具箱内没有"存盘数据提取"构件，则通过"工具"菜单下的"策略构件管理"添加"存盘数据提取"构件到工具箱内，如图 2-8-69 所示。

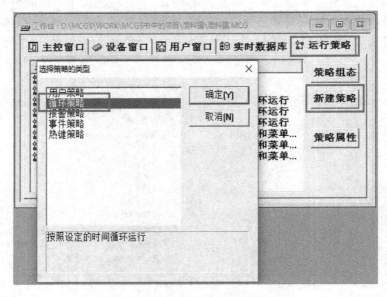

图 2-8-68　新建 Access 报表输出策略

双击"存盘数据提取"构件，弹出存盘数据提取构件属性设置对话框，在"数据来源"

页选择"tank"组对象，如图 2-8-70 所示。在"数据选择"页将需要提取的数据添加到"要处理的数据列"中，具体设置如图 2-8-71 所示。

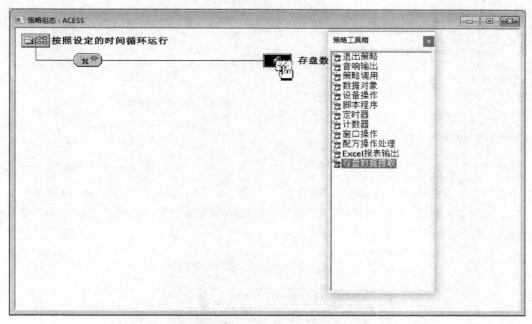

图 2-8-69　Access 报表输出策略组态图

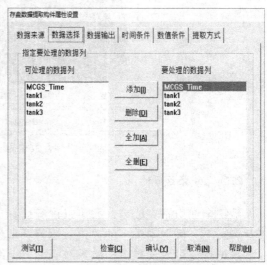

图 2-8-70　存盘数据提取数据来源属性设置　　　　图 2-8-71　存盘数据提取数据选择属性设置

　　在"数据输出"页中，将指定的数据输出到 Access 数据库文件，在此处选择某一个数据库名和数据表名，如图 2-8-72 所示。如果原来没有该数据库，系统将自动创建一个该名的数据库文件，但是目录需保证正确。在"时间条件"页中，可以选择需要提取数据的时间信息，可以提取所有数据也可以提取一个规定时间内的数据，如图 2-8-73 所示。

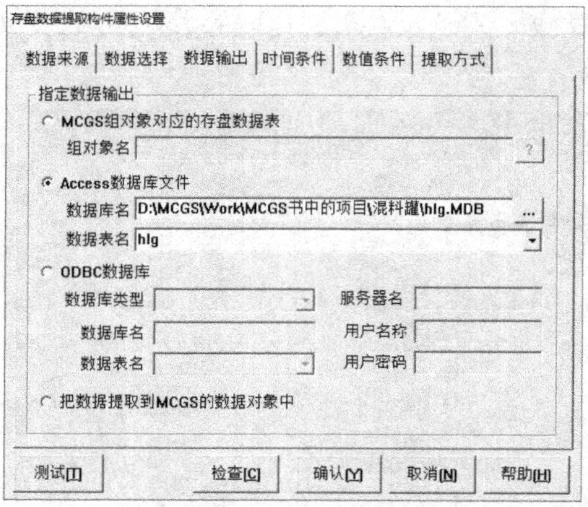

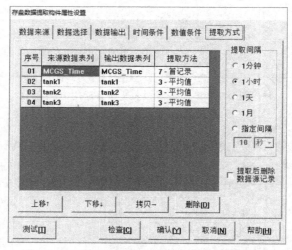

图 2-8-72　存盘数据提取数据输出属性设置 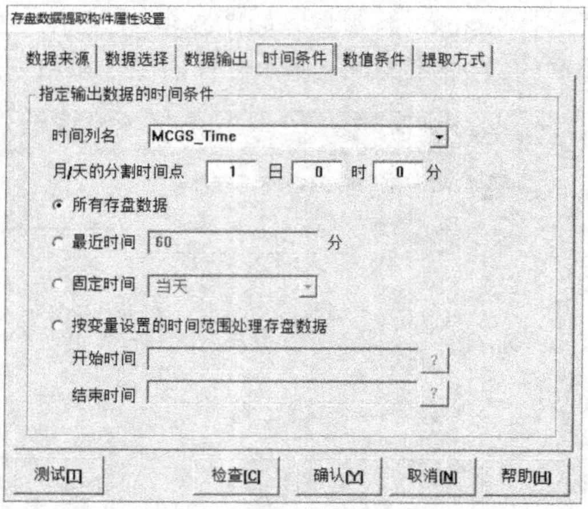　　　图 2-8-73　存盘数据提取时间条件属性设置

在如图 2-8-74 所示的"提取方式"页中，可以根据需要选择合适的"提取方法"和"提取间隔"。

图 2-8-74　存盘数据提取构件提取方式属性设置

(三) 仿真运行

系统全部组态完成后，即可以进行仿真运行。点击工具栏中的"进入运行环境"按钮或者点击"文件"菜单下的"进入运行环境"或按键盘 F5 键即可进行仿真运行。

系统首先进入混料罐控制系统画面，操作各个进料阀和出料阀将 3 个罐体内的物料处于某一个状态，然后点击下方的"报表显示"标签，进入如图 2-8-75 所示报表显示页面。在该页面的实时报表中即可查看到当前 3 个罐体的物料当前瞬态值。在历史报表中可以查看到所有保存的 3 个罐体的历史数据。在存盘数据浏览中，也可以查看到所有保存的 3 个罐体的历史数据。

打开对应的"D:\混料罐\excel.xls"文件，在其中也可以查看到已经有相应的数据保存在该 Excel 文件内。

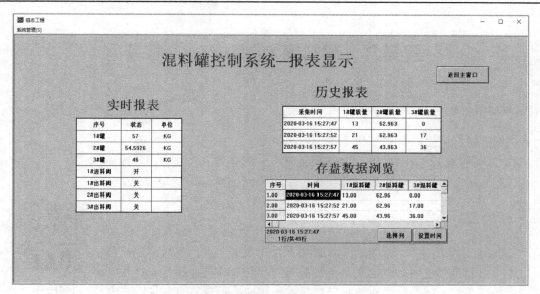

图 2-8-75　混料罐报表显示仿真运行效果图

用 Access 2000 数据库软件打开对应的"D:\MCGS\Work\MCGS 书中的项目\混料罐\hlg.MDB"文件，如图 2-8-76 所示。在其中名为 hlg 的数据表中，也可以查看到已经有相应的数据保存在该 Access 文件内。

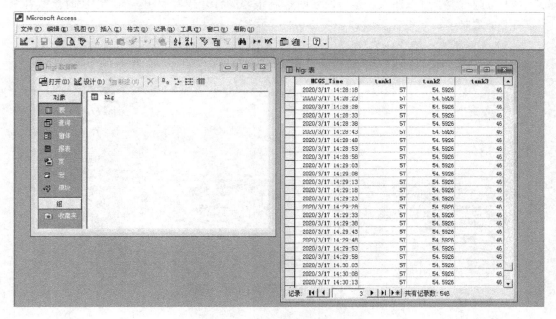

图 2-8-76　Access 数据库数据图

五、同步训练

使用系统提供的其他数据操作构件——修改数据库构件、存盘数据拷贝构件实现相应的功能。

任务九　混料罐控制系统——报警

一、任务目标

(1) 掌握混料罐控制系统报警画面组态方法；
(2) 掌握数据上下限报警、数据报警应答的组态方法；
(3) 掌握组态运行时数据报警使能、上下限动态修改的组态方法。

二、任务设计

仿真运行

在实际工程应用中，系统通常对某些重要的数据需进行实时监控。当其发生一些特殊情况时，如偏离了正常的范围，则需对其进行记录并发出对应的报警信息。操作员针对该报警信息进行相应的处理，即完成报警应答。本任务根据任务一设计的混料罐控制系统，对该系统中 3 个罐体的质量进行实时数据监控，当 1# 原料罐内的质量高于 90 kg、低于 10 kg 时产生上下限报警，当 2# 原料罐内的质量高于 85 kg、低于 15 kg 时产生上下限报警，当 3# 混料罐内的质量高于 95 kg、低于 10 kg 时产生上下限报警。可以在系统运行时实时控制报警的打开或者关闭，并可以实时修改各个报警的上下限制值，系统完整设计如图 2-9-1 所示。

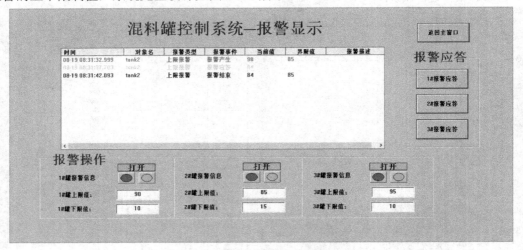

图 2-9-1　混料罐报警显示仿真运行图

三、知识学习

MCGS 把报警处理作为数据对象的属性，封装在数据对象内，由实时数据库在运行时自动处理。当数据对象的值或状态发生改变时，实时数据库判断对应的数据对象是否发生了报警或已产生的报警是否已经结束，并把所产生的报警信息通知给系统的其他部分，同时，实时数据库根据用户的组态设定，把报警信息存入指定的存盘数据库文件中。

　　实时数据库只负责报警的判断、通知和存储三项工作，而报警产生后所要进行的其他处理操作(即对报警动作的应答)，则需要设计者在组态时制订方案，例如希望在报警产生时，打开一个指定的用户窗口或者显示和该报警相关的信息等。

1. 报警种类

　　在处理报警之前必须先了解报警，MCGS 中报警的定义是在数据对象的属性页中进行的。首先要在实时数据库中选中需要报警的变量，然后在变量属性中选择"允许进行报警处理"复选框，使实时数据库能对该对象进行报警处理；其次是要正确设置报警限值或报警状态，如图 2-9-2 所示。不同类型的数据对象有不同的报警形式。

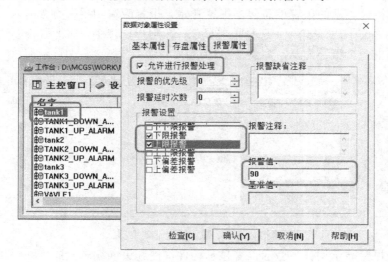

图 2-9-2　数值型数据报警种类图

　　数值型数据对象有六种报警：下下限、下限、上限、上上限、上偏差、下偏差。

　　开关型数据对象有四种报警方式：开关量报警、开关量跳变报警、开关量正跳变报警和开关量负跳变报警。开关量报警时可以选择是开(值为 1)报警，还是关(值为 0)报警，当一种状态为报警状态时，另一种状态就为正常状态，当在保持报警状态不变时，只产生一次报警；开关量跳变报警为开关量在跳变(值从 0 变 1 和值从 1 变 0)时报警，开关量跳变报警也叫开关量变位报警，即在正跳变和负跳变时都产生报警；开关量正跳变报警只在开关量正跳变时发生；开关量负跳变报警只在开关量负跳变时发生。四种方式的开关量报警是为了适用不同的使用场合，用户在使用时可以根据不同的需要选择一种或多种报警方式。

　　事件型数据对象不用进行报警限值或状态设置，当它所对应的事件产生时，报警也就产生，对事件型数据对象，报警的产生和结束是同时完成的。

　　字符型数据对象和组对象不能设置报警属性，但对组对象所包含的成员可以单个设置报警。组对象一般可用来对报警进行分类，以方便系统其他部分对同类报警进行处理。

　　当多个报警同时产生时，系统优先处理优先级高的报警。当报警延时次数大于 1 时，实时数据库只有在检测到对应数据对象连续多次处于报警状态后，才认为该数据对象的报警条件成立。我们在实际应用中，适当设置报警延时次数，可避免因干扰信号而引起的误报警行为。当报警信息产生时，我们还可以设置报警信息是否需要自动存盘和自动打印，这种设置操作需要在数据对象的存盘属性中完成。

2. 报警显示构件

报警显示构件专用于实现 MCGS 系统的报警信息管理、浏览和实时显示的功能。构件直接与 MCGS 系统中的报警子系统相连接，将系统产生的报警事件显示给用户。

报警显示

报警显示构件具有可见与不可见两种显示状态，当指定的可见度表达式被满足时，报警显示构件将呈现可见状态，否则，处于不可见状态。

报警显示构件在可见的状态下，类似一个列表框，将系统产生的报警事件逐条显示出来。报警显示构件显示的报警信息包括报警开始、报警应答和报警结束等。

在 MCGS 的绘图工具箱中，选择报警显示，在用户窗口中，按下鼠标左键就可以在用户窗口中绘制出一个报警显示，如图 2-9-3 所示。

时间	对象名	报警类型	报警事件	当前值	界限值	报警描述
08-19 09:23:41.953	Data0	上限报警	报警产生	120.0	100.0	Data0上限报警
08-19 09:23:41.953	Data0	上限报警	报警结束	120.0	100.0	Data0上限报警
08-19 09:23:41.953	Data0	上限报警	报警结束	120.0	100.0	Data0上限报警

图 2-9-3　报警显示运行效果图

鼠标双击报警显示构件，激活报警显示构件，使其进入编辑状态。在编辑状态下，用户可用鼠标自由改变报警信息显示列的宽度，对不需要的报警信息，将其列宽设置为 0 即可。用鼠标单击用户窗口的其他地方，可以使报警显示构件处于非激活状态。

报警显示构件永远位于所有其他构件或图形对象的上面，不能对本构件的层次进行操作。

在编辑状态下，用鼠标双击报警显示构件的显示区，弹出构件的属性设置对话框。本构件包括基本属性和可见度属性两个属性窗口页，具体如图 2-9-4 和图 2-9-5 所示。

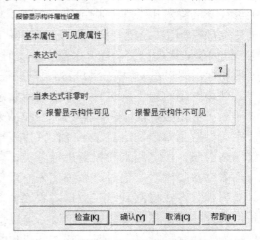

图 2-9-4　报警显示基本属性设置对话框　　　　图 2-9-5　报警显示可见度属性设置对话框

对应的数据对象的名称：指明本报警显示构件要显示哪个数据对象的报警信息，当设置为一个组对象时，如本项目中可以设置为 tank 组对象，则把 tank 组对象里所有成员 tank1、tank2、tank3 运行时的报警信息都显示出来。

报警显示颜色：指定在报警产生、应答和结束时，所显示的颜色。

最大记录个数：设置报警显示构件最多能记录的报警信息的个数。报警个数超过指定个数时，MCGS 将删掉过时的报警信息。如果设为零或不设置，MCGS 将设定上限为 2000 个报警。

运行时改变列宽：选中此复选框，运行时允许改变报警显示构件显示列的宽度。

3. 报警操作函数

MCGS 报警操作函数是 MCGS 报警功能的扩展，用户利用报警操作函数可以更加方便、快捷地完成各种报警需要的功能。系统常用的报警函数有应答报警、打开/关闭报警、读取报警限值、设置报警限值等功能。这些函数如下所示：

报警操作函数

- !AnswerAlm(DatName)

函数意义：应答数据对象 DatName 所产生的报警。如对应的数据对象没有报警产生或已经应答，则本函数无效。

返 回 值：数值型。返回值为 0，操作成功；返回值非 0，操作失败。

参　　数：DatName，数据对象名。

实　　例：!AnswerAlm(tank1)，应答数据对象"tank1"所产生的报警。

- !EnableAlm(name, n)

函数意义：打开/关闭数据对象的报警功能。

返 回 值：数值型。返回值为 0，调用正常；返回值非 0，调用不正常。

参　　数：name，变量名；n，数值型，1 表示打开报警，0 表示关闭报警。

实　　例：!EnableAlm(tank1, 1)，打开 tank1 的报警功能。

- !SetAlmValue(DatName, Value, Flag)

函数意义：设置数据对象 DatName 对应的报警限值，只有在数据对象 DatName "允许进行报警处理"的属性被选中后，本函数的操作才有意义。对组对象、字符型数据对象、事件型数据对象本函数无效。对数值型数据对象，用 Flag 来标识改变何种报警限值。

返 回 值：数值型。返回值为 0，调用正常；返回值非 0，调用不正常。

参　　数：DatName，数据对象名。

　　　　　Value，新的报警值，数值型。

　　　　　Flag，数值型，标志要操作何种限值，具体意义如下：

　　　　　= 1 下下限报警值；

　　　　　= 2 下限报警值；

　　　　　= 3 上限报警值；

　　　　　= 4 上上限报警值；

　　　　　= 5 下偏差报警限值；

　　　　　= 6 上偏差报警限值；

　　　　　　　　　　　　　　= 7 偏差报警基准值。

　　实　　例：! SetAlmValue(tank1, 95, 3)，把数据对象"tank1"的报警上限值设为 95。

　　· !GetAlmValue(DatName, Value, Flag)

　　函数意义：读取数据对象 DatName 报警限值，只有在数据对象 DatName 的"允许进行报警处理"属性选项被选中后，本函数的操作才有意义。对组对象、字符型数据对象、事件型数据对象本函数无效。对数值型数据对象，用 Flag 来标识读取何种报警限值。

　　返 回 值：数值型。返回值为 0，调用正常；返回值非 0，调用不正常。

　　参　　数：DatName，数据对象名。

　　　　　　　Value，DataName 的当前的报警限值，数值型。

　　　　　　　Flag，数值型，标志要读取何种限值，具体意义如下：

　　　　　　　= 1 下下限报警值；

　　　　　　　= 2 下限报警值；

　　　　　　　= 3 上限报警值；

　　　　　　　= 4 上上限报警值；

　　　　　　　= 5 下偏差报警限值；

　　　　　　　= 6 上偏差报警限值；

　　　　　　　= 7 偏差报警基准值。

　　实　　例：! GetAlmValue(tank1, ALARM1, 3)，读取数据对象"tank1"的报警上限值，放入数值型数据对象 ALARM1 中。

四、任务实施

任务实施

（一）打开工程

　　双击"组态环境"快捷图标 ，打开 MCGS 组态软件，然后按如下步骤打开工程：

（1）选择"文件"菜单中的"打开工程"命令，弹出"打开工程设置"对话框。

（2）选择打开任务一新建的"混料罐控制系统"工程。

（二）窗口组态

1. 打开用户窗口

　　在工作台中选择"用户窗口"，双击任务一中新建的"报警画面"用户窗口，进行用户窗口组态。

2. 绘制窗口标题

　　打开工具箱，单击"标签"构件 **A**，鼠标变成"+"形，在窗口的编辑区按住左键拖动出一个一定大小的文本框。然在该文本框内输入文字"混料罐控制系统——报警显示"，在空白处左键单击鼠标结束输入。通过鼠标右键单击该标签，选择"属性"修改该标签的文字属性。在"属性设置"对话框中，将"边线颜色"选择成"无边线颜色"。选择"字符颜色"将其修改为蓝色，然后点击边上的 图，修改其字号大小，将其改成 60，其余保持默认设置即可。

3. 绘制报警显示构件

单击工具箱中的"报警显示"构件，当鼠标变成"+"形后在合适的位置绘制一个适合大小的报警浏览，完成后的效果如图 2-9-6 所示。

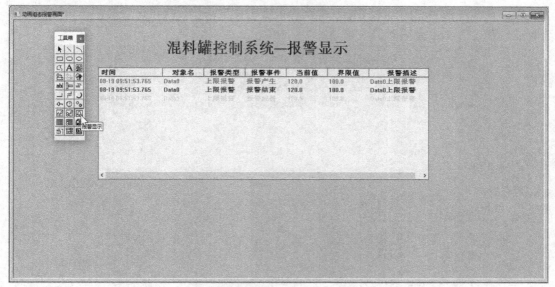

图 2-9-6　报警显示构件绘制图

双击报警显示构件，使其进入报警显示编辑模式，在此模式下可以通过鼠标左键拖动每列的宽度。

4. 设置报警浏览组态属性

在报警显示构件编辑模式下，双击鼠标左键或者鼠标右键弹出菜单选择"属性"设置，弹出如图 2-9-7 所示的报警显示构件属性设置对话框。在"基本属性"页中，选择"对应的数据对象的名称"为组对象 tank，这样组对象的 tank1、tank2、tank3 变量产生的报警信息都能在该报警显示构件中显示出来，可见度属性保持默认状态即可。

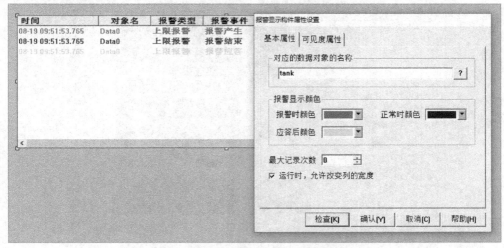

图 2-9-7　报警显示基本属性设置图

5. 绘制报警操作区

单击工具箱中的"常用符号"构件，弹出常用符号工具栏。选择其中的"凹槽平面"绘制一个报警操作区，然后绘制两条直线，将该操作区分为 3 个部分，并将直线颜色更改为白色。在该凹槽平面的左上角绘制一个"报警操作"标签，颜色设置成蓝色，字体大小设置成合适的大小，完成后的效果如图 2-9-8 所示。

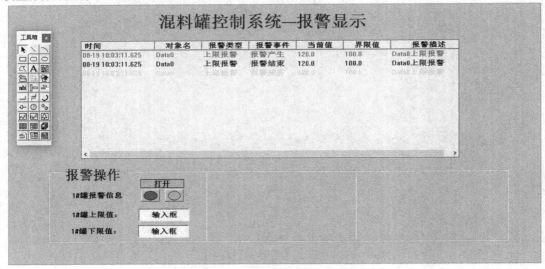

图 2-9-8　1# 罐报警操作区组态图

在第一块区域中分别设置 3 个标签："1# 罐报警信息""1# 罐上限值：""1# 罐下限值："；在 1# 罐报警信息标签后通过打开"插入元件"，在打开的"对象元件库管理"对话框中选择"按钮"目录下的"按钮 80"，如图 2-9-9 所示。在 1# 罐上限值和下限值标签后分别插入一个输入框。用于 1# 罐的报警上限值、下限值显示和输入，全部完成后的组态效果如图 2-9-8 所示。

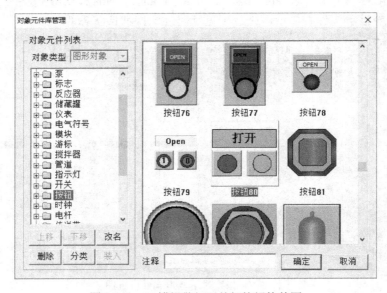

图 2-9-9　1# 罐报警打开关闭按钮构件图

6. 绘制报警应答按钮

在画面的右上部分绘制一个由 3 个标准按钮组成报警应答区域，按钮的标题分别设置为：1# 报警应答、2# 报警应答、3# 报警应答。完成后的效果如图 2-9-10 所示。

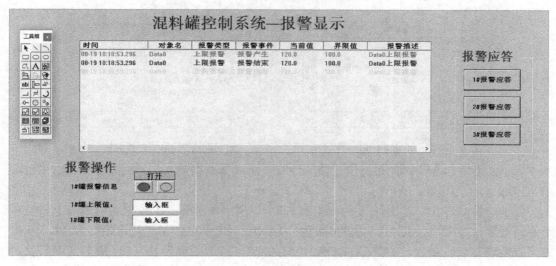

图 2-9-10　报警应答组态图

7. 设计实时数据库

由于在报警页面中增加了各个罐的报警、报警使能、报警上下限等信息。所以需要再增加一些变量以完成这些新增加的功能。

要让 3 个罐都能产生报警信息，必须要对实时数据库中 tank1、tank2、tank3 变量的属性进行修改，让其允许报警，并设置报警类型为上下限值报警。根据任务要求，tank1 的上限值为 90，下限值为 10。具体设置如图 2-9-11 和图 2-9-12 所示。Tank2 的上限值为 85，下限值为 15。Tank3 的上限值为 95，下限值为 10。定时存盘都为 5 秒钟存盘一次，设置如图 2-9-13 所示。

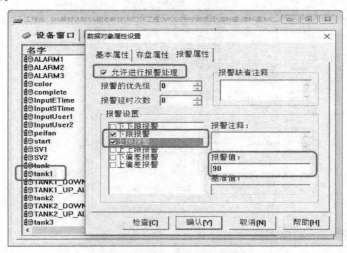

图 2-9-11　tank1 上限报警属性设置图

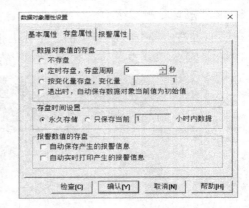

图 2-9-12　tank1 下限报警属性设置图　　　　图 2-9-13　tank1 存盘属性设置图

　　为了能够对这 3 个罐的报警进行使能控制，所以需要增加 3 个开关型变量 ALARM1、ALARM2、ALARM3。

　　为了能够对这 3 个罐进行上下限运行时设置，所以每个罐需要设置数值型的上限值和下限值变量。1# 罐的上限值设定值变量为：TANK1_UP_ALARM，其初始值为 90。1# 罐的下限值设定值变量为：TANK1_DOWN_ALARM，其初始值为 10。2# 罐的上限值设定值变量为：TANK2_UP_ALARM，其初始值为 85。2# 罐的下限值设定值变量为：TANK2_DOWN_ALARM，其初始值为 15。3# 罐的上限值设定值变量为：TANK3_UP_ALARM，其初始值为 95。3# 罐的下限值设定值变量为：TANK3_DOWN_ALARM，其初始值为 10。

　　具体实时数据库如图 2-9-14 所示。

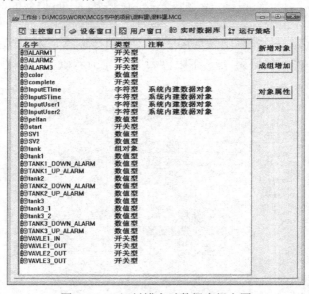

图 2-9-14　混料罐实时数据库组态图

8. 设置报警操作区数据连接

完成实时数据库的增加工作后，即可以进行数据对象的连接工作。首先选中 1# 罐报警信息后面的"按钮 80",单击鼠标右键设置其单元属性。将其可见度设置成 ALARM1 变量。如图 2-9-15 所示。然后将其进行分解,将按钮的两个标签的字体大小都设置成 20(两个标签重叠放在一起,需用鼠标拖开,分别设置后再重叠在一起)。

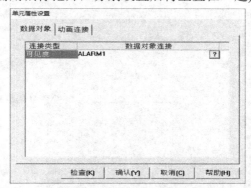

图 2-9-15 1# 罐报警按钮信息可见度设置图

然后选中红色按钮部分,在其属性中增加一个"按钮动作"动画,如图 2-9-16 所示。在"按钮动作"页中,将"数据对象值操作"设置成"清 0""ALARM1"变量,见图 2-9-17 所示。

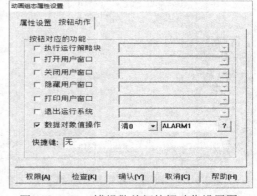

图 2-9-16 1# 罐报警按钮基本属性组态图　　　图 2-9-17 1# 罐报警关闭按钮动作设置图

然后选中绿色按钮部分,在其属性中增加一个"按钮动作"动画,在"按钮动作"页中,将"数据对象值操作"设置成"置 1""ALARM1"变量,如图 2-9-18 所示。

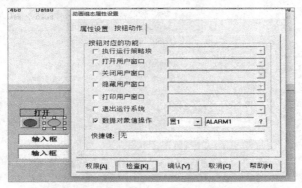

图 2-9-18 1# 罐报警打开按钮动作属性设置图

再通过鼠标左键框选，选中原来"按钮 80"的全部内容(鼠标左键框选后，此时凹槽平面也会被选中，通过按住键盘 shift 键单击凹槽平面将其去除)。将其重新"合成单元"，其操作方法如图 2-9-19 所示，方便后续的拷贝。完成的完整属性如图 2-9-20 和 2-9-21 所示。

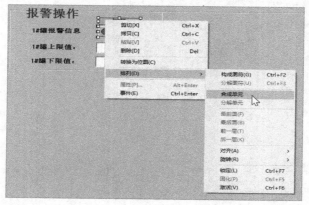

图 2-9-19　1# 罐报警按钮合成单元组态图

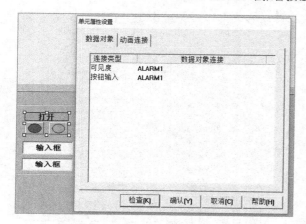

图 2-9-20　1# 罐报警按钮属性组态完成图

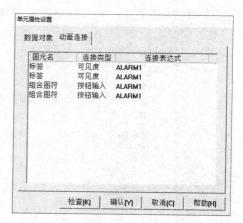

图 2-9-21　1# 罐报警按钮属性组态完成图

完成上述步骤后，将 1# 罐上限值与 1# 罐下限值输入框分别和 TANK1_UP_ALARM 变量与 TANK1_DOWN_ALARM 变量连接。具体设置如图 2-9-22 和图 2-9-23 所示。

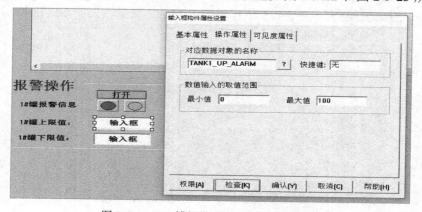

图 2-9-22　1# 罐报警上限显示属性设置图

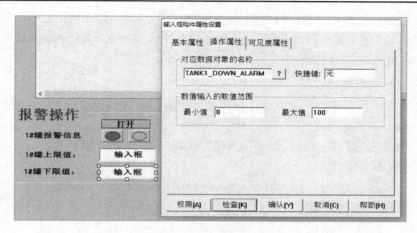

图 2-9-23　1# 罐报警下限显示属性设置图

　　然后将 1# 罐的这些动画构件拷贝到 2# 罐、3# 罐控制区间内。2#、3# 罐报警使能操作设置如图 2-9-24 和图 2-9-25 所示。

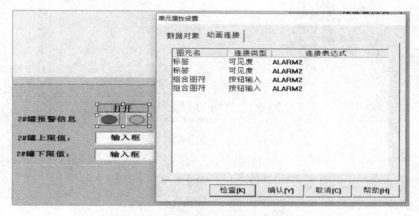

图 2-9-24　2# 罐报警按钮属性组态完成图

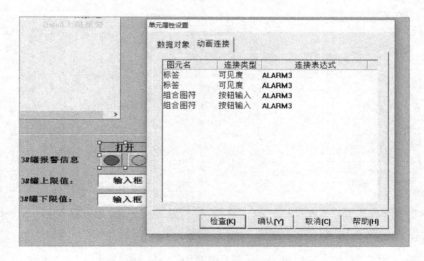

图 2-9-25　3# 罐报警按钮属性组态完成图

2# 罐上限值与 2#罐下限值输入框分别和 TANK2_UP_ALARM 与 TANK2_DOWN_ALARM 连接。3# 罐上限值与 3# 罐下限值输入框分别和 TANK3_UP_ALARM 与 TANK3_DOWN_ALARM 连接。

9. 报警应答按钮属性设置

鼠标双击"1# 报警应答"按钮，在弹出的"标准按钮构件属性设置"对话框中，写入脚本程序：!AnswerAlm(tank1)，如图 2-9-26 所示。

这样在 1#罐产生报警时通过单击该按钮，可以应答 1#罐的报警信息。无论是上限报警还是下限报警都可以应答。

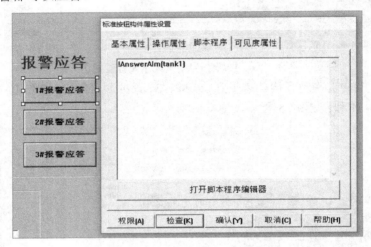

图 2-9-26　1# 罐报警应答脚本设计图

用同样的方法将 2# 报警应答和 3# 报警应答按钮都写入脚本程序：!AnswerAlm(tank2) 和!AnswerAlm(tank3)。具体设置如图 2-9-27 和图 2-9-28 所示。

 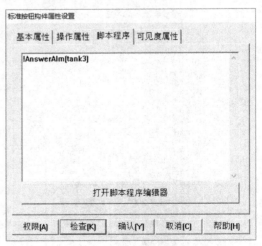

图 2-9-27　2# 罐报警应答脚本设计图　　　图 2-9-28　3# 罐报警应答脚本设计图

10. 循环脚本程序设计

在报警画面用户窗口的空白处双击，打开"用户窗口属性设置"对话框，在其"循环脚本"页中，进行脚本程序设计。将循环时间修改成 1000ms。

根据任务要求，在本次脚本程序设计中，主要需完成如下功能。

(1) 在画面上对报警使能开关动作后，对应的变量报警使能能够改变；

(2) 能根据各个上下限输入框内的值，将该值设置成对应变量的上下限报警值。

第一个功能采用!EnableAlm(变量名,使能位)函数进行实现，第二个功能采用!SetAlmValue(变量名，报警限制，限制类型)函数进行实现。具体完整的脚本程序设计如图 2-9-29 所示。

本项目中利用!EnableAlm(tank1，ALARM1)函数设置 tank1 变量的报警使能，当 ALARM1=1 时，tank1 变量可以产生报警，当 ALARM1=0 时，tank1 变量将不能产生报警。其他两个罐的报警使能设置也进行类似设置。

图 2-9-29　总体画面循环脚本设计图

脚本程序使用!SetAlmValue(tank1, TANK1_UP_ALARM, 3)函数设置 tank1 变量的报警上限值，其上限值会被设置成 TANK1_UP_ALARM 变量内的数值量。使用!SetAlmValue(tank1, TANK1_DOWN_ALARM, 2)函数设置 tank1 变量的报警下限值，其下限值会被设置成 TANK1_DOWN_ALARM 变量内的数值量。其他两个罐的报警限制设置也进行类似设置。

11. 绘制返回主窗口按钮

在窗口的右上角绘制一个标准按钮，在"基本属性"页中将"按钮标题"修改成"返回主窗口"。在"操作属性"页中，勾选"打开用户窗口"，并在后续下拉框中选中"混料罐控制系统"用户窗口。勾选"关闭用户窗口"，并在后续下拉框中选中"报警画面"用户窗口。如图 2-9-30 所示。

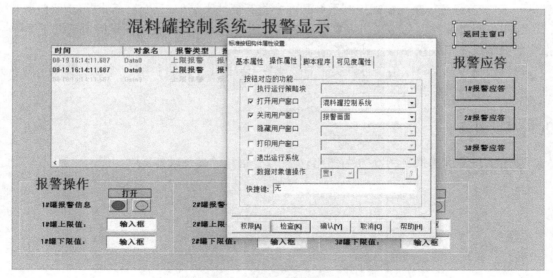

图 2-9-30　返回按钮绘制图

(三) 仿真运行

系统全部组态完成后，即可以进行仿真运行。点击工具栏中的"进入运行环境"按钮或者点击"文件"菜单下的"进入运行环境"或按键盘 F5 键即可进行仿真运行。

系统首先进入混料罐控制系统画面，操作各个进料阀和出料阀将 3 个罐体内的物料处于某一个状态，然后点击下方的"报警画面"标签，进入报警显示页面。如果对应的罐处于产生报警，则有相应的报警信息会显示在报警显示构件内，如图 2-9-31 所示。

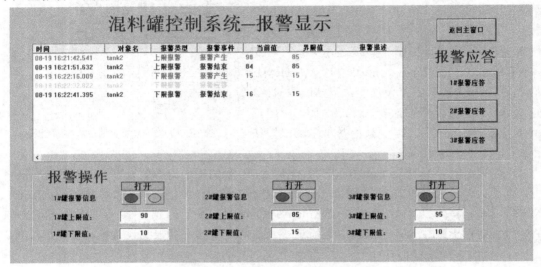

图 2-9-31　混料罐报警显示仿真运行效果图

图中 2# 原料罐产生了一次上限报警和一次下限报警(红色)，报警的界限值分别为 85 和 15。上限报警出现后，没有对其进行应答，在混料罐控制系统画面中将其值往下调(小于 85)，其报警结束(蓝色)。在下限报警产生后，通过按"2# 报警应答"按钮，对报警信息进行了应答(绿色)。在混料罐控制系统画面中将其值往上调(大于 15)，其报警结束(蓝色)。

如果在报警操作区内将某个报警信息的使能进行关闭，则即使该变量的值超过了上限报警值或者低于下限报警值，其报警信息都不会产生。

通过设置不同上下限值，可以实时的改变各个罐的上下限报警值。通过按报警应答按钮，将产生的报警信息进行应答。

五、同步训练

使用系统提供的报警浏览构件(策略)实现报警信息的显示功能。

模块三　MCGS 组态拓展应用

任务　三菱 FX3U-PLC 电机变频控制系统

一、任务目标

(1) 掌握 MCGS 组态软件工程建立的方法；
(2) 掌握 MCGS 组态软件设备窗口组态方法；
(3) 掌握 MCGS 组态软件工程画面设计方法；
(4) 掌握三菱 E740 变频器 PU 网络 RS485 通信控制方法；
(5) 掌握三菱 FX3U-PLC 基本编程方法。

联合运行效果

二、任务设计

设计一个基于三菱 FX3U-32MR 可编程控制器和 E740 变频器的电机变频控制系统，模拟地铁车厢从一个站点到另一个站点的梯型加减速运行动作。

系统完整设计如图 3-1-1 所示。

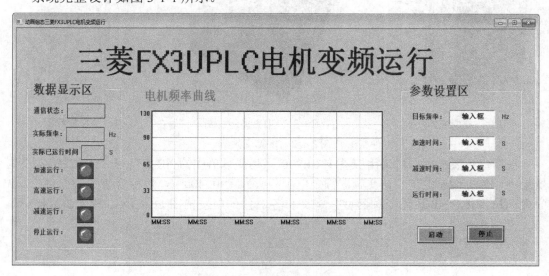

图 3-1-1　总体画面设计图

初始时系统处于静止状态，按下启动按钮或者组态画面上的启动按钮，电机系统开始变频加速运行，加速时间和目标频率都可以在 MCGS 画面中进行预先设定。电机加速到目标频率后，高速运行的时间也可以组态画面中设置。到达设定的运行时间后，系统开始减速，减速时间也可以在组态画面中设置。在系统运行时，也可以按停止按钮或组态画面中的停止按钮，系统立即结束电机的运行。在 MCGS 组态画面中还可以设计 4 个指示灯，用于指示电机处于加速运行、高速运行、减速运行、停止状态。设计一个显示标签和实时曲线显示电机的实际运行频率值。

三、知识学习

(一) 三菱 E740 变频器

变频器(Variable-frequency Drive，VFD)是应用变频技术与微电子技术，通过改变电源工作电源频率来控制交流电动机的电力控制设备。变频器靠内部 IGBT 的开断来调整输出电源的电压和频率，根据电机的实际需要提供其所需要的电源电压，进而达到节能、调速的目的，所以在生活和生产中得到了广泛的应用。变频器的型号有很多种，常见的变频器有三菱变频器、西门子变频器、AB 变频器等，如图 3-1-2 所示。

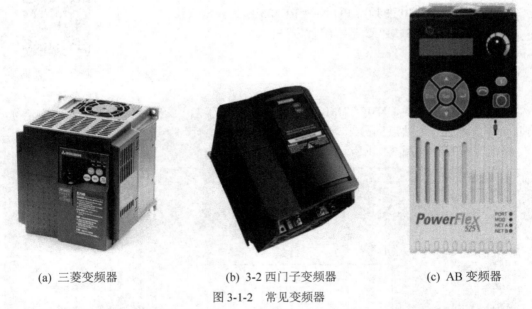

(a) 三菱变频器　　　　　　　　(b) 3-2 西门子变频器　　　　　　　(c) AB 变频器

图 3-1-2　常见变频器

根据任务要求本项目选用三菱 FR-E740 系列变频器中的 FR-E740-0.75K-CHT 型变频器来进行电机调速控制。该变频器额定电压等级为三相 400 V，适用容量不超过 0.75 kW 的电动机。FR-E740 系列变频器型号定义和各部件外观结构图如图 3-1-3 和图 3-1-4 所示。

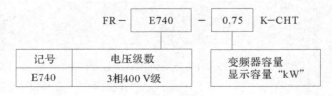

图 3-1-3　型号定义图

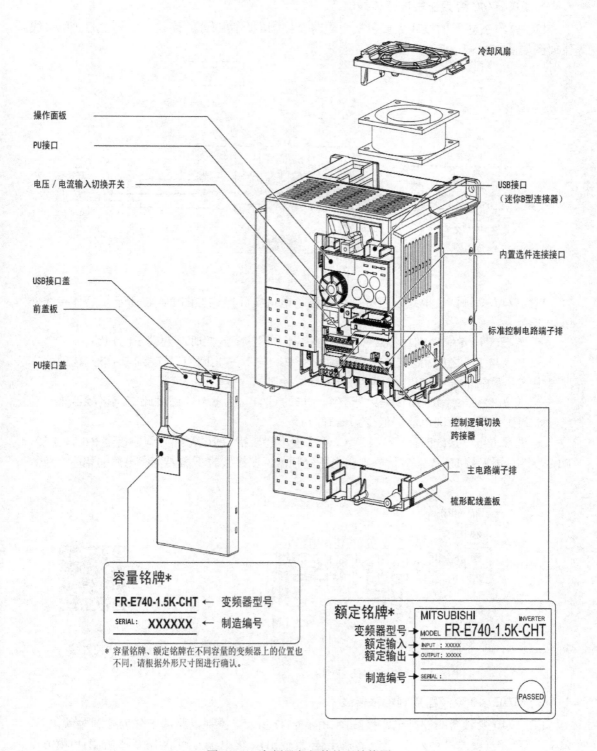

冷却风扇

操作面板

PU接口

电压 / 电流输入切换开关

USB接口
（迷你B型连接器）

内置选件连接接口

USB接口盖

前盖板

PU接口盖

标准控制电路端子排

控制逻辑切换
跨接器

主电路端子排

梳形配线盖板

容量铭牌*

FR-E740-1.5K-CHT ← 变频器型号

SERIAL: XXXXXX ← 制造编号

* 容量铭牌、额定铭牌在不同容量的变频器上的位置也
不同，请根据外形尺寸图进行确认。

额定铭牌*

MITSUBISHI　　　　INVERTER

变频器型号 → MODEL FR-E740-1.5K-CHT

额定输入 → INPUT : XXXXX

额定输出 → OUTPUT : XXXXX

制造编号 → SERIAL :

PASSED

图 3-1-4　变频器各部件外观结构图

1. FR-E740 变频器主电路接线

FR-E740 变频器的接线主要包括主电路及控制电路两部分的接线，主电路的通用接线原理图如图 3-1-5 所示。

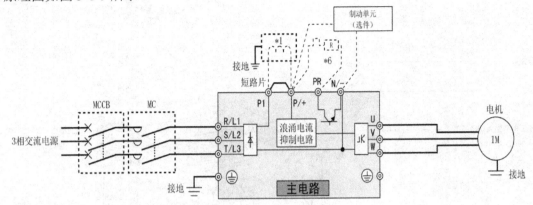

图 3-1-5　主电路接线原理图

FR-E740 变频器主电路端子排列与电源、电机实际接线如图 3-1-6 所示，具体接线介绍如下：

- 端子 P1、P/+ 之间用以连接直流电抗器，不需要连接时，两端子间短路。
- P/+ 与 PR 之间用以连接制动电阻器，P/+ 与 N/− 之间用以连接制动单元选件。本项目中这几个端子都未使用，所以都采用虚线绘制。
- 交流接触器 MC 用作变频器安全保护的目的，注意不要通过此交流接触器来启动或停止此变频器，否则可能降低变频器寿命。
- 进行主电路接线时，应确保输入、输出端不能接错，即电源线必须连接至 R/L1、S/L2、T/L3，绝对不能接 U、V、W，否则会损坏变频器，在接线时不需要考虑电源的相序。

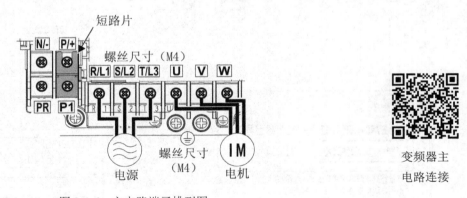

图 3-1-6　主电路端子排列图

变频器主
电路连接

2. FR-E740 变频器控制电路接线

FR-E740 变频器的控制电路接线图如图 3-1-7 所示。控制电路端子分为控制输入信号、频率设定信号(模拟量输入)、继电器输出(异常输出)、集电极开路输出(状态监测)和模拟电压输出端等。

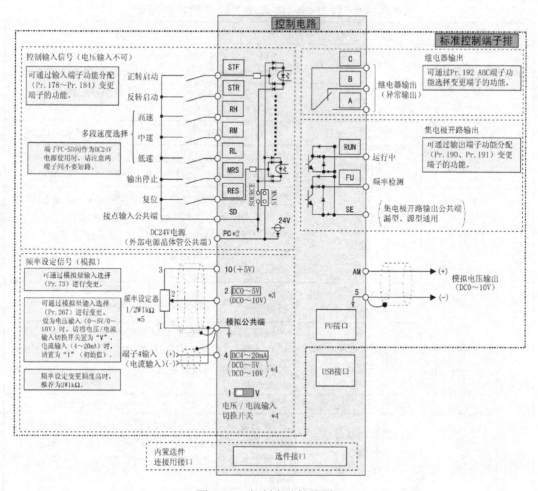

图 3-1-7　控制电路接线图

FR-E740 变频器的控制电路端子实物分布图如图 3-1-8 所示。

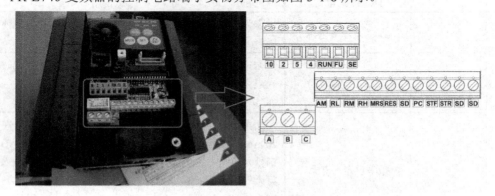

图 3-1-8　控制电路端子排列图

FR-E740 变频器的各端子功能可通过调整相关参数的值进行变更，在出厂初始值设定好的情况下，各控制电路端子的功能说明表见表 3-1-1、表 3-1-2 和表 3-1-3。

表 3-1-1 控制电路接点输入端子的功能说明

种类	端子记号	端子名称	端子功能说明	
接点输入	STF	正转启动	STF 信号 ON 时为正转、OFF 时为停止指令	STF、STR 信号同时 ON 时变成停止指令
	STR	反转启动	STR 信号 ON 时为反转、OFF 时为停止指令	
	RH、RM、RL	多段速度选择	用 RH、RM 和 RL 信号的组合可以选择多段速度	
	MRS	输出停止	MRS 信号 ON(20 ms 或以上)时，变频器输出停止。用电磁制动器停止电机时用于断开变频器的输出	
	RES	复位	用于解除保护电路动作时的报警输出。请使 RES 信号处于 ON 状态 0.1 秒或以上，然后断开 初始设定为始终可进行复位。但进行了 Pr.75 的设定后，仅在变频器报警发生时可进行复位。复位所需时间约为 1 秒	
	SD	接点输入公共端(漏型)(初始设定)	接点输入端子(漏型逻辑)的公共端子	
		外部晶体管公共端(源型)	源型逻辑时当连接晶体管输出(即集电极开路输出)、例如可编程控制器(PLC)时，将晶体管输出用的外部电源公共端接到该端子时，可以防止因漏电引起的误动作	
		DC 24 V 电源公共端	DC 24 V 0.1 A 电源(端子 PC)的公共输出端子	
	PC	外部晶体管公共端(漏型)(初始设定)	漏型逻辑时当连接晶体管输出(即集电极开路输出)、例如可编程控制器(PLC)时，将晶体管输出用的外部电源公共端接到该端子时，可以防止因漏电引起的误动作	
		接点输入公共端(源型)	接点输入端子(源型逻辑)的公共端子	
		DC 24 V 电源	可作为 DC24V、0.1A 的电源使用	
频率设定	10	频率设定用电源	作为外接频率设定(速度设定)用电位器时的电源使用。(参照 Pr.73 模拟量输入选择)	
	2	频率设定(电压)	如果输入 DC 0～5 V(或 0～10 V)，在 5 V (10 V)时为最大输出频率，输入输出成正比。通过 Pr.73 进行 DC 0～5 V(初始设定)和 DC 0～10 V 输入的切换操作。	
	4	频率设定 (电流)	如果输入 DC 4～20 mA(或 0～5 V，0～10 V)，在 20 mA 时为最大输出频率，输入输出成正比。只有 AU 信号为 ON 时端子 4 的输入信号才会有效(端子 2 的输入将无效)。通过 Pr.267 进行 4～20 mA(初始设定)和 DC 0～5 V、DC 0～10 V 输入的切换操作。电压输入(0～5 V/0～10 V)时，请将电压/电流输入切换开关切换至 "V"	
	5	频率设定公共端	频率设定信号 (端子 2 或 4)及端子 AM 的公共端子。请勿接大地	

表 3-1-2 控制电路接点输出端子的功能说明

种类	端子记号	端子名称	端子功能说明	
继电器	A、B、C	继电器输出(异常输出)	指示变频器因保护功能动作时输出停止的 1c 接点输出。异常时：B-C 间不导通(A-C 间导通)，正常时：B-C 间导通(A-C 间不导通)	
集电极开路	RUN	变频器正在运行	变频器输出频率大于或等于启动频率(初始值 0.5 Hz)时为低电平，已停止或正在直流制动时为高电平	
	FU	频率检测	输出频率大于或等于任意设定的检测频率时为低电平，未达到时为高电平	
	SE	集电极开路输出公共端	端子 RUN、FU 的公共端子	
模拟	AM	模拟电压输出	可以从多种监示项目中选一种作为输出。变频器复位中不被输出。输出信号与监示项目的大小成比例	输出项目：输出频率(初始设定)

表 3-1-3 控制电路网络接口的功能说明

种类	端子记号	端子名称	端子功能说明
RS485	—	PU 接口	通过 PU 接口，可进行 RS-485 通信。 • 标准规格：EIA-485(RS-485) • 传输方式：多站点通讯 • 通讯速率：4800～38400 b/s • 总长距离：500 m
USB	—	USB 接口	与个人电脑通过 USB 连接后，可以实现 FR Configurator 的操作。 • 接口：USB1.1 标准 • 传输速度：12 Mb/s • 连接器：USB 迷你-B 连接器(插座迷你-B 型)

3. FR-E740 变频器操作面板

在使用变频器之前，首先要熟悉面板显示和键盘操作单元(或称控制单元)，并且按使用现场的要求合理设置参数。FR-E740 变频器的参数设置，通常利用固定在其上的操作面板(不能拆下)实现，也可以使用连接到变频器 PU 的参数单元(FR-PU07)实现。使用操作面板可以进行运行方式、频率的设定、运行指令监视、参数设定及错误表示等。操作面板如图 3-1-9 所示，其上半部分为面板显示器，下半部分为 M 旋钮和各种按键。各部分的具体功能分别见表 3-1-4 和表 3-1-5。

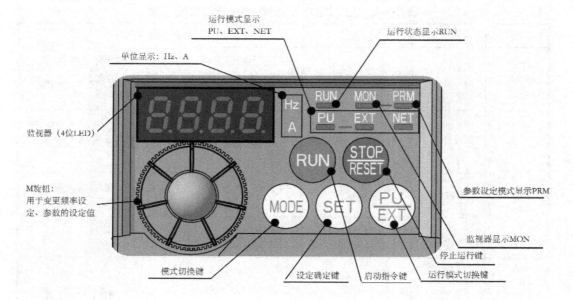

图 3-1-9　FR-E740 变频器操作面板

表 3-1-4　旋钮、按键功能

旋钮和按键	功　　能
M 旋钮(三菱变频器旋钮)	旋动该旋钮用于变更频率设定、参数的设定值。按下该旋钮可显示以下内容。 · 监视模式时的设定频率 · 校正时的当前设定值 · 报警历史模式时的顺序
模式切换键 MODE	用于切换各设定模式。和运行模式切换键同时按下也可以用来切换运行模式。长按此键(2 秒)可以锁定操作
设定确定键 SET	各设定的确定。 此外，当运行中按此键则监视器出现以下显示： 运行频率 → 输出电流 → 输出电压
运行模式切换键 PU/EXT	用于切换 PU / 外部运行模式。 使用外部运行模式(通过另接的频率设定电位器和启动信号启动的运行)时请按此键，使表示运行模式的 EXT 处于亮灯状态。 切换至组合模式时，可同时按 MODE 键 0.5 秒，或者变更参数 Pr.79
启动指令键 RUN	在 PU 模式下，按此键启动运行。 通过 Pr.40 的设定，可以选择旋转方向
停止运行键 STOP/RESET	在 PU 模式下，按此键停止运转。 保护功能(严重故障)生效时，也可以进行报警复位

表 3-1-5　运行状态显示

显　示	功　　能
运行模式显示	PU：PU 运行模式时亮灯； EXT：外部运行模式时亮灯； NET：网络运行模式时亮灯
监视器(4 位 LED)	显示频率、参数编号等
监视数据单位显示	Hz：显示频率时亮灯；A：显示电流时亮灯 (显示电压时熄灯，显示设定频率监视时闪烁)
运行状态显示 RUN	当变频器动作中亮灯或者闪烁；其中： 亮灯——正转运行中； 缓慢闪烁(1.4 秒循环)——反转运行中； 下列情况下出现快速闪烁(0.2 秒循环)： • 按键或输入启动指令都无法运行时 • 有启动指令，但频率指令在启动频率以下时 • 输入了 MRS 信号时
参数设定模式显示 PRM	参数设定模式时亮灯
监视器显示 MON	监视模式时亮灯

4．FR-E740 变频器运行模式

由表 3-1-4 和表 3-1-5 可见，在变频器不同的运行模式下，各种按键、M 旋钮的功能各不相同。所谓运行模式是指对输入到变频器的启动指令和设定频率的命令来源的指定。

一般来说，使用控制电路端子、在外部设置电位器和开关来进行操作的是"外部运行模式"，使用操作面板或参数单元输入启动指令、设定频率的是"PU 运行模式"，通过 PU 接口进行 RS-485 通讯或使用通讯选件的是"网络运行模式(NET 运行模式)"。所以在进行变频器操作以前，必须了解其各种运行模式，才能进行各项操作。在本项目中采用的即为"网络运行模式"，即可以将 Pr.79 的值设置成 6。

FR-E740 变频器通过参数 Pr.79 的值来指定变频器的运行模式，设定值范围为 0，1，2，3，4，6，7。这 7 种运行模式的内容以及相关 LED 指示灯的状态如表 3-1-6 所示。

表 3-1-6　运行模式的内容及相关 LED 指示灯的状态

设定值	内　　容	LED 显示状态 (▭：灭灯　▭：亮灯)
0	外部/PU 切换模式,通过 PU/EXT 键可切换 PU 与外部运行模式。 注意：接通电源时为外部运行模式	外部运行模式：　EXT PU 运行模式：　PU
1	固定为 PU 运行模式	PU

续表

设定值	内　　容	LED 显示状态 (■■■：灭灯　□□□：亮灯)
2	固定为外部运行模式 可以在外部、网络运行模式间切换运行	外部运行模式：　EXT 网络运行模式：　NET
3	外部/PU 组合运行模式 1 频率指令 ／ 启动指令 用操作面板设定或用参数单元设定，或外部信号输入(多段速设定，端子 4～端子 5 间(AU 信号 ON 时有效)) ／ 外部信号输入(端子 STF、STR)	PU　EXT
4	外部/PU 组合运行模式 2 频率指令 ／ 启动指令 外部信号输入(端子 2、4、JOG、多段速选择等) ／ 通过操作面板的 RUN 键、或通过参数单元的 FWD、REV 键来输入	
6	切换模式。 可以在保持运行状态的同时，进行 PU 运行、外部运行、网络运行的切换	PU 运行模式：　PU 外部运行模式：　EXT 网络运行模式：　NET
7	外部运行模式(PU 运行互锁)。 X12 信号 ON 时，可切换到 PU 运行模式(外部运行中输出停止)。 X12 信号 OFF 时，禁止切换到 PU 运行模式	PU 运行模式：　PU 外部运行模式：　EXT

　　变频器出厂时，参数 Pr.79 设定值为 0。当停止运行时用户可以根据实际需要修改其设定值，比如将其修改成 6。

　　修改 Pr.79 设定值的一种方法是：按 MODE 键使变频器进入参数设定模式；旋动 M 旋钮，选择参数 Pr.79，用 SET 键确定；然后再旋动 M 旋钮选择合适的设定值 6，再用 SET 键确定；两次按 MODE 键后，变频器的运行模式将变更为设定的模式。

5. FR-E740 变频器主要参数设置

　　变频器参数的出厂设定值被设置为完成简单的变速运行。如需按照负载和操作要求设定参数，则应进入参数设定模式，先选定参数号，然后设置其参数值。设定参数分两种情况，一种是停机 STOP 方式下重新设定参数，这时可设定所有参数；另一种是在运行时设定，这时只允许设定部分参数，但是可以核对所有参数号及参数。

图 3-1-10 为将 Pr1(上限频率)从出厂设定值 120 Hz 变更为 50 Hz 的设置步骤。

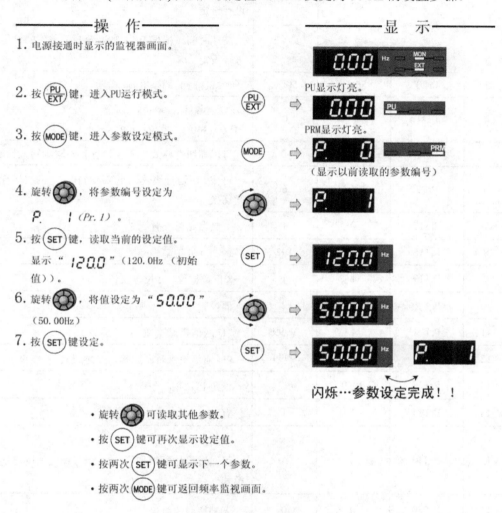

图 3-1-10　参数设置方法

在设置参数时，需首先进入 PU 运行模式，再进行参数设置。在设置参数前，最好将原参数全部清除一遍，以保证所有参数都恢复到出厂设置。参数清除操作方法为：在 PU 运行模式下，设定 Pr.CL 参数、ALLC 参数，将该两参数的设定值都设置成"1"，则变频器所有参数全部清除，恢复到出厂值。(但如果设定 Pr.77 参数写入选择 = "1"，则无法清除)

FR-E740 变频器有几百个参数，实际使用时，只需根据使用现场的要求设定部分参数，其余按出厂设定即可。本项目中需要设置的参数主要有表 3-1-7 所示的几个参数，其余参数保持默认出厂设置。

FR-E740 变频器参数设置

表 3-1-7　　FR-E740 变频器主要参数设置

序号	参数号	出厂值	设定值	功 能 说 明
1	Pr7	5s	5s	加速时间，根据 Pr21 加减速时间单位的设定值进行设定
2	Pr8	5s	5s	减速时间，根据 Pr21 加减速时间单位的设定值进行设定
3	Pr20	50Hz	50Hz	加减速时间的基准频率
4	Pr21	0	0	0: 0～3600 s；单位：0.1 s 1: 0～360 s；单位：0.01 s
5	Pr77	0	2	可以在所有模式中不受运行状态限制写入参数
6	Pr79	0	6	可在 PU 运行模式、外部运行模式、网络运行模式切换
7	Pr117	0	1	变频器站号设置为 1
8	Pr118	192	192	19 200 波特率
9	Pr119	1	1	8 位数据位，2 位停止位
10	Pr120	2	2	偶校验
11	Pr121	1	9999	PU 通信重试次数
12	Pr122	0	9999	PU 通信检查时间间隔，必须设置为 9999
13	Pr123	9999	9999	设定 PU 通信的等待时间
14	Pr124	1	1	有 CR，无 LF
15	Pr340	0	10	网络运行模式。 可通过操作面板切换 PU 运行模式与网络运行模式
16	Pr549	0	0	无顺序通信协议

所有参数设置完成后，需将变频器断电后重启才能生效。

(二) 变频器专用通信指令

三菱可编程控制器从 FX2N 开始即有通过 RS485 与变频器通信的专用指令。在 FX3U 及 FX3UC 以上的 PLC 中，对这些专用指令进行了升级。FX3U 可以使用表 3-1-8 所示的 6 条变频器专用指令对 FR-E740 变频器进行数据读写操作，不需要考虑数据传送及回传地址，也不需要考虑编码转换等问题，所以使用专用指令对 FR-E740 变频器控制，程序编程非常简便。

表 3-1-8 FX3U 变频器通信专用指令

指 令	功 能	控制方向
IVCK(FNC270)	变频器的运行监视	可编程控制器←INV
IVDR(FNC271)	变频器的运行控制	可编程控制器→INV
IVRD(FNC272)	读出变频器的参数	可编程控制器←INV
IVWR(FNC273)	写入变频器的参数	可编程控制器→INV
IVBWR(FNC274)	变频器参数的成批写入	可编程控制器→INV
IVMC(FNC275)	变频器的多个命令	可编程控制器→INV

1. 变频器运行监视指令 IVCK

IVCK 指令是在可编程控制器中读出变频器的运行状态的指令。其指令格式如图 3-1-11 所示。

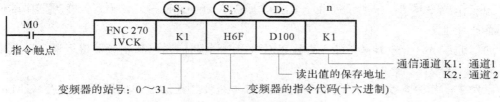

图 3-1-11 IVCK 指令格式

源操作数 1 (S₁·)：一般采用 D、K、H，表示变频器站号或者站号的存放地址，本项目中由于只有 1 个变频器，所以可以将变频器的站号设置成"1"。此处可以直接写成 K1。

源操作数 2 (S₂·)：一般也取 D、K、H，表示变频器指令代码或代码存放地址，源操作数 2 可以设置的指令代码及功能见表 3-1-9。

目的操作数 D (D·)：一般采用 D、KnY、KnM、KnS，表示读出值或读出值保存地址。

通信通道 n：一般取 K、H，表示 PLC 采用哪个通信通道和变频器进行通信。其取值范围只有 1 和 2。本项目中由于采用 FX3U 可编程控制器自带的 485BD 模块和 FR-E740 变频器进行通信，PLC 侧采用了通道 1，所以此处可以直接写成 K1。

示例中的指令含义为：当 M0 导通时，将站号为 1 号的变频器的输出频率通过通信通道 1 读到 PLC 的 D100 中。

表 3-1-9 变频器的指令代码(FR-E740 变频器)

变频器指令代码 (十六进制数)	读出内容	变频器指令代码 (十六进制数)	读出内容
H7B	运行模式	H75	异常内容
H6F	输出频率[旋转数]	H76	异常内容
H70	输出电流	H77	异常内容
H71	输出电压	H79	变频器状态监控(扩展)
H72	特殊监控	H7A	变频器状态监控
H73	特殊监控的选择编号	H6E	读出设定频率(EEPROM)
H74	异常内容	H6D	读出设定频率(RAM)

2. 变频器运行控制指令 IVDR

IVDR 指令是通过可编程控制器，将变频器运行所需的控制值写入到变频器的指令。其指令格式如图 3-1-12 所示。

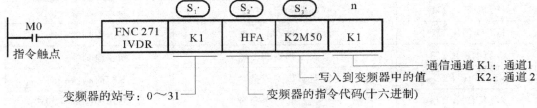

图 3-1-12　IVDR 指令格式

源操作数 1($S_1\cdot$)：一般采用 D、K、H，表示变频器站号或者站号的存放地址。

源操作数 2($S_2\cdot$)：一般也取 D、K、H，表示变频器指令代码或代码存放地址，源操作数 2 可以设置的指令代码及功能见表 3-1-10。

源操作数 3($S_3\cdot$)：一般采用 D、KnX、KnY、KnM、KnS，表示写入变频器中的值或值的存放地址。

通信通道 n：一般取 K、H，表示 PLC 采用哪个通信通道和变频器进行通信。其取值范围只有 1 和 2。

示例中的指令含义为：当 M0 导通时，对 1 号变频器通过通信通道 1 写入 K2M50 所指定的运行方式，以控制变频器运行。

表 3-1-10　变频器的指令代码(FR-E740 变频器)

变频器指令代码 (十六进制数)	写入内容	变频器指令代码 (十六进制数)	写入内容
HFB	运行模式	HED	写入设定频率(RAM)
HF3	特殊监视器选择 No.	HFD	变频器复位(S3=H9696)
HFA	运行指令	HF4	异常内容的成批清除
HEE	写入设定频率(EEPROM)	HFC	参数的全部清除

3. 变频器参数读出指令 IVRD

IVRD 指令完成读出变频器指定参数内容到可编程控制器。其指令格式如图 3-1-13 所示。

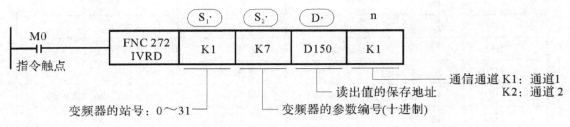

图 3-1-13　IVRD 指令格式

源操作数 1($S_1\cdot$)：一般采用 D、K、H，表示变频器站号或者站号的存放地址。

源操作数 2 $\widehat{S2\cdot}$：一般也取 D、K、H，表示变频器的参数编号或者参数编号存放地址，源操作数 2 可以设置的参数编号请参考相应手册。

目的操作数 D $\widehat{D\cdot}$：一般采用 D，表示读出值的保存地址。

通信通道 n：一般取 K、H，表示 PLC 采用哪个通信通道和变频器进行通信。其取值范围只有 1 和 2。

示例中的指令含义为：当 M0 导通时，将 1 号变频器的 Pr7 参数的内容通过通信通道 1 读出到 PLC 的 D150 中。

4. 变频器参数写入指令 IVWR

IVWR 指令是从可编程控制器向变频器写入参数值的指令。其指令格式如图 3-1-14 所示。

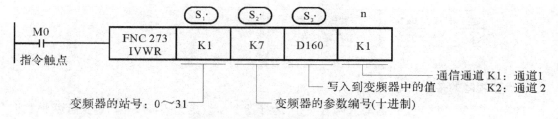

图 3-1-14 IVWR 指令格式

源操作数 1 $\widehat{S1\cdot}$：一般采用 D、K、H，表示变频器站号或者站号的存放地址。

源操作数 2 $\widehat{S2\cdot}$：一般也取 D、K、H，表示变频器参数编号或参数编号存放地址，源操作数 2 可以设置的参数编号请参考变频器相应手册。

源操作数 3 $\widehat{S3\cdot}$：一般采用 D、K、H，表示写入变频器中的值或值的存放地址。

通信通道 n：一般取 K、H，表示 PLC 采用哪个通信通道和变频器进行通信。其取值范围只有 1 和 2。

示例中的指令含义为：当 M0 导通时，将 PLC 中的 D160 数据内容通过通信通道 1 写入 1 号变频器的 Pr7 号参数中(设定变频器的加速时间)。

5. 变频器参数成批写入指令 IVBWR

IVBWR 指令是从可编程控制器向变频器成批写入变频器的参数值的指令。其指令格式如图 3-1-15 所示。

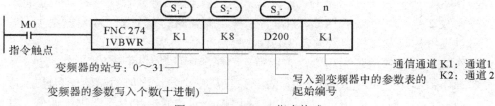

图 3-1-15 IVBWR 指令格式

源操作数 1 $\widehat{S1\cdot}$：一般采用 D、K、H，表示变频器站号或者站号的存放地址。

源操作数 2 $\widehat{S2\cdot}$：一般也取 D、K、H，表示变频器参数写入个数或写入个数存放地址。

源操作数 3 $\widehat{S3\cdot}$：一般采用 D，表示写入变频器中的参数表的起始编号。

通信通道 n：一般取 K、H，表示 PLC 采用哪个通信通道和变频器进行通信。其取值范围只有 1 和 2。

示例中的指令含义为：当 M0 导通时，将 PLC 中以 D200 为起始点连续 8 个参数编号及参数内容值写入到变频器中去。

以 S3 中指定的字软元件为起始，在 S2 的指定点数范围内，连续写入要写入的参数编号以及写入值(2 个字/1 点)，如图 3-1-16 所示。

S3·	D200	参数编号 1
S3·+1	D201	参数写入值 1
S3·+2	D202	参数编号 2
S3·+3	D203	参数写入值 2
⋮	⋮	⋮
S3·+14	D214	参数编号 8
S3·+15	D215	参数写入值 8

S2·×2＝字软元件的占用点数

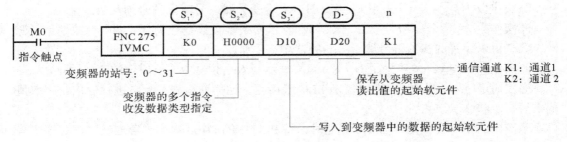

图 3-1-16　写入的参数编号及参数值

6. 变频器的多个命令 IVMC

IVMC 指令，为向变频器写入两种设定(运行指令和设定频率)时， 同时执行两种数据(变频器状态监控和输出频率等)读取的指令。其指令格式如图 3-1-17 所示。

图 3-1-17　IVMC 指令格式

支持 IVMC 指令的各可编程控制器的版本如下：

- FX3G , FX3GC：Ver.1.40 以上(FX3GC 从首批产品开始支持)；
- FX3U, FX3UC：Ver.2.70 以上。

源操作数 1 (S1·)：一般采用 D、K、H，表示变频器站号或者站号的存放地址。

源操作数 2 (S2·)：一般采用 D、H，表示指定变频器的多个指令收发数据类型。源操作数 2 可以设置的收发数据类型见表 3-1-11。

源操作数 3 (S3·)：一般采用 D，表示写入变频器中的数据的起始编号。

目的操作数 D (D·)：一般采用 D，表示保存从变频器读出值的起始保存地址。

通信通道 n：一般取 K、H，表示 PLC 采用哪个通信通道和变频器进行通信。其取值范围只有 1 和 2。

示例中的指令含义为：当 M0 导通时，通过通信通道 1 将 PLC 中 D10 和 D11 的数据写入到 0 号变频器的运行指令和设定频率(RAM)中去。同时将变频器状态监控和输出频率读出到 PLC 中的 D20 和 D21 单元中。

表 3-1-11　收发数据类型表

收发数据类型	发送数据(向变频器写入内容)		接收数据(从变频器读出内容)	
(十六进制)	数据 1(S3)	数据 2(S3+1)	数据 1(D)	数据 2(D+1)
H0000	运行指令(扩展)	设定频率(RAM)	变频器状态监控 (扩展)	输出频率(转速)
H0001				特殊监控
H0010		设定频率(RAM, EEPROM)		输出频率(转速)
H0011				特殊监控

(三) MCGS 设备窗口

设备窗口是 MCGS 系统的重要组成部分，在设备窗口中建立系统与外部硬件设备的连接关系，使系统能够从外部设备读取数据并控制外部设备的工作状态，实现对工业过程的实时监控。

设备窗口设置

在 MCGS 中，实现设备驱动的基本方法是：在设备窗口内配置不同类型的设备构件，并根据外部设备的类型和特征，设置相关的属性，将设备的操作方法如硬件参数配置、数据转换、设备调试等都封装在构件之中，以对象的形式与外部设备建立数据的传输通道连接。系统运行过程中，设备构件由设备窗口统一调度管理，通过通道连接，向实时数据库提供从外部设备采集到的数据，从实时数据库查询控制参数，发送给系统其他部分，进行控制运算和流程调度，实现对设备工作状态的实时检测和过程的自动控制。

MCGS 的这种结构形式使其成为一个"与设备无关"的系统，对于不同的硬件设备，只需定制相应的设备构件，放置到设备窗口中，并设置相关的属性，系统就可对这一设备进行操作，而不需要对整个系统结构作任何改动。

单击在 MCGS 组态环境中"工具"菜单下的"设备构件管理"项，将弹出如图 3-18 所示的设备管理窗口。

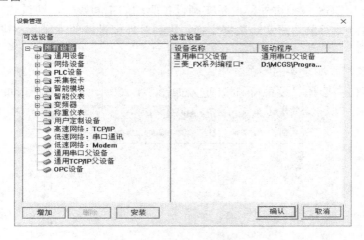

图 3-1-18　设备构件管理图

设备管理窗口中提供了常用的上百种的设备驱动程序，可以快速找到适合自己的设备驱动程序，还可以完成所选设备在 Windows 中的登记和删除登记等工作。

MCGS 设备驱动程序的登记、删除登记工作是非常重要的，在初次使用设备或用户自己新增设备之前，必须按下面的方法完成设备驱动程序的登记工作。设备驱动程序的登记方法如下：

如图 3-1-18 所示，在设备管理窗口中，左边列出系统现在支持的所有设备，在窗口右边列出所有已经登记的设备，用户只需在窗口左边的列表框中选中需要使用的设备，单击"增加"按钮即完成了 MCGS 设备的登记工作，在窗口右边的列表框中选中需要删除的设备按"删除"按钮即完成了 MCGS 设备的删除登记工作。

如果需要增加新的设备，则单击"安装"按钮，系统弹出对话框询问是否需要安装新增的驱动程序，选择"是"，指明驱动程序所在的路径，进行安装。安装完毕，新的设备将显示在设备管理窗口的左侧窗口"用户定制设备"目录下，此时，就可以单击"增加"按钮，完成新设备的登记工作了。

MCGS 在设备管理窗口左边的列表框中列出了系统目前支持的所有设备(驱动程序在\MCGS\Program\Drivers 目录下)，设备是按一定分类方法分类排列的，用户可以根据分类方法去查找自己需要的设备。例如，用户要查找三菱 FX3U 系列 PLC 的驱动程序，需要先找 PLC 设备目录，在 PLC 设备目录下找三菱 PLC 目录，再在三菱 PLC 目录下就可以找到三菱 FX 系列 PLC 编程口驱动。为了在众多的设备驱动中方便快速地找到所需要的设备驱动，系统对所有的设备驱动采用了一定的分类方法排列。分类方法如图 3-1-19 所示。

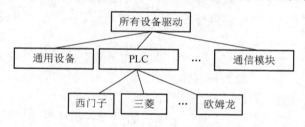

图 3-1-19　MCGS 设备驱动分类图

设备构件是 MCGS 系统对外部设备实施设备驱动的中间媒介，通过建立的数据通道，在实时数据库与测控对象之间实现数据交换，达到对外部设备的工作状态进行实时检测与控制的目的。

在 MCGS 中，添加设备的步骤如下：

在工作台窗口中选择"设备窗口"，进入如图 3-1-20 所示的设备窗口页。

图 3-1-20　设备窗口页

鼠标双击设备窗口图标或单击"设备组态"按钮，打开设备组态窗口。单击工具条中的"工具箱"按钮或者鼠标右键选择打开设备工具箱，如图3-1-21所示。

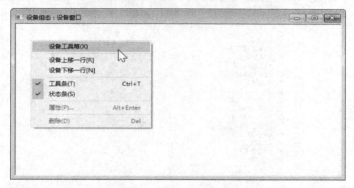

图3-1-21 打开设备工具箱图

观察所需的设备是否显示在设备工具箱内，如果所需设备没有出现，请用鼠标单击"设备管理"按钮，在弹出的设备管理对话框中选定所需的设备，通过按"增加"按钮将该设备加入本项目的设备工具箱中(此处增加的是设备工具箱内的驱动，而非项目的设备驱动)。具体操作如图3-1-22所示。

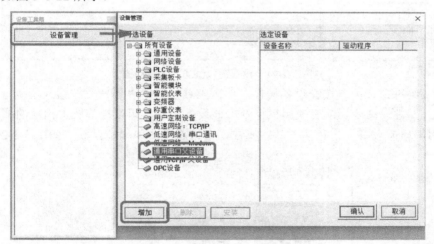

图3-1-22 增加设备构件

鼠标双击设备工具箱内对应的设备构件，或选择设备构件后，鼠标单击"增加"按钮，将选中的设备构件设置到设备窗口内。

例如本项目中需将"三菱 FX 系列编程口"驱动加入到本设备窗口中。由于三菱 FX编程口驱动是计算机通过串口与 PLC 进行通信的。所以本驱动需挂接在"通用串口父设备"驱动目录下。即需先将"通用串口父设备""三菱 FX 系列编程口"两个驱动加入到设备工具箱中，然后在设备工具箱中(如图3-1-23所示)，将这两个设备驱动加入到本项目的设备窗口中，如图3-1-24所示。

在设备窗口内配置了设备构件之后，接着应根据外部设备的类型和性能，设置设备构件的属性。不同的硬件设备，属性内容大不相同，但对大多数硬件设备而言。设备构件属性包括：基本属性、通道连接、设备调试、通道处理等几个部分。

图 3-1-23　设备工具箱添加设备驱动图

图 3-1-24　设备窗口添加设备驱动图

在设备组态窗口内，选择设备构件，单击工具条中的"属性"按钮或者执行"编辑"菜单中的"属性"命令，或者使用鼠标双击该设备构件，即可打开选中构件的属性设置窗口。"通用串口父设备"只包括了基本属性、电话连接两项属性设置，如图 3-1-25 所示。

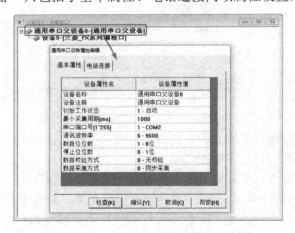

图 3-1-25　通用串口父设备属性设置图

在"通用串口父设备"的基本属性中，包括了最小采集周期、串口端口号、通讯波特率、数据位位数、停止位位数、数据校验方式等参数设置。

不同的 PLC 设备有不同的通讯设置。一般的设备都包括前述的基本属性、通道连接、设备调试、数据处理这 4 个部分，如图 3-1-26 所示。以下以"三菱 FX 系列编程口"为例，对这4个部分进行分别阐述。

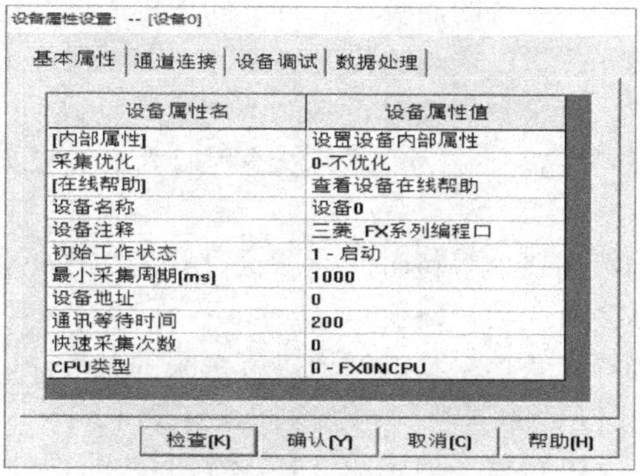

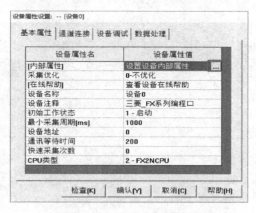

图 3-1-26　基本属性设置图

1. 设备构件的基本属性

在 MCGS 中，设备构件的基本属性分为两类，一类是各种设备构件共有的属性，有设备名称、设备内容注释、运行时设备初始工作状态、最小数据采集周期；另一类是每种构件特有的属性，如所有的 PLC 都有内部属性设置，可以设置其 X 输入通道、Y 输出通道、D 数据寄存器等。

大多数设备构件的属性在基本属性页中就可完成设置，而有些设备构件的一些属性无法在基本属性页中设置，需要在设备构件内部的属性页中设置，MCGS 把这些属性称为设备内部属性。在基本属性页中，单击"设置设备内部属性"后面对应的按钮(鼠标单击"设置设备内部属性"会在其后面出现 ... 按钮)即可弹出对应的内部属性设置对话框(如没有内部属性，则无对话框弹出)，如图 3-1-27 所示。在基本属性页中，按"[在线帮助]"对应的按钮即可弹出设备构件的使用说明，每个设备构件都有详细的在线帮助供用户在使用时参考。

图 3-1-27　设置内部属性图

初始工作状态是指进入 MCGS 运行环境时，设备构件的初始工作状态。设为"启动"时，设备构件自动开始工作；设为"停止"时，设备构件处于非工作状态，需要在系统的其他地方(如运行策略中的设备操作构件内)来启动设备开始工作。

在 MCGS 中，系统对设备构件的读写操作是按一定的时间周期来进行的，"最小采集周期"是指系统操作设备构件的最快时间周期。运行时，设备窗口用一个独立的线程来管理和调度设备构件的工作，在系统的后台按照设定的采集周期，定时驱动设备构件采集和处理数据，因此设备采集任务将以较高的优先级执行，得以保证数据采集的实时性和严格的同步要求。实际应用中，可根据需要对设备的不同通道设置不同的采集或处理周期。

设备地址：PLC 设备地址，默认为 0，三菱编程口为 RS232/422 通讯方式，不需要进行地址的设置。

通讯等待时间：通讯数据接收等待时间，默认设置为 200 ms，当采集数据量较大时，设置值需适当增大，否则会引起通讯跳变。

快速采集次数：对选择了快速采集的通道进行快采的频率。

CPU 类型：用户使用 PLC 的型号，0 为 FX0N，1 为 FX1N，2 为 FX2N，3 为 FX1S，4 为 FX3U，用户需根据所用 PLC 型号做相应选择。本项目中虽然使用了 FX3U-32MR/ES(-A) 型 PLC，但是由于 MCGS 驱动开发版本的原因，通用版 MCGS6.2 版本需选择 FX2N 才能进行完整的通信，如图 3-1-28 所示。如果选择 FX3U-CPU 类型，则通信时会出现 MCGS 无法对 PLC 内的 M 辅助触点数据进行读写，但是可以对 D 数据寄存器等数据进行读写操作的问题。

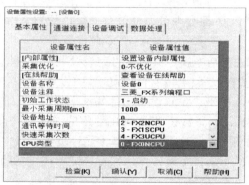

图 3-1-28　CPU 型号选择图

单击"设置设备内部属性"后面的 ... 按钮。会弹出"三菱_FX 系列编程口通信属性设置"对话框，单击"增加通道"按钮即可以增加 PLC 内部的数据对象，如图 3-1-29 和图 3-1-30 所示。

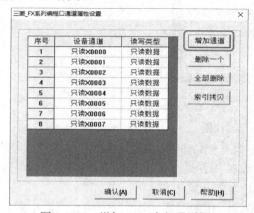

图 3-1-29　增加 PLC 内部通道图

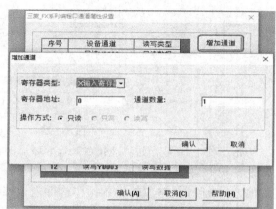

图 3-1-30　增加通道详细图

从图 3-1-31 中可见，在"增加通道"对话框中可以增加三菱 FX 系列 PLC 中大部分的内部数据对象。如 X 输入寄存器、Y 输出寄存器、M 辅助寄存器、D 数据寄存器等。一次可以增加多个同种类型的寄存器，在"增加通道"对话框中，首先确定需增加的寄存器地址的首地址，然后确定通道数量，即可以批量增加多个寄存器。如图 3-1-32 所示，即一次性增加 4 个 Y 输出寄存器：Y0、Y1、Y2、Y3。

图 3-1-31　PLC 内部通道类型图　　　　　　图 3-1-32　批量增加通道图

X，Y 寄存器地址为八进制(即逢 8 进 1)，在添加寄存器时，地址要添加为转换成十进制后的地址。例如：当选择 Y 寄存器，填入寄存器地址值为十进制的 8 时，添加后的通讯信息为"读写 Y00010"。

2. 设备构件的通道连接

MCGS 设备中一般都包含有一个或多个用来读取或者输出数据的物理通道，MCGS 把这样的物理通道称为设备通道，如：前面增加的 4 个 Y 输出寄存器：Y0、Y1、Y2、Y3，这些都是设备通道。

设备通道只是数据交换用的通路，而数据输入到哪儿和从哪儿读取数据以供输出，即进行数据交换的对象，则必须由用户指定和配置。如：前述的 4 个 Y 输出寄存器，对应到 MCGS 中的哪个变量是需用户进行配置的，该项工作即为通道连接。

实时数据库是 MCGS 的核心，各部分之间的数据交换均须通过实时数据库。因此，所有的设备通道都必须与实时数据库连接。所谓通道连接，也即是由用户指定设备通道与数据对象之间的对应关系，这是设备组态的一项重要工作。如不进行通道连接组态，则 MCGS 无法对设备进行操作。

在实际应用中，开始可能并不知道系统所采用的硬件设备，可以利用 MCGS 系统的设备无关性，先在实时数据库中定义所需要的数据对象，组态完成整个应用系统，在最后的调试阶段，再把所需的硬件设备接上，进行设备窗口的组态，建立设备通道和对应数据对象的连接。

一般说来，设备构件的每个设备通道及其输入或输出数据的类型是由硬件本身决定的，所以连接时，连接的设备通道与对应的数据对象的类型必须匹配，否则连接无效。

通道连接的操作方法为：鼠标选中某一个通道(见图 3-1-33)，然后点击鼠标右键，在弹出的变量选择对话框中(见图 3-1-34)，选择需要连接的变量。在图 3-1-33 中可见，PLC 的 Y0 输出通道与 MCGS 中的 HL1 变量进行了连接。这样当 PLC 中的 Y0 有输出时，对应的 MCGS 变量 HL1 也会自动变成 1。如果 PLC 中的 Y0 没有输出时，对应的 MCGS 变量 HL1 也会自动变成 0。

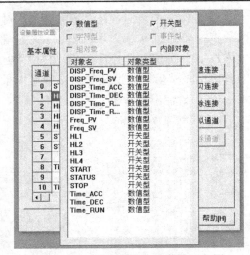

图 3-1-33　通道连接图　　　　　图 3-1-34　通道连接选择变量对象图

在 MCGS 的通道连接中，可以对不同通道使用不同处理周期。通道处理周期是以基本属性页中设置的最小采集周期为倍数的，如设置为 1，则和最小采集周期相同。如设为 0，则不对对应的设备通道进行处理。为提高处理速度，建议把不需要的设备通道的处理周期设置为 0。

3. 设备构件的设备调试

我们可以在设备组态的过程中使用设备调试窗口，这样能很方便地对设备进行调试，以检查设备组态设置是否正确、硬件是否处于正常工作状态，同时，在有些设备调试窗口中，可以直接对设备进行控制和操作，方便了设计人员对整个系统的检查和调试。

如图 3-1-35 所示，在"通道值"一列中，对输入通道显示的是经过数据转换处理后的最终结果值；对输出通道，显示的是输出到外部设备的变量值。本案例中即可以实时查看到 PLC 的 Y0～Y4 寄存器、M10～M11 辅助寄存器、D10～D13 数据寄存器的数据值。

图 3-1-35　设备调试界面图

其中第 0 号通道号的通讯状态，只有其值为 0，表示 MCGS 与硬件设备通信成功，其余非 0 的值，都表示通信不成功。FX 系列编程口的通讯状态值具体含义参见表 3-1-12。

表 3-1-12　通讯状态值含义表

通讯状态值	代　表　意　义
0	表示当前通讯正常
1	表示采集初始化错误
2	表示采集无数据返回错误
3	表示采集数据校验错误
4	表示设备命令读写操作失败错误
5	表示设备命令格式或参数错误
6	表示设备命令数据变量取值或赋值错误

4. 设备构件的通道处理

在实际应用中，经常需要对从设备中采集到的数据或输出到设备的数据进行前处理，以得到实际需要的工程物理量，如从 AD 通道采集进来的数据一般都为电压 mV 值，需要进行量程转换或查表计算等处理才能得到所需的物理量。如图 3-1-36 所示，用鼠标双击带"*"的一行可以增加一个新的处理，双击其他行可以对已有的设置进行修改(也可以按"设置"按钮进行)。注意：MCGS 处理时是按序号的大小顺序处理的，可以通过"上移"和"下移"按钮来改变处理的顺序。

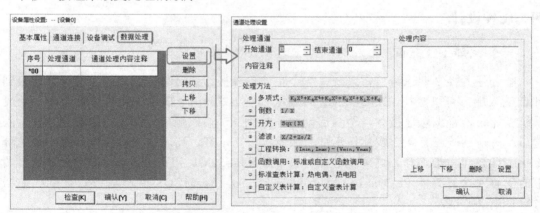

图 3-1-36　数据前处理设置图

如图 3-1-36 所示，对通道数据可以进行八种形式的数据处理，包括多项式计算、倒数计算、开方计算、滤波处理、工程转换计算、函数调用、标准查表计算、自定义查表计算，可以任意设置以上八种处理的组合，MCGS 从上到下顺序进行计算处理，每行计算结果作为下一行计算输入值，通道值等于最后计算结果值。

单击每种处理方法前的数字按钮，即可把对应的处理内容增加到右边的处理内容列表中，"上移"和"下移"按钮可以改变处理顺序，"删除"按钮可以删除选定的处理项，单击"设置"按钮，弹出处理参数设置对话框，其中，倒数、开方、滤波处理不需设置参数，故没有对应的对话框弹出。

处理通道栏中确定要对哪些通道的数据进行处理，可以一次指定多个通道，也可以只指定某个单一通道(开始通道和结束通道相同)。在这里要注意的是，设备通道的编号是从0 开始的。对输入通道(从外部设备中读取数据送入 MCGS 的通道)的处理顺序是：

- 通过设备构件从外部设备读取数据。
- 按处理内容列表设置的处理内容，从上到下顺序计算处理，第一行使用通道从外部设备读取数据作为计算输入值，其他行使用上一行的计算结果作为输入值。
- 最后一行计算结果作为通道的值。
- 根据所建立的设备通道和实时数据库的连接关系，把通道的值送入实时数据库中的指定数据对象。
- 对输出通道(把 MCGS 中的数据送到外部设备输出的通道)的处理顺序是：
- 根据所建立的设备通道和实时数据库的连接关系，把实时数据库中的指定数据对象的值读入到通道。
- 按处理内容列表设置的处理内容，从上到下顺序计算处理，第一行使用通道从MCGS 中读取的数据作为计算输入值，其他行使用上一行的计算结果作为输入值。
- 最后一行计算结果作为通道的值。
- 通过设备构件把通道的数据输出到外部设备。

由上面的数据处理顺序可知，如果某个通道是"读写"类型的通道，则不适合采用通道处理这种数据处理方式进行数据处理。

四、硬件设计

(一) 系统 I/O 分配

结合任务控制要求分析，系统有 2 个实体输入按钮：启动按钮和停止按钮，连接到PLC 输入端，可以接在 FX3U-32MR 可编程控制器的 16 个输入端中的任意 2 个。一般系统设计时，都按顺序接入，即将启动按钮接到 X0 输入端口，停止按钮接到 X1 输入端口。另外系统还有 4 个实体指示灯：加速阶段指示灯、高速运行阶段指示灯、减速阶段指示灯、停止指示灯。这 4 个也可以接在 FX3U-32MR 可编程控制器的 16 个输出端中的任意 4 个。具体 PLC 的 I/O 地址分配见表 3-1-13，MCGS 组态与 PLC 之间的数据对应见表 3-1-14。

表 3-1-13　PLC 的 I/O 地址分配表

输　入			输　出		
元件符号	输入端口地址	功　能	元件符号	输出端口地址	功　能
SB1	X0	启动按钮	HL1	Y0	加速运行指示灯
SB2	X1	停止按钮	HL2	Y1	高速运行指示灯
			HL3	Y2	减速运行指示灯
			HL4	Y3	停止指示灯

表 3-1-14　MCGS 与 PLC 通信数据分配表

MCGS 变量名	功　能	PLC 内地址	数据类型	初始值
START	启动按钮	M10	开关型	0
STOP	停止按钮	M11	开关型	0
HL1	加速运行指示灯	Y0	开关型	1
HL2	高速运行指示灯	Y1	开关型	0
HL3	减速运行指示灯	Y2	开关型	0
HL4	停止指示灯	Y3	开关型	0
Time_ACC	加速时间	D10	数值型	5s
	PLC 写入变频器加速时间	D11	数值型	5s
Time_DEC	减速时间	D12	数值型	5s
	PLC 写入变频器减速时间	D13	数值型	5s
Time_RUN	高速运行时间	D14	数值型	1min
	PLC 内定时变频器的运行时间	D15	数值型	D15 = D10 + D14
Freq_SV	目标频率	D20	数值型	50 Hz
	PLC 写入变频器目标频率	D21	数值型	50 Hz
Freq_PV	实际运行频率	D22	数值型	0 Hz

(二) 系统硬件连接

结合任务控制要求分析，FX3U-32MR 可编程控制器通过通信扩展板 FX3U-485-BD 与三菱 FR-E740 型变频器的 PU 接口进行通信，RJ45 水晶头一端插入变频器的 PU 接口，另一端的对应信号连接到 PLC 的 FX3U-485-BD 板上。变频器 PU 接口各线分布从变频器的正面看如图 3-1-37 所示，FX3U-485-BD 板的各接口分布如图 3-1-38 所示，具体接法如图 3-1-39 所示。

PLC 硬件接线

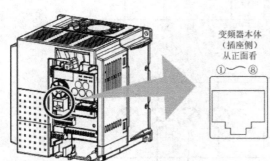

插针编号	名称	内容
①	SG	接地 (与端子5导通)
②	—	参数单元电源
③	RDA	变频器接收+
④	SDB	变频器发送−
⑤	SDA	变频器发送+
⑥	RDB	变频器接收−
⑦	SG	接地 (与端子5导通)
⑧	—	参数单元电源

图 3-1-37　变频器 PU 接口及端口排列

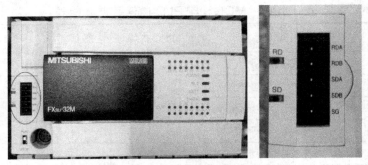

图 3-1-38　FX3U-485-BD 板各接口分布图

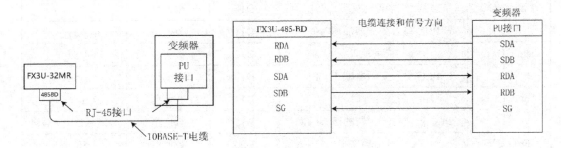

图 3-1-39　FX3U-485-BD 与变频器 PU 口接线图

完成 FX3U-485-BD 板与变频器 PU 接口的连接后，根据前述系统 I/O 分配表设计硬件接线图。FR-E740 变频器只需要将交流 380 V 电源接入 RST 电源输入端，将三相交流电动机接 UVW 输出端。本项目中 PLC 使用了 AC 电源/DC 输入型 FX3U-32MR/ES(-A)型可编程控制器，所以在硬件连接时，输入端口的 S/S 公共端接直流 24 V 电源的正极，电源的负极 0 V 接按钮一端，按钮另外一端接入到 PLC 的输入端口处。输出端口的 COM 公共端接直流 24 V 电源的负极 0 V，电源的正极 24 V 接到指示灯的一端，指示灯的另外一端接到 PLC 的输出端口处。具体设计电路如图 3-1-40 所示。

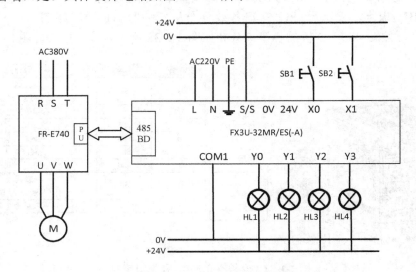

图 3-1-40　电机变频控制硬件接线图

五、PLC 程序设计

(一) PLC 工程建立及参数设置

1. PLC 工程建立

鼠标双击 GXWORKS2 编程软件，选择"工程"菜单下的"新建工程"，建立一个新的工程。根据任务要求，选择 FX 系列 PLC 下的 FX3U 型号，点击"确定"按钮建立工程文件。具体操作如图 3-1-41 所示。然后再将工程进行保存为"E740 变频器控制系统"。

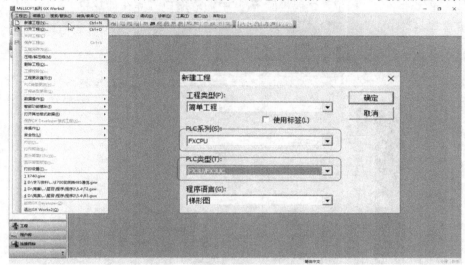

图 3-1-41 新建 PLC 工程图

2. PLC 参数设置

在该工程项目中，选择"参数"目录下的"PLC 参数"，打开"FX 参数设置"对话框，选到"PLC 系统设置(2)"选项页，选择其中的"CH1"通道。按变频器侧设置的参数对 PLC 侧进行参数设置，使其两者有相同的设置以便于相互通信。具体设置如图 3-1-42 所示。

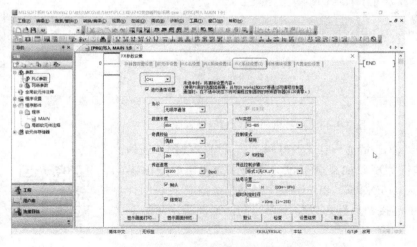

图 3-1-42 PLC 通信参数设置图

PLC 通信参
数设置图

设置完成后，点击"检查"可以进行参数设置检查，如果没有问题后，点击"设置结束"完成相关参数设置。

3. 连接目标

在正确连接计算机和 PLC 之间的通信电缆后，开启 PLC 电源，PLC 电源指示灯亮，点击 GXWORKS2 项目导航栏中的"连接目标"。双击"connection1"弹出"连接目标设置 connection1"对话框，双击"计算机侧 I/F"中的"Serial/USB"，弹出通信详细设置对话框，在其中设置通信端口号、通信速率、数据位、奇偶校验等(其中通信端口号需在计算机的"设备管理器"中查看)。具体操作如图 3-1-43 所示。

计算机与 PLC
通信设置图

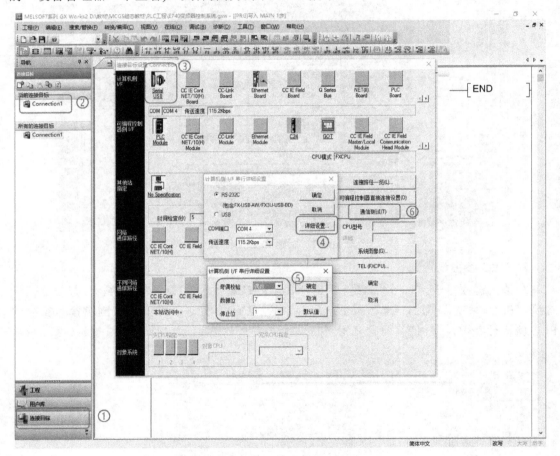

图 3-1-43　计算机与 PLC 通信设置图

完成设置后，按"确定"键一步一步返回。然后可以使用"通信测试"按钮对该通信进行测试，如果全部设置正确，会弹出如图 3-1-44 所示的"已成功与 FX3U/FX3UCCPU 连接"对话框。这样就表明计算机已经与 PLC 建立了连接，后续可以将用户写的梯形图程序下载到该PLC 中。

PLC 程序

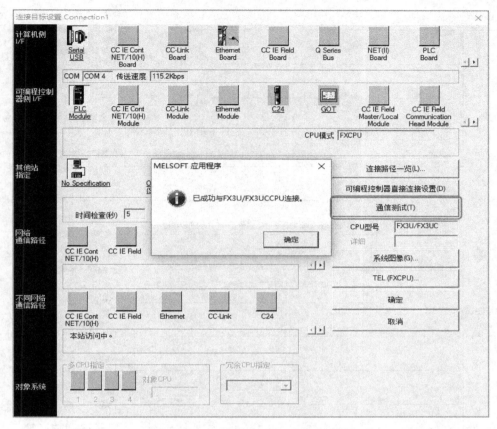

图 3-1-44　计算机与 PLC 通信成功图

(二) PLC 梯形图程序设计

完成计算机与 PLC 的通信连接后，可以在 GXWORKS2 的程序编辑区内输入相应的 PLC 控制程序。具体梯形图程序如下所示。

```
44    M100                                            变频器复位
      ┤├──────────────────────────────[IVDR  K1    H0FD   H9696  K1 ]

                                                      设置变频器为网络运行模式
      ──────────────────────────────[IVDR  K1    H0FB   H0     K1 ]

                                                      设置变频器RAM内的运行频率
      ──────────────────────────────[IVDR  K1    H0ED   D21    K1 ]

                                                      设置变频器EEPROM运行频率
      ──────────────────────────────[IVDR  K1    H0EE   D21    K1 ]

      M8029                                  变频器初始化完成后M100标志位复位
      ──┤├────────────────────────────────────────[RST   M100 ]

83  [<>   D20    D21 ]────────────────────────────────[SET   M101 ]

                        MCGS上运行频率如有更改，则更新PLC内的同步数据
    [<>   D10    D11 ]────────────────────────[MOV   D20    D21 ]

    [<>   D12    D13 ]────────────────────────[MOV   D10    D11 ]

                        MCGS上的加减速时间如有更改，则更新PLC内的同步数据

                                          ──────────[MOV   D12    D13 ]

   将新数据写入变频器
114   M101                                            选定变频器Pr7参数
      ┤├────────────────────────────────────[MOVP  K7     D200 ]

                                                      将加速时间预存入D201
      ────────────────────────────────────[MOV   D10    D201 ]

                                                      选定变频器Pr8参数
      ────────────────────────────────────[MOV   K8     D202 ]

                                                      将减速时间预存入D203
      ────────────────────────────────────[MOV   D13    D203 ]

                                                      选定变频器Pr20参数
      ────────────────────────────────────[MOV   K20    D204 ]

                                                      将加减速时间的基准频率预存入D205
      ────────────────────────────────────[MOV   D21    D205 ]

                                                      批量写入变频器参数
      ────────────────────────────[IVBWR  K1    K3     D200   K1 ]

                                                      PLC将更新的频率写入变频器
      ──────────────────────────────[IVDR  K1    H0ED   D21    K1 ]

      M8029
      ──┤├────────────────────────────────────────[RST   M101 ]

165   M8003                                          实时读取实际运行频率
      ┤├────────────────────────────[IVCK  K1    H6F    D22    K1 ]

                                                      实时更新变频器运行时间
      ────────────────────────────────[ADD   D10    D14    D15 ]

182   X000   X001   M11                                 ──[SET   M102 ]
      ┤├─────┤/├────┤/├──────────────────────────
      启动按钮 停止按钮 MCGS中的停止按钮
      M10
      ┤├                                                ──[SET   M103 ]
      MCGS中的启动按钮
```

```
190    M102                                          发送变频器正转运行命令
       ┤├──┬──────────────────────────────[IVDR  K1   H0FA   H2   K1 ]
            │
            │  M8029
            └──┤├────────────────────────────────────[RST   M102 ]

202    M103                                                         D15
       ┤├───────────────────────────────────────────────────────( T0 )

206    X001
       ┤├───────────────────────────────────────────────[SET   M104 ]
       停止按钮
            M11
       ┤↑├──────────────────────────────────────────────[RST   M103 ]
       MCGS中的停止按钮
            T0
       ┤├───────────────────────────────────────────────[SET   M105 ]
       变频器运行时间结束

214    M104                                         发送变频器停止运行命令
       ┤├──┬──────────────────────────────[IVDR  K1   H0FA   H0   K1 ]
            │
            │  M8029
            └──┤├────────────────────────────────────[RST   M104 ]

226    M103                                                      加速指示灯
       ┤├──[<   D22   D20 ]──────────────────────────────────( Y000 )

233    M103                                                      高速运行指示灯
       ┤├──[=   D22   D20 ]──────────────────────────────────( Y001 )

240    M105                                                         D12
       ┤├───────────────────────────────────────────────────────( T1 )

244    M105                                                      减速指示灯
       ┤├──[<>   D22   K0 ]──────────────────────────────────( Y002 )
            T1
            ┤├──────────────────────────────────────────[RST   M105 ]

255   [=   D22   K0 ]──────────────────────────────────────────( Y003 )
      实际运行频率=0                                             停止指示灯

261                                                            [END ]
```

(三) PLC 程序写入

完成程序的编辑后，即可以将程序下载到 PLC 内进行调试运行。鼠标单击 GXWorks2 "在线"菜单下的 "PLC 写入…"，弹出 "在线数据操作"对话框，在该对话框中选中 "全选"按钮，然后点击 "执行"按钮，即执行将梯形图程序下载到 FX3U-32MR 可编程控制器内的操作。具体操作如图 3-1-45 所示。

PLC 程序
写入步骤

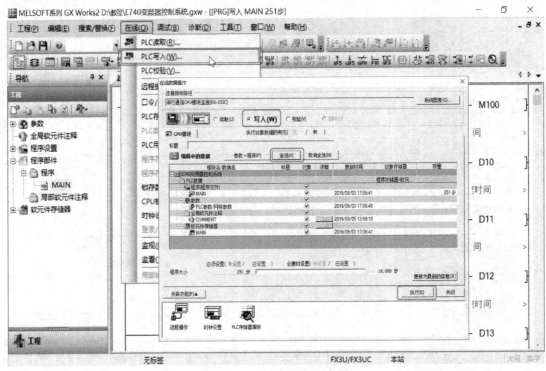

图 3-1-45　PLC 下载程序图

　　点击"执行"按钮后，系统弹出如图 3-1-46 所示的"执行远程停止后，是否执行 PLC 写入？"提示框，点击"是"，GXWorks2 即开始程序下载，如图 3-1-47 所示。

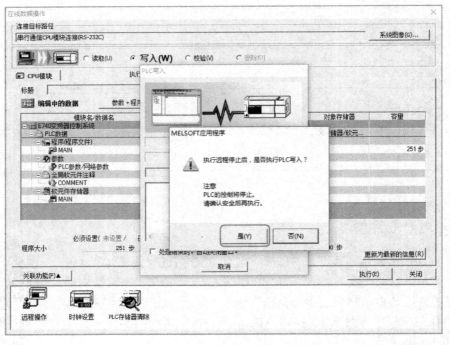

图 3-1-46　执行 PLC 程序写入图

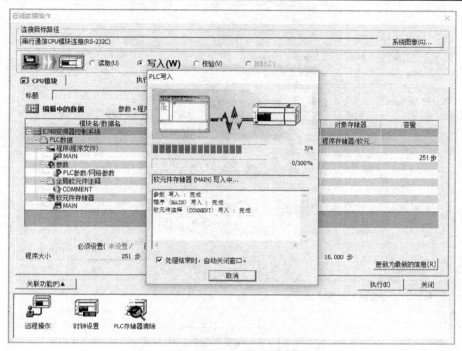

图 3-1-47　程序下载图

　　程序全部下载到 PLC 后，系统会弹出如图 3-1-48 所示的 "PLC 处于停止状态，是否执行远程运行？" 提示框，点击 "是"，让 PLC 重新处于运行状态。下载完成后如图 3-1-49 所示。

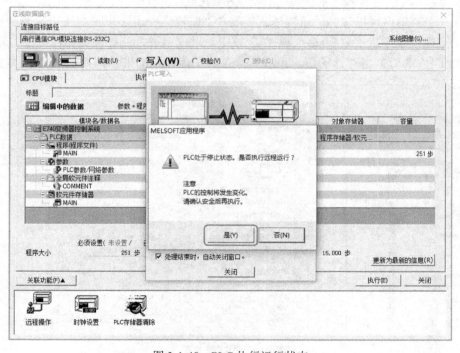

图 3-1-48　PLC 执行运行状态

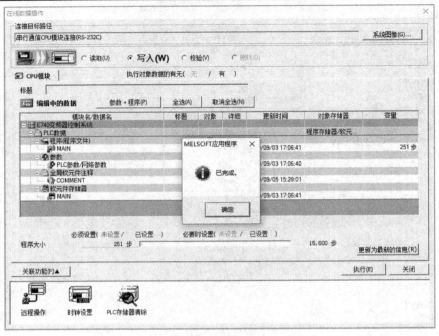

图 3-1-49　程序下载完成图

(四) PLC 程序监控

程序全部下载到 PLC 后，即可以使用 GXWorks2 软件提供的监控功能，对 PLC 程序进行实时监控，以便进行程序的调试工作。点击"在线"菜单中的"监视"目录，如图 3-1-50 所示，在其子菜单中可以选择"监视模式"或者"监视(写入模式)"，也可以选择快捷工具栏中的"监视模式"或"监视(写入模式)"按钮，对程序进行监控调试。在图 3-1-51 中可以看见 PLC 内的数据寄存器的值，系统用蓝色的字体显示出来。例如图中 D11 数据寄存器的值为 50。

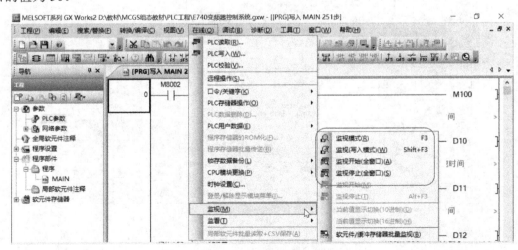

图 3-1-50　程序监视菜单

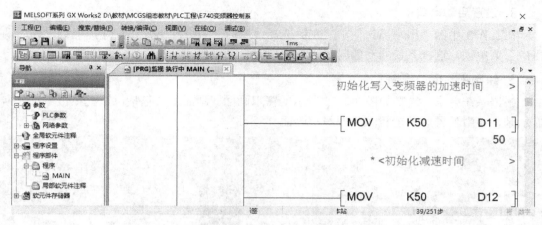

图 3-1-51 PLC 系统监视图

六、组态设计

(一) 建立工程

双击"组态环境"快捷图标 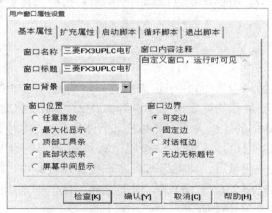，打开 MCGS 组态软件，选择"文件"菜单中的"新建工程"命令，弹出"新建工程设置"对话框。然后选择"文件"菜单中的"工程另存为"命令，弹出"文件保存"窗口，在文件名一栏内输入"三菱 FX3U-PLC 与 E740 变频器电机控制系统"，单击"保存"按钮，完成工程创建。

(二) 窗口组态

1. 新建窗口

在工作台中选择"用户窗口"，单击"新建窗口"新建一个用户名窗口，右键选中该窗口选择"属性"，在"基本属性"页面中，将"窗口名称""窗口标题"都改成"三菱 FX3U-PLC 电机变频器运行"，"窗口位置"设置成"最大化显示"，"窗口边界"设置成"可变边"，单击"确定"按钮，完成用户窗口属性设计。具体设置如图 3-1-52 所示。

图 3-1-52 用户窗口属性设置图

2. 设置启动窗口

在工作台中的"用户窗口"中, 左键选择该窗口, 右键弹出菜单, 选择"设置为启动窗口"菜单项。这样系统启动的时候, 该窗口会自动运行。

3. 绘制用户窗口画面

根据系统要求, 绘制如图 3-1-53 所示的窗口画面。画面主要包括以下几个区域: 数据显示区、参数设置区、电机频率曲线等画面。

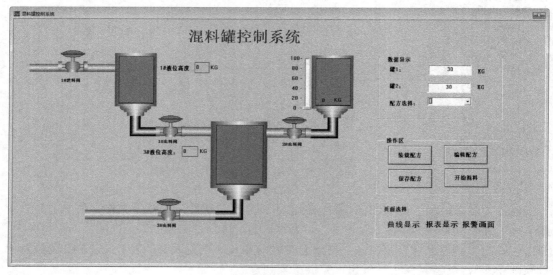

图 3-1-53　用户窗口界面图

在数据显示区中, 主要有通信状态(正常与断开两种状态)、实际频率、实际已运行时间(从开始加速到当前时刻的运行时间)、电机运行的状态指示; 在参数设置区中主要有电机高速运行的目标频率设置(最高频率限定为 120 Hz)、电机从 0 Hz 到目标频率的加速时间(最大加速时间限定为 30 s)、电机高速运行的时间(最大运行时间限定为 600 s)、电机从目标频率减速到 0 Hz 的减速时间(最大减速时间限定为 30 s)等参数设置; 画面中间为电机实际运行频率的实时曲线图, 本项目中由于电机实际运行时间一般都比较短, 最高频率为 120 Hz, 最低频率为 0 Hz, 所以在设置曲线的参数时, 将横坐标设置成秒为单位, 纵坐标范围设置成 −10∼130 Hz。

(三) 建立实时数据库

在本项目的实时数据库设置中, 由于组态上要显示的变量值与 PLC 内的变量值有一定的比例关系, 如组态上要显示的设置运行频率为 50 Hz, 实际 PLC 内要写入变频器的数值为 5 000。即有一个 100 倍的比例关系。所以在设计 MCGS 的实时数据库时, 需要设计两个变量, 一个用于 MCGS 上的显示值, 一个用于写入 PLC 内的设定值。

有这种比例关系式的变量有: 实际运行频率、设定运行频率、加速时间、减速时间、运行时间。频率之间的比例关系为 100 倍, 时间之间的比例关系为 10 倍。

实时数据库规划如图 3-1-54 所示。

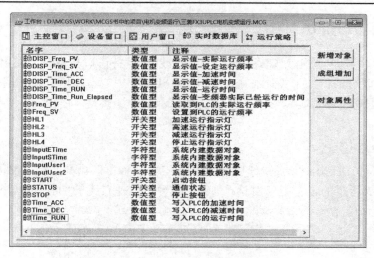

图 3-1-54 实时数据库变量

为了防止用户没有设定运行频率、加减速时间等参数，直接按"启动"按钮启动变频器电机运行，由于各参数值都为零，电机无法启动的状况出现。需要对某些变量参数设置一定的初始值，具体设置见表 3-1-15。

表 3-1-15 实时数据变量初始值设置表

变量名	数据范围	初始值	备注
DISP_Freq_PV	默认	0	由循环脚本计算获得
DISP_Freq_SV	默认	0	由循环脚本计算获得
DISP_Time_ACC	默认	0	由循环脚本计算获得
DISP_Time_DEC	默认	0	由循环脚本计算获得
DISP_Time_RUN	默认	0	由循环脚本计算获得
DISP_Time_Run_Elapsed	默认	0	实时读取 PLC 值
Freq_PV	默认	0	实时读取 PLC 值
Freq_SV	0～12000	5000	运行频率默认设置为50Hz
HL1	默认	0	默认设置为指示灯关
HL2	默认	0	默认设置为指示灯关
HL3	默认	0	默认设置为指示灯关
HL4	默认	0	默认设置为指示灯关
START	默认	0	默认设置为 0
STATUS	默认	0	实时读取通信状态
STOP	默认	0	默认设置为 0
Time_ACC	0～300	50	加速时间默认设置为 5 秒
Time_DEC	0～300	50	减速时间默认设置为 5 秒
Time_RUN	0～6000	600	运行速时间默认设置为 60 秒

（四）设备窗口组态

前述几个项目都是采用 MCGS 仿真运行，所以对设备窗口基本不需要组态。而本项目采用了和 PLC 联合通讯，采集 PLC 中的数据到 MCGS 中，这是所有数据的基础，一旦设备窗口中的数据通讯不成功，后续所有的动画显示都无法实现。所以对设备窗口的组态显得尤为重要。

1. 添加 PLC 设备

在工作台窗口中选择"设备窗口"选项页，进入设备窗口页面，双击设备窗口的图标，打开如图 3-1-55 所示的设备组态对话框，在工具箱中选择对应的"通用串口父设备"和"三菱 FX 系列编程口"两个设备驱动。

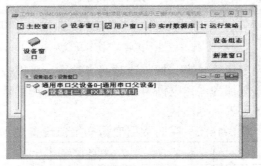

图 3-1-55　添加驱动设备图

完成设备驱动添加后，对其属性进行设置。通用串口父设备需设置其通信端口号、通讯波特率、数据位位数、停止位位数等。针对三菱 FX 系列 PLC，其默认串口属性为 9600 的波特率、7 位数据位、1 位停止位、偶校验。串口端口号需查看电脑的"设备管理器"中的"端口(COM 和 LPT)"，如图 3-1-56 所示。本项目中 USB 转串口的通信端口号为 COM4。通用串口父设备的基本属性具体设置如图 3-1-57 所示。

图 3-1-56　查看通信端口号

图 3-1-57　通用串口父设备属性设置图

2. 设置 PLC 设备属性

完成通用串口父设备的基本属性设置后，可以对三菱 FX 系列编程口的属性进行设置。其中将 PLC 的 CPU 类型选择成 FX2N，如图 3-1-58 所示。本项目中需根据前述系统 IO 分配表进行通道的增加工作。其中 TNWUB000 为 PLC 内的 T0 定时器实际运行值，其中 TNWUB001 为 PLC 内的 T1 定时器实际运行值，具体设置如图 3-1-59 所示。

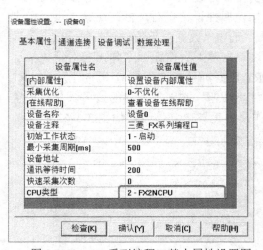

图 3-1-58　FX 系列编程口基本属性设置图

图 3-1-59　添加设备通道图

3. 建立通道连接

设备通道添加完毕后，可以进行通道连接，根据前述实时数据库内设置的变量及设备通道进行相互关联。具体方法可以参照"知识学习"中的相关方法和操作步骤。其中某些通道由于不需要和 MCGS 组态进行数据交换，所以没有连接相应的变量，图 3-1-60 中的通道 17 连接的是 DISP_Time_Run_Elapsed 变量(图中没有显示全部名称)。最终通道连接结果如图 3-1-60 所示。

图 3-1-60　通道连接图

(五) 动画连接

前面组态设计的画面没有进行动画属性设置，所以系统运行起来后没有任何动画显示，接下来对画面进行动画操作属性的设置。让系统设计的画面能正确地进行动画显示。

1. 按钮操作属性设置

在工作台中选择"用户窗口"页，鼠标双击打开"三菱 FX3U-PLC 电机变频器运行"用户窗口，双击"启动"按钮，打开"标准按钮构件属性设置"对话框。在第二页"操作属性"页中，对"启动"按钮的操作属性进行设置。选中"数据对象值操作"前面的"√"，然后选择后面的"按 1 松 0"操作属性，然后通过单击"？"按钮，在弹出的对话框中选择"START"数据对象。这样启动按钮按下时，START 数据对象就被置 1，松开的时候 START 数据对象就被清除成 0。与实际系统中的"非保持型按钮"实现了相同的效果。具体设置如图 3-1-61 所示。"停止"按钮也进行同样的操作属性设置，具体设置如图 3-1-62 所示。

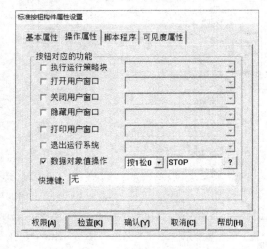

图 3-1-61　启动按钮操作属性设置图　　　　图 3-1-62　停止按钮操作属性设置图

2. 通信状态属性设置

在"三菱 FX3U-PLC 电机变频器运行"用户窗口中双击通信状态显示标签,打开"动画组态属性设置"对话框,在"属性设置"页面中,勾选"显示输出"动画,在"显示输出"页中,设置如图 3-1-63 所示的属性。其中"开时信息"属性设置为"断开","关时信息"属性设置为"正常",这是因为在 MCGS 的通信状态中,等于 0 表示通信正常,所有不等于 0 的信息都表示通信不正常。

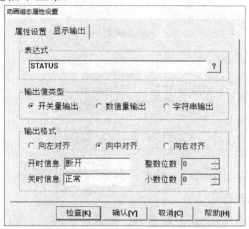

图 3-1-63 通信状态属性设置图

3. 实际运行频率属性设置

在"三菱 FX3U-PLC 电机变频器运行"用户窗口中双击实际运行频率显示标签,打开"动画组态属性设置"对话框,在"属性设置"页面中,勾选"显示输出"动画,在"显示输出"页中,设置如图 3-1-64 所示的属性。

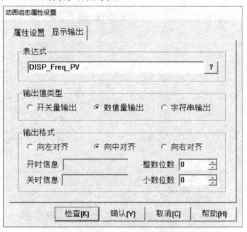

图 3-1-64 实际运行频率属性设置图

4. 实际已运行时间属性设置

在"三菱 FX3U-PLC 电机变频器运行"用户窗口中双击实际已运行时间显示标签,打开"动画组态属性设置"对话框,在"属性设置"页面中,勾选"显示输出"动画,在"显示输出"页中,设置如图 3-1-65 所示的属性。由于在 PLC 中保存实际已运行时间值是以

100 ms 为单位的，而 MCGS 中是以秒为单位的，所以在表达式中需将 DISP_Time_ Run_Elapse/10 再显示到组态上。

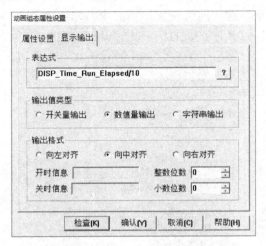

图 3-1-65　实际已运行时间属性设置图

5. 运行指示灯属性设置

由于之前在设备组态窗口中，将各个 HL 变量连接到对应的 Y 输出口，所以在本属性设置中只需将各种运行状态的指示灯连接到对应的 HL 变量上去。如加速运行指示灯连接到 HL1 变量，如图 3-1-66 所示。高速运行指示灯连接到 HL2 变量，减速运行指示灯连接到 HL3 变量，停止运行指示灯连接到 HL4 变量。

图 3-1-66　加速运行指示灯属性设置图

6. 参数设置区属性设置

参数设置区内的各个参数属性设置连接到各自变量即可，只是在属性设置中，需对各个输入框的最大值与最小值进行限定。如运行频率设置最大值为 120 Hz，最小值为 0 Hz。加速时间设置最大值为 30 秒，最小值为 0 秒(实际设置中必须为大于 0 的数值)。具体设置如图 3-1-67 和图 3-1-68 所示。

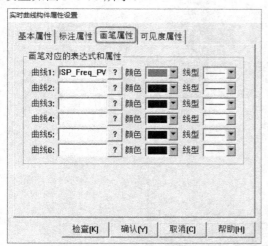
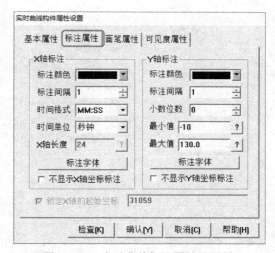

图 3-1-67　设定频率属性设置图　　　　　　　图 3-1-68　加速时间属性设置图

7. 实时曲线属性设置

由于本项目中只有一条曲线需要显示，所以不需要设置组对象，只需在实时曲线设置的画笔属性中，选择 DISP_Freq_PV 变量，如图 3-1-69 所示。横坐标和纵坐标的具体属性设置如图 3-1-70 所示。

图 3-1-69　实时曲线画笔属性设置图　　　　　图 3-1-70　实时曲线标注属性设置图

(六) 脚本程序设计

由前述可知，PLC 内的某些变量值与组态上的变量值存在一定的比例关系，所以需要对相应的数据进行数据处理。在实际应用中类似的数据处理非常多，如 MCGS 读取的热电偶和 Pt100 热电阻的数据需进行查表计算，读取的传感器数据一般都为 0~5 V 或者 4~20 mA 转换出来的 AD 值等。针对以上情况，MCGS 组态软件提供了功能强大，使用方便的数据处理功能。按照数据处理的时间先后顺序，MCGS 组态软件将数据处理过程分为三个阶段，即数据前处理、实时数据处理以及数据后处理，以满足各种类型的需要。

数据前处理是指数据由硬件设备采集到计算机中，但还没有被送入实时数据库之前的数据处理。在该阶段，数据处理集中体现为各种类型的设备采集通道处理。MCGS 系统对设备采集通道的数据可以进行八种形式的数据处理，包括：多项式计算、倒数计算、开方计算、滤波处理、工程转换计算、函数调用、标准查表计算、自定义查表计算。各种处理可单独进行也可组合进行。

实时数据处理是在 MCGS 组态软件中对实时数据库中变量的值进行的操作，主要是在运行策略或者循环脚本中完成。

数据后处理则是对历史存盘数据进行处理。MCGS 组态软件的存盘数据库是原始数据的集合，数据后处理就是对这些原始数据进行修改、删除、添加、查询等操作，以便从中提炼出对用户有用的数据和信息。然后利用 MCGS 组态软件提供的曲线、报表等机制将数据形象地显示出来。

本项目中由于需要对各个参数进行读写操作，所以不适合使用数据前处理。主要采用了实时数据处理，即在用户窗口中使用了循环脚本进行数据比例关系的处理。循环时间设置成 200 ms，具体循环脚本设计如下所示，其属性设置如图 3-1-71 所示。

Time_ACC=DISP_Time_ACC*10

Time_DEC=DISP_Time_DEC*10

Time_RUN=DISP_Time_RUN*10

Freq_SV=DISP_Freq_SV*100

DISP_Freq_PV=Freq_PV/100

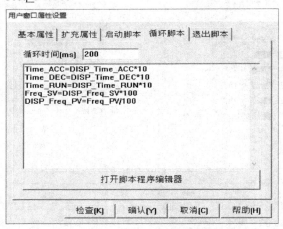

图 3-1-71　循环脚本程序设置图

七、联机运行

系统全部组态完成后，即可以进行联机运行。点击工具栏中的"进入运行环境"按钮 即可进行联机运行。

鼠标单击"启动"按钮，变频器将启动电机进行加速运行，如图 3-1-72 所示，系统在 27:12 开始加速运行，到 27:16 时加速完成。到达设定频率后，进行高速运行，如图 3-1-73 所示，系统从 27:16 开始高速运行 15 秒钟到 27:31 为止。如果单击"停止"按钮或者运行时间结束，变频器将控制电机进行减速运行直到停止为止，如图 3-1-74 所示，系统减速运行时间为 5 秒钟，然后电机就停止运行。

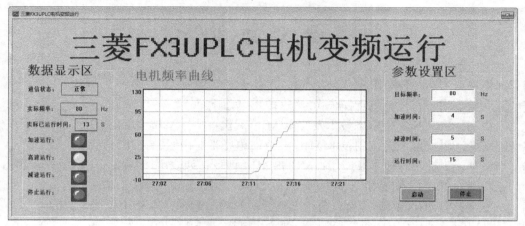

图 3-1-72　加速运行图

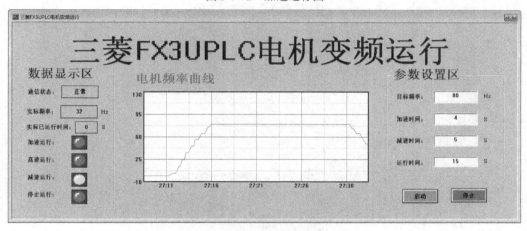

图 3-1-73　高速运行图

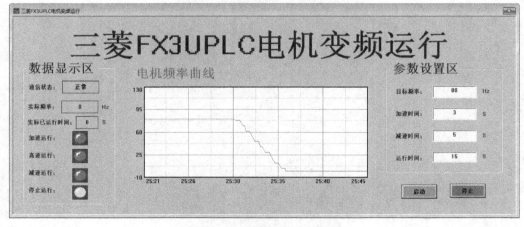

图 3-1-74　减速及停止运行图

参 考 文 献

[1] 深圳昆仑通态科技有限责任公司. MCGS 用户指南.

[2] 深圳昆仑通态科技有限责任公司. MCGS 参考手册.

[3] 朱益江. MCGS 工控组态技术及应用[M]. 武汉：华中科技大学出版社，2017.

[4] 李庆海. 触摸屏组态控制技术[M]. 北京：电子工业出版社，2015.

[5] 李红萍. 工控组态技术及应用：MCGS[M]. 西安：西安电子科技大学出版社，2013.

[6] 汤自春. PLC 技术应用(三菱机型)[M]. 北京：高等教育出版社，2015.

[7] 三菱电机自动化(中国)有限公司. 三菱通用变频器 FR-E700 使用手册，2007.

[8] 三菱电机自动化(中国)有限公司. 三菱通用变频器 FR-E700 使用手册(应用篇)，2007.